INTE
ARCH

인터랙티브 건축공간

RACTI
HITECT

VE
URE

Michael Fox and Miles Kemp

남수현 옮김

Princeton Architectural Press, New York

Spacetime Publishers, Seoul

인터랙티브 건축공간
INTERACTIVE ARCHITECTURE
Michael Fox and Miles Kemp 지음
남수현 옮김

1판 1쇄 2010년 8월 10일

발행인 **김기현**
발행처 **시공문화사**
등 록 **1993년 3월 12일**
주 소 **서울시 서대문구 현저동 200 극동빌딩 5층(120-796)**
전 화 **02) 3147-1212, 2323**
전 송 **02) 3147-2626**
ISBN 978-89-5592-144-1
http://www.spacetime.co.kr, spacetime@korea.com

편 집 Design_Battery
인 쇄 예림인쇄사
제 본 문종문화사
용 지 대림지업(주)

정가 18,000원

CONT

ENTS

감사의 말

이 책은 수년 동안 준비되었으며, 완성을 위해 수많은 사람들이 중요한 역할을 해 주셨다. 우리는 기막힌 편집 기술을 가진 스테프 하몬과 같이 일하게 되어 너무 운이 좋았다. 또한, 제스 홀의 편집 혜안과 끊임없는 인내에 대해서도 감사드린다. 처음부터 관심과 열정을 보내준 프린스턴 출판사 -특히 제니퍼 톰슨-에게도 감사 드린다. 시작에 있어 용기를 북돋아준 빅토리아 영에게 감사드린다. 또한 우리는 책의 다양한 부분에 대해서 의견을 주신 존 프레이져, 마헤시 세나갈라, 루아리 그린, 투레 아탁, 엑셀 킬리안, 준하오 후, 테리 나이트 그리고 이언 카니를 비롯한 많은 분들께도 감사의 말씀을 전한다. 스콧 프랭클린, 저먼 아파리시오, 티나 페제쉬크푸어, 스티브 조이너 그리고 키미 로손의 그래픽 기술에도 빚을 졌다. 책의 형태를 갖추고 완성이 되니까지 영감을 준 다양하고 흥미로운 대화를 해주신 많은 분들께도 감사를 드리며, 특히 보에리즈 괴취, 벤자민 프레톤, 조쉬 타론, 마크 디쉴러, 브랜든 본, 엘리사 가르시아, 엘리스 모어, 토비아스 놀테, 이테이 자하로비츠, 토니 쿠센자, 디오니아 오씨니, 티나 타피네키스, 제프 웡, 로저 웡, 줄리오 아메즈쿠아, 니콜라스 업메이어, 조쉬 리페스, 존 메리트, 벤 루디, 데빈 퀄비, 스티븐 구반, 아담 푸레, 조단 롱, 그리고 스케메틱 회사의 모든 분들에게도 감사를 드린다. 또한 훌륭한 머리말을 써주신 윌리엄 미첼, 발문을 써주신 마헤쉬 B. 세네갈라께도 감사드린다. 그리고 당연하게도 환상적인 건축가들과 디자이너들의 멋진 작업이 없이 이 책은 불가능했을 것이다. 이 책이 우리 주위의 구축 환경Built environment에 대해서 생각하고, 탐험하고 디자인하는 새로운 방법들을 고안하는데 영감을 주었으면 하는 바람이다.

마이클 폭스

나의 부인인 주인토우 린에게 표현할 수 없는 무한한 감사를 드린다. 또한 MIT에 있을 때 이 책의 출발점이 되는 큰 도움을 준 빌 포터에게도 감사의 마음을 전한다. 나의 가족 구성원 모두에게 감사하며, 특히 어려울 때 항상 긍정적인 척에게도 감사하다. 매일 통화하는 아버지께도 감사를 드린다. 마지막으로 이 책을 나의 어머니께 바친다. 그녀는 최고이다.

마일즈 켐프

나 또한 이 책을 만들 때 끊임없는 사랑과 후원을 아끼지 않은 나의 가족에게 감사한다. 부모인 부치, 자넷, 마르시아 그리고 마이클에게도 감사하며 내 남매인 월리스, 레이첼, 크리스, 제시카, 헨리 그리고 조지에게도 고맙다. 마지막으로 나는 이 책을 항상 인생의 좋은 롤모델이셨고, 언제나 "할 수 있다" 라고 북돋아 주신 나의 조부모 로버트, 앤, 알버트 그리고 바바라에게 바친다. 이런 좋은 분들을 내 인생에서 만날 수 있어 난 행운아이다.

머리말

지금 나는 놀라울 정도의 스펙을 가진 3차원 프린트 장치를 앞에 두고 이 글을 쓰고 있다. (사실은 저렴하게 살 수 있어서, 6개를 한꺼번에 샀다.)

고해상도 레이어 침착 과정high-resolution layerd deposition process에 의한 이 장치는 입력받은 시그널을 해석하여 다양하게 구부러진 곡면이나 3차원적인 형태들을 만들어 낸다. 재료로는 고밀도의 칼슘탄산염calcium carbonate이 쓰이며 이는 놀라울 정도로 단단하고, 재활용도 가능하다. 이 재료는 정밀한 혼합이 조정되어 다양한 색과 조직texture을 만들어 낸다. 이 장치가 만들어내는 유형은 유사하지만, 하나하나의 완성품은 특정한 장소를 위한 맞춤형 제품이 된다.

놀라운 것은 이 장치가 자기증식적self-replicating이라는 것이다. 근본적으로 이 장치는 같은 코드를 쓰는 다음 세대의 장치를 만들어 낼 수가 있다. 이 코드는 세대를 지날수록 진화하고 있는데 전문가들은 좀 더 혁신적인 프로그래밍radical reprogramming의 일환으로 새로운 전략들을 개발해 내고 있다.

이 장치는 바로 자연의 굴oyster이다. 그리고 앞에서 묘사한 특징들은 굴의 진보적인 구축적architectural 능력의 시작일 뿐이다. 굴은 자신이 원하는 곳에 정착self-siting을 한다. 굴 유충은 빛센서 (초보적인 눈이 있다), 몇 개의 동력원 (수영을 위해 섬모가 있다), 흡착을 위한 기구 (작은 끈적끈적한 다리) 그리고 이런 요소들을 아주 단순한 문제해결을 위한 시스템으로 작동되도록 할 수 있는 초보적인 집적 회로embeded circuitry가 있다. 만약 다른 생물에게 먹히지만 않으면, 이 유충은 어린 굴이 자랄 수 있는 적합한 곳을 찾아, 거기에 정착할 것이다.

더구나 굴은 다른 굴 위에 정착하는 것을 좋아한다. (굳이 비유를 하자면 그들은 소프트웨어 개발자들 같다. 즉 선배들이 정착한 곳에 계속 모이기 때문이다.) 이는 자기조립selfassembly 과정을 시작하는데 충분하다. 시간이 지나면 이 과정은 거대한 굴 모판bed을 만들어낸다. 각각의 살아있는 개체pod로 만들어진 거대구조체megastructure은 메타볼리스트metabolist (신진대사라는 생물학 용어를 빌린 건축경향. 1960년의 세계 디자인 회의를 위해서 결성된 그룹을 지칭함. 영원불멸의 건축을 부정, 근대건축의 스태틱한 기능주의를 비판함)들의 부러움을 살 만 하다. 처음에 정착한 개척자들은 구조의 토대가 되고 거기서부터 바다 밑바닥의 나쁜 환경을 떠나 점점 더 쌓아올려져 태양광과 영양분이 풍부한 영역에 닿을 때까지 구조물은 상부를 향해 만들어 진다. 이 구조물 안의 각각의 개체unit는 주변 형태에 절묘하게 맞추어 진다.

이렇게 안정된 후에, 굴은 자동으로 하드웨어 업그레이드를 시작하여 주변 환경에 새롭게 대응한다. 눈, 섬모, 다리가 없어지고 장소에 맞추어 새로운 원칙logic을 만들어 다음 단계로 들어간다. 굴 2.0은 자신의 껍질shell을 살짝 열어 바닷물에서 플랑크톤을 잡아먹고, 뭔가 달갑지 않은 것이 아가미gill에 닿으면 껍질을 닫는다. 인공두뇌학cybernetics의 창시자들이 연구했던 간단한 센서, 발동자actuator, 그리고 반응 고리feedback loop로 만들어진 유형처럼, 굴도 바뀌는 환경에 대응하는 방법을 조정하는 것이다.

중앙신경시스템이 없는 생물치고는, 굴은 꽤 영리한 편이다. 굴은 변화하는 환경에 대해서 세 가지 시간의 틀로 대응하고 있다. 실시간으로는 자신들의 껍질을 필요에 따라서 닫고 연다. 일생으로 보면 그들은 자신이 살 곳을 고르고 환경의 조건에 대응하여 구조를 만든다. 그리고 세대를 넘어서 보면, 그들은 장기간에 걸친 지형과 수역의 패턴에 대응하여 훨씬 더 큰 구조를 만든다.

단순한 굴조차도, 분할된 지적 능력과 행동, 자기복제, 아름다운 간단한 자기조립 원칙, 그리고 실시간의 센서와 발동자의 연결에 의해서 거대하고, 복잡한, 환경에 대응하는 구조를 만들 수 있는 능력이 있는 것이다. 자신의 간단한 능력의 진화를 통해서 굴은 이미 지적능력이 있는intelligent 반응responsive 건축의 원리를 알고 있다.

이 책이 보여주듯, 이제 인류의 건축가들도 그 격차를 줄이려 노력하고 있다.

—윌리엄 J. 미첼

서문

이 책은 인터랙티브 건축interactive architecture [IA]의 가능성에 대해서 논하고자 한다: 과연 그것이 무엇인지, 우리의 삶에 어떻게 영향을 줄 수 있는지, 그 디자인에 있어서 필요사항이 무엇인지 그리고 어떤 미래를 향하고 있는지 말이다. 즉 IA에서 벌어지고 있는 프로젝트와 경향의 전망landscape, 또한 새롭게 떠오르는 테크놀로지와의 통합integration을 문맥적으로 살펴보고 이해하여 미래의 비전의 윤곽을 그리려는 것이다. 인터랙티브한 공간은 현재 인간과 환경의 상호작용interaction의 문맥적인 틀 안에서 집적회로embedded computation [지적능력]과 물리적인 장치 [키네틱스(운동)]의 통합convergence로 만들어 지고 있다. 이런 인터랙티브한 시스템의 필요성, 의미, 용도에 대해서 명확히 설명하기 보다는, 개인, 사회, 환경적인 요구의 진화에 따라, 용도에 의해 변화된 필요에 따라서 공간과 물체를 만들고 싶은 욕망이 있는 한 이런 시스템을 만들려는 동기가 있다고 할 수 있을 것이다.

이런 인터랙티브한 건축 시스템의 진보는 단순히 어느 하나 만의 요인이 아니며, 오늘날 어느 분야에나 배어있고pervasive, 언제나 변화하는 그리고 광범위한 영향을 미치는far-reaching 테크놀로지의 이점을 살리려는 큰 비전의 일부로 이해하여야 할 것이다. 이 책에서 다루는 인터랙티브한 건축 시스템들이 얼마나 빨리 적용될지를 예상하는 것은 힘들지만, 이런 시스템들이 앞으로 나타날 건물의 중요하고 피할 수 없는 일부가 되리라는 것은 분명하다. 실제 이런 시스템의 성공은 현실에서 테스트를 통해서 판가름이 날것이다. 미래의 건축은 다이내믹하고, 유연한, 그리고 언제나 변하는 행위들을 만족할 수 있는 특별하고 아직 알 수 없는 방법과 애플리케이션을 이용하게 될 것이다. 이 주제의 근본을 이해하여 미래 건축의 비전을 추정extrapolate하는 것은 지금의 건축가, 디자이너, 사용자들에게 달렸다.

Advancement will only be accomplished when interactive architectural systems are addressed not primarily or singularly, but as an **integral component of a larger vision** that takes advantage of today's pervasive, constantly unfolding, and far-reaching technology.

이런 인터랙티브한 건축의 역사적인 윤곽을 이해하기 위해서는, 우선 정확한 정의를 내려야 한다. 요즘의 용어terminology에는 이미 "인텔리전트 환경", "반응하는responsive 환경", "스마트 건축", 그리고 "부드러운 공간soft space"라는 말이 쓰이고 있다. 이 책은 물리적으로 조형이 가능한 프로젝트들을 다루므로, 자연스럽게 "인터랙티브"한 디지털 작업은 주제에서 제외되었다. 인터랙티브 건축은 양방향 통신적two-way street이다. 우스만 하크Usman Haque가 얘기하듯이, 이런 시스템은 순회적 양상의 인터랙션을 만족시켜야 하며, 이는 단순히" 반응" 하는 것으로는 충분치 않다. 진보된 인터랙티브 시스템은 복합적 루프multiple-loop 시스템으로서 마치 대화를 하는 것처럼 느껴져야 한다: 연속적이고 발전적인constructive 정보의 교환인 것이다. 인간이 건축과 상호작용하기 시작하면서, 인간은 "사용자"라는 느낌보다는 "참여자"라는 인상을 받아야 한다.[01] 마코스 노박Marcos Novak은 "교류 지성transactive intelligence"라는 용어를 사용해서 건축적 지성을 정의하여, 이는 단순히 상호작용하는 것뿐만 아니라, 교류하고 결과적으로 사용자와 건축 자체가 변형시킬 것이라고 한다.[02]

우리는 우선 인터랙티브 건축의 기초를 마련한 1960년대 초반에 인공두뇌학을 연구하는 사람들의 이론을 개괄적으로 살펴볼 것이다. 인공두뇌학에서 시작된 이런 초기의 아이디어들은 당시 몇몇의 건축가들에 의해서 건축 분야로 옮겨졌다. 하지만 당시의 컴퓨터 기술은 초보적이라 이런 인공두뇌학의 개념들이 확장되고, 일반화되기에는 무리가 있었다. 하지만 컴퓨터 기술은 그 후 빨리 발전했고, 좀 더 실용적이고 시장의 힘market-driven fashion을 통해 건축분야에 적용되기 시작하였다. 문화적, 상업적인 관심은 인터랙티브한 건축에 가장 중요한 영향을 끼쳤으며 이를 통해서 시장을 위한 다양한 상품의 개발과 사용자들과 관계되는 시스템들이 개발되었다. 1990년대에 이르러 인터랙티브 건축은 기술적으로 경제적으로 가능성이 커짐에 따라 그 발판이 마련되기 시작하였다. 그리고 이때에 이르러 건축의 키네틱스kinetics에 관한 역사가 다시 재조명되기 시작하였는데, 이는 컴퓨터를 통한 정보화와 공정이 물리적인 환경을 조종하여 성능을 높이고 이런 과정이 새로운 방법으로 현재의 문화에 응답할 수 있다는 가능성에 근거를 두었다. 근래의 개발초점은 기계적인 패러다임mechanical paradigm에서 생물학적인 패러다임biological paradigm으로 변화되기 시작하였다. 유기체적 패러다임organic paradigm의 유행은 우리가 우리의 환경을 이해하기 위한 개념적 모델의 변화를 가져오기 시작하였으며, 결과적으로 이는 우리의 환경에 대한 디자인의 개념적 모델의 변화를 가져왔다. 유기체 이론organic theory은 자연에서 비롯되며 성장의 형태와 행태의 전략을 가지며 상황에 따른 특정한 패턴을 만들어내는 진화적 패턴을 가지고 있다.◊3 따라서 동적 적응kinetic adaptation 의 유기체 패러다임organic paradigm은 재료, 자율적인 로봇공학robotics, 생체모방 그리고 진화하는 시스템의 진지한 발전을 이루어 왔으며, 이의 적용은 좀 더 포괄적이면서도 작은 스케일에서 작동된다.

1960년대에 고든 파스크Gordon Pask와 다른 인공두뇌 학자들은 인터랙티브 건축의 분야의 이해와 정의에 대해서 많은 영향을 끼쳤다. 1970년대, 80년대에 많은 건축가들과 협력을 하게 되는 파스크는 당시의 인터랙티브 건축의 바탕이 되는 "대화 이론conversation theory"를 창안하였다.◊4 그는 우리의 욕망을 그대로 해석하는 환경보다는 환경은 사용자로 하여금 특정한 목표 없이도 자신의 환경surrounding을 구성하는데 상향식의 역할을 하여야 한다고 주장하였다. 우스만 헤이크Usman Hague는 이런 이론적인 바탕은 초기의 발판을 만드는데 어려움을 주었다고 말한다. 특히 파스크의 문제는 그의 실제화된 개념의 증거가 시장성marketing potential이 없었다는 데 있었다. 이런 개념의 증거로서의 프로토타입은 디지털 컴퓨터의 발전으로 밀려나게 되었다. 1960년대 중반에 이르러서는 사실 이런 종류의 AI와 인공두뇌학 - 신경회로망neural nets, 진화 프로그래밍evolutionary programming, 인공두뇌학cybernetics, 생물연산학biological computations, 생체공학bionics 등등 - 에 대한 지원은 거의 끊기고 있었다.◊5 이 분야의 거의 모든 연구들은 지원을 받기 위해서 디지털화 되어야 했다. 같은 시기인 1967년에, 건축가 윌리엄 브로디William Brody는 우리의 환경에 우선 복잡한 지적능력을 가르치고, 그 후에 스스로self-organizing를 통해 발전을 이루고, 결국 진화할 수 있는 환경시스템을 만들어야 한다는 미래지향적인 글을 발표하였다.◊6 MIT 미디어랩Media Lab의 창시자인 니콜라스 니그로폰데Nicholas Negroponte도 『건축기계The Architecture Machine』 라는 책에서 거의 유사한 아이디어를 내놓았는데, 차이라면 그는 실제로 지어지는 환경보다는, 좀 더 디지털 미디어와 디자인 과정에 중점을 두었다.◊7 찰스 이스트맨Charles Eastman은 파스크과 노버 웨인터Norber Weinter가 연구한 초기의 인공두뇌학의 모델을 확장하여 적응 가능한 건축Adaptive-Conditional Architecture라는 모델을 1972년에 발표하였다.◊8 여기서 그는 건축가가 공간과 사용자(참여자)를 완전한 피드백 시스템으로 보기를 원하였다. 이스트맨은 사용자의 필요를 만족시키기 위해 건축이 자체조정되게 하기 위해서 피드백을 쓰는 것을 제안하였다. 건축과 사용자의 서로 반응하는 인공두뇌적인 아이디어는 흔히 "복원력dynamic stability"라고 칭해지는데 이는 배의 방향타를 변하게 하는 환경적인 요소들인 바람과 물의 흐름 등을 고려하여 일정한 코스를 유지하기 위해 선장이 조정하는 것에 비교되곤 한다. 하지만 이스트맨의 모델은 배의 비유와는 달리 기계가 주도한다는 것이 중요하다. 앤드류 라베넥Andrew Rabeneck은 1969년에 매우 실용적인 이론을 제시하였는데, 이는 적응을 통해서 건물의 수명을 늘리는 적응적 건축adaptive architecture를 만드는데 인공두뇌적 기술을 쓸 수 있다는 것이었다.◊09 트리스탄 데스트레 스턱Tristan d'Estrée Sterk은 앞의 두 가지 방법을 하이브리드 시켜서 건축에 적용하는 것을 제시하였다.◊10 이 하이브리드 방법은 현재의 로봇공학에 와서 간단히 자동화된 피드백 시스템이 좀 더 진보된 심의과정과 결합되어 실현되었다.◊11

세드릭 프라이스Cedric Price는 초기의 건축가 중에 인공두뇌학 태동의 이론적인 작업을 '예측하는 건축'anticipatory architecture이란 건축적인 개념으로 확장시킨 중요한 인물이었다. 1961년, 그의 지어지지 않은 계획안 중 하나인 즐거운 궁전fun palace은 정해지지 않고, 유연하며 그리고 사용자들과 시대에 맞추어 반응할 수 있는 과정의 건축에 많은 영향을 끼쳤다. 또한 "특정한 프로그램이, 단지 마음에 일으킬 수 있는 원하는 결과로서의 효과만을 고려해서 디자인된 인공지능 건축에 대한 최초의 연구"라고 불린 발전기 프로젝트 역시 중요하다.◊12 이런 문맥에서 "지능적"이라고 불리기 위해서, 건축은 자신의 주변에 대해서 인식하고 호환할 수 있는 자체의 능력을 발전시키는 것이 필요하다. 이 프로젝트의 시스템 컨설턴트였던 존 프레이저John Frazer는 프라이스의 개념을 확장시켜 건축은 "살아있고, 진화하는 생명체"가 되어야 한다고 주장하였다. 이 이론은 그의 저서 『진화 건축』에 "지능 건축"이 자세히 설명되어 있는데, 여기에는 삼십년 동안 학생들과 작업한 내용과 파스크pask와 협력한 작업들이 설명되어 있다. 이런 프로젝트 중에는 런던의 AAArchitectural Association에서 작업한 실제 지은 구조물과 프로토타입이 포함되어 있다.◊13 이 결과물들은 생물학적이고 과학적인 유추들과 인공두뇌학, 복잡 이론complexity 그리고 카오스 이론Chaos theory 등에 상당히 영향을 받고 있다. 프레이저의 작업은 디자인 프로세스를 넘어서 실제 만들어 졌다는 면에서 의미가 크다. 그는 다양한 스케일에서 변화를 만드는 여덟 가지의 진화의 특징을 얘기하며 이런 바탕에는 정보가 있다는 것을 역설한다. 그는 자연의 생태계를 복제하지 않으면서도 매우 강력한 환경적인 사례를 주장한다. "자연의 생태계는 매우 복잡한 생물학적 구조를 가지고 있다: 자연은 자신의 재료를 재활용하고, 변화와 개조를 수용하며, 주변의 에너지ambient energy를 효과적으로 사용한다."◊14 당시에 이런 아이디어들은 정적인 건축들에 대칭된 단순한 흥미로운 생각들이었다. 그러나 이제 지금, 이런 아이디어들은 건축적인 환경 책임architectural environmental responsibility에 있어서 매우 중요한 키워드가 되었다.

이제까지 우리는 인터랙티브한 환경에 대한 초기의 이론적인 아이디어와 몇몇의 건축가들이 이

Intelligent environments are defined as spaces in which computation is seamlessly used to enhance **ordinary activity.**

를 건축적인 지평에 적용하려는 몇 가지 시도를 살펴보았다. 이런 초기의 이론적인 토대를 이해한 후에는 당시에 동시적으로 일어나고 있던 다른 분야의 역사적인 발전과정 - 디지털 컴퓨터와 인간의 상호작용-을 살펴보는 것도 중요하다. 최근까지도, 방금 언급된 선구가적인 이론가들을 제외하고는 인터랙티브한 환경의 분야에서 지성이라는 관념notion은 모든 것이 조종가능한 중앙집중식 시스템만이 고려되었으며, 이는 "스마트 환경"이라고 불렸다. 컴퓨터의 역사와 건축과 컴퓨터의 통합에 대해 간략히 요약하자면, 우선 1980년대와 1990년대에 컴퓨터 사이언스 분야에서 폭발적 발전이 일어났다. 여기에서 결과적으로 "지적인 환경intelligent environments"(IE)같은 분야들이 생겨서 집적회로embedded computation과 커뮤니케이션 테크놀로지들이 적용된 공간을 연구하게 되며 여기서 실제 세상에 컴퓨터가 적용된 공간이 만들어지게 되었다. 지적인 환경은 컴퓨터가 이음매 없이 적용되어서 일상적인 행위들을 도울 수 있게 만들어진 공간으로 정의된다. 1990후반에 적응주택adaptive house를 만든 마이클 모저Michael Mozer는 가정의 "인공지능"을 일정 기간 동안 관찰하여 주거인의 행동과 필요를 예측하는 능력이라고 정의한다.◊15 단순히 특정한 행위를 수행할 수 있게 프로그램된 것을 넘어 적응주택은 환경을 감독하고 주거인의 행동을 감지하고, 또한 주거인의 행동 및 거주의 패턴을 인식하고, 궁극적으로 집의 미래의 상태를 예측하여 자신을 프로그램 한다.◊16 또 다른 프로젝트로는 마이클 코엔Michael Coen이 주도한 MIT의 인공지능 방intelligent room 프로젝트가 있는데 이 프로젝트는 사용자들이 만지는 모든 물체에 컴퓨터 스마트를 집적시켜, 자연적이고 다양한 인간-컴퓨터 상호작용human-computer-interaction (HCI)의 다른 형태를 연구하였다. 이 연구의 목적은 컴퓨터로 하여금 이제까지 자신이 관여하지 못한 행위들에 참여할 수 있게 하여 사람들이 다른 사람들과 상호작용하듯이 사람과 컴퓨터 시스템이 상호작용하게 하려는 것이었다.◊17

이런 IE의 발전은 결국 "유비쿼터스 컴퓨팅"의 개념으로 이어졌다(이 용어는 1988년에 마크 와이저Mark Weiser가 데스크톱으로 대표되는 인간-컴퓨터 상호작용human-computer interaction을 넘어선 HCI를 정의하기 위해서 썼다). 유비쿼터스 컴퓨팅은 컴퓨터가 생활 속의 물건과 행위 속에 완벽하게 용해되는 것으로 정의되며 이는 컴퓨터 사이언스, 행동과학 그리고 디자인의 교차점으로 이해된다. 유비쿼터스 컴퓨팅에서 사용자들은 일상적인 생활에서도 다양한 컴퓨터 기기나 시스템에 노출되어 있으며, 사용자 본인은 자신이 그렇게 맞물려 있다는 것을 느끼지 못할 수도 있다. 와이저는 이를 "조용한 테크놀로지의 시대, 즉 우리 삶의 뒤로 테크놀로지가 숨어버리는 단계"라고 묘사한다.◊18 컴퓨터 사이언

Ubiquitous computing can be defined as computation thoroughly **integrated into everyday objects and activities**, and it is often regarded as the intersection of computer science, behavioral sciences, and design.

스와 건축의 교차점에서 바로 중요한 MIT 건축 기계 그룹Architecture Machine Group이 생겨나는데, 여기서 1970년대, 1980년대에 미디어와 인터페이스 디자인, 심지어 컴퓨터로 향상된 환경computationally enhanced environment에 대한 몇 가지 생산적인 프로젝트가 진행되었다.

분명한 것은 이런 인터랙티브한 건축의 발전에 있어서 상업적인 관심과 문화적인 관심이 중요한 역할을 했다는 것이다. 이런 시장성에 바탕을 둔 역할은 매우 중요하였는데 이는 이런 연유에 의해서 사용자들이 실제 현실에서 참여하는 것을 가능하게 만들었기 때문이다. 물론 초기에는 인터랙티비티의 이론적인 건축적 개념은 적용되기 힘들었다. 1950년대에 가장 널리 보급된 발전은 중앙통제실에 의한 건물 안의 환경조절시스템이었는데, 이것은 리모트 시그널을 보낼 수 있는 센서의 등장으로 가능해진 것이었다.◊19 또한 이 시기에 "리모트 컨트롤"(리모컨)의 발명으로 사용자는 물체의 운영자로서의 역할이 증대되었다. 1960년대에 이르러서는 시스템 컨트롤 및 관리의 기술발전으로 중앙통제실은 조그마한 컨트롤 패널로 바뀌었으며, 이 기기는 정보를 기록하고 문제가 있는 변수parameter에 대해서 사용자를 환기시킬 수 있는 능력을 갖추게 되었다. 마헤쉬 세네갈Mahesh Senegal은 이 시기에 나타나는 두 가지 반대된 경향을 지적한다.◊20 즉, 하나는 실용적인 편의로 좋아진 삶의 질, 그리고 반대로 기계로 조정되는 환경 안에서 인간이 환경에 의존하게 되는 두려운 상황이다. 이 두 가지 경향이 어떤 면에서 아직도 존재하지만 우리는 이제 두려움 없이 새로운 테크놀로지에 의한 편의에 대한 기대(어쩌면 환상일지도 모를)를 하고 있다. 1970년대에는 환경적인 효율성이 중요시되었는데, 건축가들은 건물의 성능을 향상시켜서 예산을 절감할 수 있는 테크놀로지를 찾았다. 마이크로프로세서의 등장으로 에너지 관리 시스템들이 만들어졌지만 아직 인터랙티브한 기술들은 건축가들에게서 받아들여지지 않았다.

개인용 컴퓨터가 등장한 1980년대에 이르러서야 사용자들의 생각에 큰 변화가 생겼으며, 컴퓨터에 관련된 "인간의 노예화"적인 뉘앙스는 "인간의 권한의 향상empowerment"◊21으로 바뀌게 되었다. PC는 중앙의 콘솔 컨트롤을 대체하는 새로운 인터페이스가 되었으며, 기존의 컨트롤 시스템들은 분산된 직접적 디지털 컨트롤distributed direct digital control로 바뀌었고,지엽적 네트워크에서도 커뮤니케이션이 가능하도록 프로그램 될 수 있었다. 이런 발전은 동시다발적으로 시장에 나타난, 독립적인 프로토콜(통신제어절차. 네트워크에서 표준화된 통신규약으로서 네트워크 기능을 효율적으로 발휘하기 위한 협정이다. 즉, 통신을 원하는 두 개체간에 무엇을, 어떻게, 언제 통신할 것인가를 서로 약속한 규약이다.)로 만들어진 독립적인 기기들 사이의 통합의 문제를 인식하게 만들었다. 다양한 하드웨어들이 서로 소통할 수 있게 하는 방법을 표준화하는

The driving force behind the renewed interest in adaptable architecture is the technologically influenced and changing patterns of human interaction with the built environment.

필요성이 대두되었으나 이런 기기들 간의 표준이 상당히 큰 경제적 가치를 지니고 있었기 때문에 어느 하나를 선택해 결론을 내리기는 힘들었다. 결국 결과적으로 시장에는 서로 소통할 수 없는 독립적인 프로토콜로 만들어진 상품들이 넘쳐 나게 되었다. 이런 기기들 간의 소통문제incompatibility는 아직도 계속되는 논쟁 중에 하나인데, 이에 대해서는 제2장에서 다루도록 하겠다.

결국 건축 학계academia는 현실을 위한, 상업적인 발전을 전제로 한 포괄적인 프로토타입들을 만들어내기 시작하였다. 수많은 학구적인academic "스마트 홈"과 "스마트 오피스workplace"에 대한 연구가 1990년대에 시작되었으며 이들은 당시에 가능한 기술적인 발전에 의존하고 있었다. 당시는 무선 네트워크, 집적회로 그리고 센서 작동체effectors 등이 기술적, 경제적으로 가능한 시기였다. 이런 가능성은 초기의 비전 있는 건축가들과 이론가들이 이미 제시하였지만 기술적, 경제적 어려움으로 인해 실현할 수 없었던 아이디어들을 실험할 수 있는 기회를 주었다. 비싸지 않은 컴퓨터 하드웨어와 건축에 컴퓨터 인텔리전스를 통합하려는 경향이 생기기 시작할 것이다. 1990대초 바트렛 건축대학Bartlett School of Architecture에서 스티븐 게이지Stephen Gage에 의해 진행된 인터랙티브 건축 워크숍은 실제적인 건축적인 목표를 위한 선도적인 토론장이었다. 또한 인터넷의 사용은 기술적이고 지적인 분위기의 유포에 있어서 중요한 역할을 하였고 이는 결과적으로 분야의 발전에 큰 공을 세웠다. 1990년대 이후, 많은 건축대학들이 인터랙티브한 디자인을 학과 과정에 포함시키고 있다.

또한 관련된 중요한 사항은 1990년대 말에 건축에서의 동역학kinetics에 대한 역사가 다시 관심을 갖게 되었는데, 이는 새롭게 발전된 컴퓨터 정보 그리고 프로세싱 기술이 실제적으로 무엇인가를 움직이게 할 수 있다면 그 성능이 향상될 것이라는 믿음 때문이었다. 건축분야는 전통적인 동역학적 미학을 새로운 기술진보의 무기로 다시 들여다보기 시작하였으며, 특히 로버트 크로넨버그Robert Kronnenberg가 주도한 이동 가능한 환경에 대한 몇몇의 전시회와 컨퍼런스에 의해 박차가 가해졌다. 새로운 가능성들에 의해서 기존의 문제였던, 운동, 정지stasis 그리고 질서order들은 다시 고려되고, 더 세련되어지고 변환되었으며 새로운 전략들이 기술적인 발전에 의해 생겨났다. 특히 현대적인 유목민 문화nomadic culture에 관련된 이동과 운송transportation에 대한 기술과 새로운 접근은 눈부시게 발전했다.◊23

이런 적응 가능한 건축에 대한 새로운 관심의 배경은 구축환경에 관련된 인간이 상호작용의 변화하는 패턴과 기술의 발전이었다. 오늘날의 사회적 도시적 변화의 극대화와 더불어 지속가능성에 대한 관심과 책임감이 인터랙티브한 건축의 해결방법에 대한 요구를 증대시켰기 때문이다. 건축적인 필요

Technology transfer from similarly integrated interactive developments in other fields will continue to predicate, impact, and evolve with interactive architecture.

성으로서는 오늘날의 사회에서 변화는 필요에 대한 적응의 필요성이 더 증대되었기 때문이다.

이렇게 기술적으로 해석된 인간의 행동 패턴들은 기계적인 적용에서 생물학적인 적용으로 적응의 시점에서 본 패러다임의 변화를 가져오고 있다. 기계적인 세상에의 변화는 순환되지만 변수들이 정해진 결과에 따라서 계속 반복되기 때문에 발전이 없다; 생물학적인 패러다임은 발전적이고 상호작용reciprocal하며, 이는 생물을 흉내 내기 때문이다. 유기체적 이론은 자연에서 출현하며 문맥적인 환경에 꼭 맞는 특정한 패턴으로 최대한으로 활용되는 행동의 전략과 성장을 만들어내는 진화적인 패턴을 가지고 있기 때문이다.◊24 생물학적 패러다임의 보급은 우리가 우리의 환경을 이해하는 개념적인 모델을 변화시키고 있으며 결국 우리의 환경을 디자인하는 방법마저 변화시키고 있다. 따라서 동적 적응의 생물학적 패러다임은 로봇과 새로운 재료의 발전에 심오한 영향을 끼쳤으며 이는 적응이 좀 더 전체적이면서 아주 작은 내부적인 스케일에까지 작동된다. 테크놀로지는 미시적인 스케일의 자연적인 구조에 대해서 많은 것을 알려주었으며 직물, 세라믹, 폴리머, 또한 젤이나, 형상기억합금과 복합재료를 이용한 새로운 재료를 발견하였다.◊25 비슷한 맥락에서, 우리는 나노 단위의 훨씬 더 작은 스케일에서 일어나고 있는 구조와 시스템도 간과할 수 없다. 발명되고 있는 나노스케일의 복합재료nanocomposite들은 견고함과 신뢰도, 그리고 성능을 향상시키기 위해서 자가감지self-sensing하며 자가발동self-actuating한다. 작은 스케일에서 이런 새로운 재료와 로봇의 결합은 바이오-나노 테크놀로지 안에서 가능한 인터랙티브한 건축에 대한 가능성을 열어주고 있다. 인터랙티브 건축은 생물학적인 기능과 나노스케일의 명확함의 통합으로 인해서 크게 이득을 볼 것이다.

다른 분야에서의 통합된 인터랙티브한 발전의 기술적인 전이는 인터랙티브 건축을 좀더 함축적이게 하고, 효과를 높이고, 그리고 진화하게 만들 것이다. 이런 기술전이는 특히 우주공학 디자인, 자동차 디자인, 인터페이스 디자인 그리고 디지털 미디아의 기술혁신을 통해서 이루어 질 것이다. 흥미롭게도 이런 발전의 예상은 건축 외 다른 분야에서의 발전역사를 보면 예상할 수 있다. "자동차의 기술혁신의 80%는 모두 전자 시스템에서 비롯되었다."◊26 그전까지 모든 혁신은 생산방식과 제조방식에 관계되었었다.◊27 자동차분야에서 "전기를 이용한 운전drive-by-wire" 기술은 전통적이고 기계적인 수압에 바탕을 둔 컨트롤 시스템에서 전자기계적인 작동기와 인간-기게 인터페이스가 가능한 전자 컨트롤 시스템으로 바뀌었다. 이 기술들은 물론 비행기 분야에서 가장 먼저 비롯되었다. 이 둘 다 집적컴퓨터의 적용을 통해 가능한 것들이며, 이제 건축적인 환경에서도 가장 중요시 되는 부분이다. 이제 우리는

In this book, interactive architecture is positioned as a transitional phenomenon with respect to a movement from a mechanical paradigm to a biological paradigm.

"전기를 이용해서 사는" 혹은 "전기를 통해 일하는" 테크놀로지를 볼 것인가? 근래의 인터페이스 디자인의 발전은 결국 인터랙티브 건축의 환경에서도 이루어 질 것이다. 센서의 발전과 생산의 붐boom은 이제까지 데이터와 정보를 얻는 방법에 있어서 생각하지 못했던 새로운 방법들을 제시하고 있다.

이 책에서, 인터랙티브 건축은 기계적인 패러다임에서 생물학적인 패러다임으로 옮겨가는 전환의 단계에 놓여 있다고 정의하였다. 이 책에서 제시된 인터랙티브한 건축 프로젝트의 대부분은 기계적인 원리들에 바탕을 두고 있다. 하지만 몇몇 분야에서는 생물학적인 원리에서 창안하여 자연의 디자인과 행동과정에서 직접 유추된 프로젝들을 만들어 내기 시작하였다. 생물학적인 패러다임에 바탕을 둔 인터랙티브건축은 실용적이고 성능위주의 기술적인 이해뿐만 아니라 인간과 지구환경에 대한 미학적, 개념적, 그리고 철학적인 이슈들에 대한 인식의 변화를 요구한다. 또한 이는 디자이너의 역할을 진화하는 디자인의 촉매역할로 변화하게 하고 있다. 이런 생물학적 패러다임은 디자이너들이 일하고 세상을 보는 스케일에 대한 재인식을 요구한다. 흥미롭게도 이런 스케일의 이슈는 생산과 제작에 본질적으로 엮여져 있다. 근래의 기술혁신들이 전기전자의 발달로 생겨났지만, 이제 생물학과 스케일에 영향을 받은 생산, 제작의 기술혁신이 일어나는 것을 관찰할 수 있다. 더불어 많은 초기의 인터랙티브 건축의 예들이 디지털 미디어의 발전에 바탕을 두고 일어났으며, 이런 상황은 (경제적이나, 기술적으로도) 무형태non-tangible의 상호작용으로 발전해 나갈 것이다.

『인터랙티브 건축』 은 인터랙티브 건축(IA)의 바탕과 미래의 비전에 대한 아웃라인을 제공할 것이다. IA의 기초는 물리적인 변화와 집적 컴퓨테이션에 바탕을 두고 있으며, 이런 변화를 각각의 문맥의 연대표에 놓고 이해될 것이다. 이 두 가지 분야의 경향은 우리가 인터랙티브 건축이라고 생각되는 것으로 서로 합쳐지고 있다. 이 분야는 아직 초기단계이며 앞으로 연구되고 실험되어야 할 흥미로운 다양한 방향들로 분화되고 있다. 이 책은 이런 특징을 상징적으로 보여줄 수 있는 다양한 프로젝트를 살펴볼 것이며 이런 프로젝트들이 IA의 동시대 연대표에 어떻게 끼워 맞추어지는지 살펴볼 것이다. 어디서부터 시작되어 이제 어디에 와 있는지를 살펴본 후 이 책은 IA의 미래의 방향에 대해서 고찰을 하고, 새롭게 제시되는 테크놀로지와 트렌드를 살펴볼 것이다. 미래에 우리는 건축이 우리와 상호작용하고 또 인간끼리의 상호작용까지도 영향을 끼쳐 우리의 삶을 크게 변화시킬 것을 보게 될 것이다. 만약 건축이 계속하여 기술적인 발전을 이룩한다면, 우리는 더 이상 "저 건물은 뭐야?" 혹은 "저 건물은 어떻게 지어졌지?"라는 질문을 하지 않고, "저 건물은 무엇을 하나? what does that building do?" 라고 묻게 될 것이다.

1 Usman Haque, "Architecture, Interactions, Systems," *AU: Arquitetura & Urbanismo* 149 (August 2006).

2 Marcos Novak, interview by Alessandro Ludovico, *Neural* (Spring 2001), http://www.neural.it/english/marcosnovak.htm.

3 Gary Brown, introduction to *Transportable Environments 2*, ed. Robert Kronenburg (London: Spon Press, 2003): 2–20.

4 Gordon Pask, "Architectural Relevance of Cybernetics," *Architectural Design* (September 1969): 494–96.

5 Hubert L. Dreyfus, and Stuart E. Dreyfus, "Making a Mind Versus Modeling the Brain: Artificial Intelligence Back at a Branchpoint," in *The Artificial Intelligence Debate: False Starts, Real Foundations* (Cambridge, MA: MIT Press,1988), 15–43.

6 Warren Brodey, "The Design of Intelligent Environments: Soft Architecture," *Landscape* (Autumn 1967): 8–12.

7 Nicholas Negroponte, *The Architecture Machine*, (Cambridge, MA: MIT Press, 1973).

8 Charles M. Eastman, "Adaptive-Conditional Architecture," in *Design Participation*, ed. Nigel Cross (London: Academic Editions, 1972), 51–7.

9 Andrew Rabeneck, "Cybermation: A Useful Dream," *Architectural Design* (September 1969): 497–500.

10 Tristan d'Estrée Sterk. "Responsive Architecture: User-centred Interactions within the Hybridized Model of Control," *Game Set and Match II: On Computer Games, Advanced Geometries, and Digital Technologies*, ed. Kas Oosterhuis and Lukas Feireiss (Rotterdam, the Netherlands: Episode, 2006), 494–501.

11 E. Coste-Manière and R. Simmons, "Architecture, The Backbone Of Robotic Systems," in *Proceedings of the 2000 IEEE International Conference on Robotics & Automation* (San Francisco, CA: 2000).

12 Terence Riley, ed., *The Changing of the Avant-Garde: Visionary Architectural Drawings from the Howard Gilman Collection* (New York: The Museum of Modern Art, 2002).

13 John Frazer, *An Evolutionary Architecture* (London: Architectural Association Publications, 1995).

14 Ibid.

15 M. C. Mozer, "Lessons from an adaptive house," in *Smart Environments: Technologies, Protocols, and Applications*, eds. Diane Cook and Sajal K. Das, (Hoboken, NJ: J. Wiley & Sons, 2005), 273–94.

16 M. C. Mozer, "An Intelligent Environment Must Be Adaptive," *IEEE Intelligent Systems and Their Applications* 14, no. 2 (1999): 11–13.

17 Michael Coen, "Design Principles for Intelligent Environments," in *Proceedings of the Fifteenth National Conference on Artificial Intelligence* (Madison, WI: 1998), 547–54.

18 Mark Weiser and John Seely Brown, "Designing Calm Technology," *PowerGrid Journal*, v 1.01, http://powergrid.electriciti.com, July 1996.

19 D. Kolokotsa and T. Nikolaou, et al., "Intelligent Buildings Handbook," SMART-ACCELERATE Project, http://www.ibuilding.gr/handbook.

20 Mahesh Senagala and Chris Nakamura, "Going Past the Golem: The Emergence of Smart Architecture," in *Proceedings of the ACADIA International Conference* (Louisville, KY: 2006).

21 Ibid.

22 Michael Fox, "Novel Affordances of Computation to the Design Process of Kinetic Structures," (Master's thesis, Massachusetts Institute of Technology, 1996).

23 Gary Brown, introduction to *Transportable Environments 2*, ed. Robert Kronenburg (London: Spon Press, 2003).

24 Ibid.

25 Michael Fox and Catherine Hu, "Starting from the Micro: A Pedagogical Approach to Designing Interactive Architecture," in *Proceedings to CAADRIA* (Bangkok, Thailand: 2006).

26 Gabriel Leen and Donal Heffernan, "Vehicles Without Wires," *Computing and Control Engineering Journal* 12, no. 5 (2001): 205–11.

27 Mahesh Senagala, "Kinetic and Responsive: A Complex-adaptive Approach to Smart Architecture," in *Proceedings at the SIGRADI International Conference* (Lima, Peru: 2005).

PHYSI
CHAN

물리적인 변화

CAL GE

p. 33

p. 35

p. 37

p. 39

p. 41

p. 44

p. 45

p. 51

p. 51

키네틱 건축의 트렌드

요즘은 어디에서나 지적인 건축환경, 즉 공간과 물체objects가 사용자의 행태에 대한 정보를 입수하여 미래의 사용자 행동패턴을 예측할 수 있다는 얘기를 들을 수 있다. 그렇다면 당연히 다음과 같은 질문을 하게 된다: 건축이 이런 정보를 가지고 물리적으로 어떻게 적응하여 자신을 변화시킬 수 있는가? 여기서 키네틱스가 중요해 진다. 물리적인 변화를 위해서는 다양한 스케일과 애플리케이션에서 동적인 운동을 필요로 하게 된다. 이 책에서 키네틱스는 일반적으로 정해진 물리적인 공간을 다이내믹하게 점유할 수 있는 변화 가능한 물체를 말하거나, 아니면 적응 가능한 공간 구성을 만들고 물리적인 공간을 함께 사용하기 위해 물리적으로 물체를 움직일 수 있는 능력을 가리킨다. 로버트 크로넨버그Robert Kronnenberg는 이런 시스템을 유연한 이동성variable mobility, 위치 그리고 기하학적인 특성을 가진 건물 그리고/혹은 빌딩 요소라고 정의한다. 우리는 방금 언급한 내용이 어떻게 기계적으로나 생물학적인 방법으로 가능한지를 논하고자 한다.[01] 키네틱한 기능은 여기서 다양한 문맥과 여러 가지 목적을 위해서 내재적으로 유연한 건물 유형을 짓기 위한 기술적인 디자인 전략들을 의미한다. 이 장의 첫 단락에서는 키네틱 건축의 기본적인 경향을 조사하며 또한 애플리케이션의 일반적인 개념과 역사적인 문맥을 살펴본다. 두 번째 단락에서는 여기에 더하여 이런 키네틱 시스템의 기계적 원리와 관련된 특정한 디테일에 대해 살펴 볼 것이다. 마지막으로 기계적인 시스템에서 생물학적인 시스템으로 변화되는 자연적인 과정, 재료의 중요성과 역할에 대해서 살펴보는 것으로 미래의 키네틱스를 예상하여 본다.

아마도 키네틱스를 사용하는 가장 혁신적인 디자인은 특수한 상황에서 비롯될 것이며, 이 특수한 사용처야말로 지어진 환경과 인간의 상호작용의 진화되고 변하는 패턴의 추진력일 것이다. 단순히 환

Kinetics, in the context of this book, will be defined generally as either **transformable objects** that dynamically occupy predefined physical space, or **moving physical objects** that can share a common physical space to create adaptable spatial configurations.

경을 관리하는 것을 넘어 물리적으로 조정할 수 있는 능력은 중요한 함축성을 가지고 있으며 새로운 적용처를 만들어 내고 있다. 공간이나 물체가 무엇을 할 수 있는지 이해하고 특정한 임무를 돕기 위해서 어떤 일을 해야 하는지 알 수 있는 다이내믹한 건축에는 중요한 잠재성이 있다. 이런 건축이 이해할 수 있는 사항 중에는 공적인 공간이나 사적인 공간으로의 변화를 위해서 건축적인 요소나 공간적인 레이아웃을 동적으로 재구성하는 작업도 있고, 또는 온도, 시야, 조명 그리고 음향 조건들을 최적화시키는 작업도 있으며, 또 공간을 통해서 협업을 하게 하거나, 분담을 하도록 만들 수 있는 작업도 있다. 이런 이해의 바탕은 결국 건축이 어떻게 특정한 행동을 하는데 도움을 주거나, 가능하다면 작업을 끝내기 위해서 다른 사람이나 공간과 상호작용할 수 있는지를 이해해서 우리의 일상생활을 좀 더 향상시킬 수 있느냐에 있다. 고전이 된 책인 키네틱 건축에서 윌리엄 주크William Zuk는 얘기한다. "우리의 임무는 건축을 녹이는 것이다. 즉 삶의 다양하고 언제나 변화하는 양식에 맞추어 건축을 유연하고, 진동하고, 변화할 수 있게 하는 것이다. 확장하고, 수축하고, 진동할 수 있는 건축은 오늘날의 삶을 반영할 것이며 따라서 우리 삶의 일부가 될 것이다."[◊2] 코스타스 떼르지디스Kostas Terzidis는 다음과 같이 설명한다: "변형deformation, 병렬juxtaposition, 겹침superimposition, 부재absence, 요란disturbance, 그리고 반복 등은 건축가가 가상의 운동과 변화를 표현하기 위해서 쓰는 테크닉 중의 일부이다." 덧붙여 그는 일반적인 건물의 형태와 구조가 안정성stability, 불변steadiness, 튼튼함sturdiness 그리고 부동성immobility를 암시하는 반면에 운동성의 도입은 민첩함agility, 예측불가unpredictability, 혹은 불확실을 제시하며 더 해서는 변화, 기대, 그리고 생동감을 암시할 수 있다고 얘기한다. 그러므로 환경과 운동의 통합은, 이런 견해가 건물의 미학, 디자인 그리고 성능에 미칠 영향과 더불어 건축분야에 있어서 매우 중요해 질 것이다." 이런 가상의 운동(감)의 미학적인 가치가 물론 영감의 원천으로서도 기능하겠지만, 실제 건물과 구조물에 적용되게 되면 건축이라는 것의 본질적인 성격을 바꾸어 버릴지도 모른다."[◊3] 크로넨버그Kronnenberg는 그의 책 『이동할 수 있는 환경Transportable Environments』에서 이런 변화의 몇 가지 이점을 들고 있는데, 이 중에는 이미지, 기능, 안전, 유연성, 에너지 활용도, 신뢰도, 사용자-편의 그리고 라이프-사이클 등을 들고 있다.[◊4]

건축에서 키네틱스 라는 의미는 원인과 결과의 관계를 함축하고 있다. 건축이 적응하여야 하는 상황들은 항상 일어나고 있다: 제한된 요구의 종류 [공간 안의 행위에 따라서 변하는 사용자의 요구] 그리고 건물의 용도가 바뀌어 리모델링되거나, 소멸되거나, 다른 건물로 바뀌어야 한다. 주크에게 해

One way to begin exploring the dynamics is through **rethinking architecture** beyond conventional static and single-function spatial design.

법은 어떤 기능적인 요구도 받아들일 수 있는 공간을 디자인하는 것이다.[05] 이런 공간을 디자인하기 위해서는 건축적 환경의 유동성, 유연성, 그리고 적응성에 대한 연구를 하여야 한다. 유동성을 연구하기 위한 한 가지 방법은 이제까지의 건축 즉, 관습적이고 정적이며 한 가지 기능으로 고려하는 공간디자인을 재고하는 것이다. 주안점은 끊임없이 변화하는 요구에 따른 물리적인 공간의 유동적인 구성이다.[06] 우리는 이런 다이내믹한 공간적인 필요성에 대해서 살펴볼 것이지만, 잊지 말아야 할 것은 이런 적응이 단순히 필요를 만족시키는 단순한 것은 아니라는 것이다. 펜pan은 "필요와 욕망은 바뀌어서 새로운 선택을 하게 만들며, 이는 지리적인 이동을 더 자유롭게 하고, 개인적인 변덕까지도 받아들이고, 역할과 기능의 변화를 인지하고, 개인적인 정체성을 장려하고 경제적인 단계에서의 변화를 반영하며, 건축적인 형태에 영향을 끼치는 어떤 변화에도 적응하는 것이다" 라고 얘기한다.[07] 크리스토퍼 알렉산더Christopher Alexander는 필요에 영향을 끼치는 형태의 개념을 제시하였지만, 이것으로는 부족하며, 기본적으로 너무 수동적이다. 오히려 형태는 압력의 개념에 의해 영향을 받아야 하며, 이는 몇 가지 힘의 조합이다: 상호작용하고 독립되지 않은 요소들non-isolated elements의 시리즈로서 하나의 힘의 변화에도 전체가 변하는 조합. 이런 압력의 조합이 형태에 영향을 주고 형태를 만들어 낸다.[08] 주크는 이런 형태를 만들어내는 (형태생성인자) 요소에는 물리적인 힘과 비물리적인 힘이 있으며, 이는 테크놀로지와 접속될 수 있다고 주장한다.

주크가 얘기하는 테크놀로지는 이 장에서는 키네틱스이지만, 전체 책의 문맥에서는 인터랙티브 건축이다. 점점 더 형태가 반응할 힘의 유연함을 인식하는 건축으로 발전시켜야 하고, 또 이러한 압력과 상황을 해석할 수 있는 테크놀로지를 개발하여야 할 필요성은 증대되고 있다. 이런 발전에 있어 지속적인 변화는 함축적이며, 이는 이런 조합안의 생성시스템이 시간에 맞추어진 발전 원리가 고려되어야 한다는 것이다. 다양한 요구와 이런 행위를 향상시키기 위해 변화하는 공간의 이점을 가능케 하는 지속적 평가 시스템을 찾아야 한다. 결과적으로 키네틱스의 기술이 나아질수록, 다양한 요구의 다이내믹한 특성을 이해하는 우리의 능력도 배가될 것이다.

역사적으로 건축에서의 키네틱스의 뿌리는 실용적인 적용가능성에서부터 비롯되었다. 이 실용적인 적용가능성은 다양한 경우에서 발견되었다. 음식을 찾기 위해서 움직여야 하는 유목적 필요성에서부터, 곡식을 키우기 위해서 환경을 변화시켜야 하는 요구, 기후의 변화를 수용하기 위한 요구, 적에게서 도망쳐야 하는 필요성 등 언제나 적응하고 이동하여야 하는 필요성이 존재하였다. 크로넨버그

Today's intensification of social and urban change, coupled with the need for sustainable responsibility, amplifies the **demand for novel architectural solutions.**

Kronnenberg는 기술적으로, 사회적으로, 경제적으로 그리고 문화적으로 세상이 너무 빨리 변하기 때문에 유연하고, 변화가능하고, 이동가능한 디자인이 유목민적인 삶을 추구하던 때 보다 더더욱 필요하다고 말한다.[◊9] 라벨 프루신Labelle Prussin은 원시적인 문명의 마을이나 개인의 집이 얼마나 유동적인 상황에 있었는지를 설명한다. "부지런한 건설자는 꾸준히 변하는 가족의 안팎의 관계 때문에 언제나 자신의 장소를 다시 만들고 리모델링(개축)하고 있었다."[◊10] 마을의 형태는 농업의 패턴에 영향을 주는 위치의 지리적인 특성에 의해서 결정된다. 결과적으로 나타나는 거주지 패턴은 만약 윤작 농업이 가능하다면 응집되고, 복합 농업compound farming이 가능하면 흩어지게 된다.

오늘날, 건축은 새로운 기술력으로 전통적으로 키네틱한 미학을 다시 쫓아야 할 위치에 있다. 운동과 정지, 그리고 질서와 관련된 전통적인 문제들은 건축적인 새로운 전략들을 가능케 하는 새로운 가능성으로 인해 도전당하고, 재정의되고, 변화될 수 있으며, 특히 유목민 문화의 이동성에 관련된 부분에서는 더더욱 그렇다. 여기에 가장 중요한 추진력은 지어진 환경과 인간 상호작용의 패턴을 변화시킬 수 있는 기술의 발전이다. 게리 브라운Gary Brown은 모바일 기술이 인간을 더 자족적이게 만들었으며, 이는 유목민적 경향을 더 증가시켰다고 얘기한다. 그는 오늘날의 건축적인 도시적인 공간들은 프로그램의 요구에 따라 지어지는 특정한 건축적인 배경으로 만들어진 특정함이 더 이상 존재하지 않는다고 주장한다. 전통적인 건축 유형들은 이제 사회적인 변화에 따라서 교체되고 있다. 새로운 사회적인 이동성에 의해, 유형은 섞이고 있고 호환적으로 변해가고 있다. "공간의 보편적인 유형이 생겨났으며, 이전에는 완전히 다른 유형인, 교육, 행정, 서비스 그리고 생산의 어떤 면들, 커뮤니케이션 그리고 엔터테인먼트 들을 모두 다 융합시키는 모바일 테크놀로지의 관계들이 생겨나고 있다."[◊11] 요즘 커피숍에 가보면 "어디서나 연결되는" 문화에 의해서 19세기에 존재했었던 문화가 다시 살아난 것을 느낀다: "(19세기) 카페는 도서관, 연구실, 모임장소 그리고 주소였으며, 이런 장소는 집에 있는 것과 밖에서 돌아다니는 행위 공간감의 구별을 흐리게 만들었다."[◊12] 오늘날의 커피숍들이 이런 구별을 없애는 것처럼, 키네틱스는 각 개인이 물리적으로 있건 없건 간에 미팅을 위한 공간이 필요한 사회에서는 요구되는 변화를 수용할 수 있는 역동적인 형태를 제공해야 한다. 또한 다른 유목민적인 특징들을 찾기는 쉬운데, 예를 들어 연장자를 위한 이동 주택차motor-home에 사는 수많은 사람들을 생각할 수 있으며, "이들이 영구적인 장소로서의 집이라는 개념을 버리고 온전히 움직일 수 있는 집을 수용한 사람들이며 이는 다른 모든 상황에 대해서도 새로운 생각을 하는 사람들"이라고 할 수 있다.[◊13] 따라서 형식

The implications of kinetic architecture touch upon **building performance** on the one hand and **aesthetic phenomenology** on the other.

의 요구의 범위scope는 각 개인을 포함할 뿐만 아니라 집단적인 사회의 유기체들을 포함해야 하며, 여기에는 가족, 이웃, 도시, 메트로폴리스 등이 모두 포함되어야 한다. 이런 비물리적인 카테고리에는 문화, 이데올로기, 도덕적인 기준, 경제적인 상황, 원리, 정치적인 입장이나 믿음까지도 포함된다. ◊14

일반적으로, 이런 압력은 "실용적pragmatic"인 카테고리와 "인간적인" 카테고리로 나눌 수 있다. 키네틱 건축의 영향implication은 건물의 성능뿐만 아니라 미학적인 현상학phenomenology까지도 포함하고 있다. 앞에서 살펴본 실용적 애플리케이션은 필요를 해결하는 것 그리고 해결책을 최적화하는 것 관계된다. 건축의 시스템에서의 가능성들은 공간효율, 주거shelter, 보호security, 이동, 안전, 그리고 경제적인 고려사항들이 포함되지만, 여기에 한정되지는 않고 있다. 키네틱스는 현재 이런 실용적인 측면에서 발전되고 있으며, 그 범위는 완전한 이동가능성에서부터 인테리어의 재구성까지를 포함한다. 요즘 컨벤션을 가보면 다양한 건축적인 스케일의 전시들이 몇 일만에 완성되어서 전시되고 해체 또한 쉽게 이루어져 다음 컨벤션 장소로 이동되는 것을 본다. 또한 키네틱한 인테리어의 예들도 많은데 이 중에는 사무실 환경에서 개인적인 사용자 위주로 변하는 가구나 시스템등도 포함된다.

인간적인 압력은 물리적으로나 심리적으로 변하는 건축 환경이 어떻게 우리에게 영향을 주는가에 관한 것이다. 단순함에서 비롯된 복잡함에 대한 해석에는 운동의 인식이 있다. 마레이E. J. Marey의 시간차 사진의 연구chronophotographic studies에서 비롯하여 길브레스Gilbreths의 효율성 연구, 그리고 수많은 현대 미술의 예들, 듀샹Duchamp의 *계단을 내려오는 나체여인* Nude Descending a Staircase 등, 운동을 묘사하고 기록capture하려는 탐험의 역사는 계속되어 왔다. ◊15 운동의 현상학적인 측면에서, 사람은 언제나 특정한 시점에서 [이 경험하는 사람도 보통 움직이고 있다] 경험하고 있고, 그 자신도 움직이고 있기 때문에 우리는 시점이 다이내믹하게 바뀌고 있다는 것을 인지하여야 한다. 하쉬 카브라Harsh Kabra는 말하기를 "모든 것이 운동인 디자인을 상상하여 보라. 결과는 움직이는 이미지이며, 이미지들이 어떻게 보일지는 디자이너의 책임이다. 건축가는 마치 영화감독처럼 그가 디자인하는 공간에서 움직이는 인간의 경험을 프로그램 한다. 이런 미리 계획된 키네틱 건축에 들어와서 공간을 장소로 바꾸고, 의미와 삶을 부여하는 것은 실제의 사람들이다."◊16 코스타스Kostas는 과거의 건축가를 연기의 거장virtuoso performer으로 정의하면서 "미래의 건축가는 형태, 공간 그리고 색의 교향악 작곡가가 되어야 한다."라고 얘기한다. ◊17 척 호버맨Chuck Hoberman은 변화와 삶 사이에는 심리적인 연관관계가 있으며 모든 인간은 생리학적인 단계에서 이를 인지한다고 주장한다: "인간은 이런 특정한 행위 [변화의

Novel applications in spatial optimization arise through addressing how transformable objects can **dynamically occupy** predefined physical space.

행위]를 목격하면 이를 몸으로 느끼는데 이는 물리적인 감흥, 정신적인 감흥 그리고 감각적인 감흥으로 다양하게 느끼기 때문이다."◊18

게리 브라운Gary Brown은 이런 운동성movement을 건축에 적용하기 위한 다섯 가지 전략을 제시한다. 건축은 해체되기 위해서 미리 프로그램 될 수 있다. 건축은 시간이 지나면서 성장할 수 있다. 건축은 필요할 때면 언제든지 분해될disassembly 수 있게 디자인 될 수 있다. 건축은 보편적인 편리함universal facilitation을 위한 틀을 제공할 수 있게 디자인 될 수 있다. 그리고 건축은 변환장치transformer로 디자인되어 단 하나의 정적인 기하학적 형태 이상으로 변할 수 있다. ◊19 우리는 건축적 환경에서 사용할 수 있는 키네틱의 애플리케이션을 네 가지 유형으로 나누었다: 공간 최적화optimization, 다용도 디자인, 문맥적 적응adaptability, 그리고 이동mobility. 이 분류 안에서, 애플리케이션은 실용적이거나, 인간적humanistic이거나 둘 다일 것이다. 주제에 대한 전반적인 사항을 다룬 후, 이 이해knowledge는 프로젝트의 특정한 유형에 적용될 것이다. 그 후 이 장에서는 몇 가지의 키네틱 프로젝트들을 자세히 살펴 볼 것이며 단순히 키네틱 시스템들이 기계적으로 어떻게 가능한지에 대해서 집중하기 보다는 장점과 가능성에 대해 살피는 것으로 미래를 점쳐볼 것이다. > Fig. 9

공간 최적화 시스템의 키네틱스는 어떻게 시스템이 유연하게 공간적 적응력adaptability를 만들 수 있는지에 대해서 얘기한다. 다용도 디자인이 공간 활용 시스템과 다른 점은 변화하는 사용처에 대응하기 위한 최적화 상태를 만드는 방법을 제시하기 때문이다. 또한 문맥적 적응력은 키네틱스가 변하거나, 이해되지 않는 문맥적인 상황에 적용하기 위해서 키네틱스가 어떻게 쓰이는지를 얘기한다. 마지막으로, 우리는 이동성과 키네틱스를 살펴 볼 것이며 여기서 키네틱스는 실제적인 이동과 배치deployability의 용도로 쓰일 것이다.

공간 최적화는 실용적으로 보면 환경과 인간의 행동에 의해서 변화에 기반을 두어 공간적인 구성을 조절하는 용도로 쓰이는 것을 뜻한다. 공간적인 적응을 가능하게 하는 능력을 갖춘 시스템 개발을 위한 최적화 시나리오는 물리적인 측면과 조직(구성)organizationally적인 측면을 모두 고려하는 것이다. 예를 들어 평균 작업 일에 40명의 직원이 일할 수 있는 공간을 평소에 25명만이 쓰고 있다고 가정하자. 이럴 때 물리적인 공간이 키네틱한 수단을 통해 최적화되어 필요한 만큼만 쓰면서도 기기자체의 사용도는 최대로 높일 수 있을까? 이런 전형적 유형의 공간 최적화는 컨벤션 센터, 연회장, 그리고 학교 체육관 같은 곳에 적용가능하다. 이런 공간은 대부분 크게 열린 공간으로 변형되어 쓸 수 있는 시

> Fig. 1: MIT Kinetic Design Group, *Domus Magazine Competition/Boeing*.

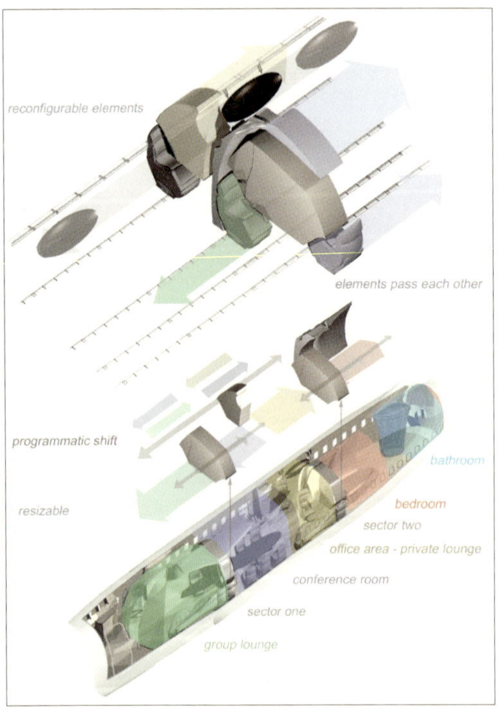

Multifunction design can be defined as how movable physical architectural objects can share a common physical space to provide the means for a plurality of uses.

설로 설치되어 있다. 이런 공간들은 다른 구성으로 사용되는 것이 제한적이다. 이는 준공시의 인프라스트럭처(설정)에 의해서 제한된 것이다. 공간 최적화의 새로운 적용방법은 이미 지정된 물리적 공간에 변형가능한 물체가 유연하게 배치occupy될 수 있는가에 있다. 애플리케이션은 예상치 못한 현장과 프로그램의 이슈에 대응해 변할 수 있는 다용도 인테리어 재구성에서부터 완전한 구조의 변화까지 생각할 수 있다. 중요한 것은 이런 공간최적화의 방법이 외부가 고정되어 있는 인테리어 공간으로 제약될 필요가 없다는 것이다. 크로넨버그Kronnenberg는 이런 시스템의 적용을 통해서 "우리는 구축 환경의 물체들이 필요할 때만 나타나서 사용을 하고 기능적으로 필요가 없을 때는 사라지거나 변형되는 것을 연구할 수 있다" 라고 얘기한다. ◊20 > Fig. 2

현재의 건축 공간 혹은 건축적인 물체가 어떤 역할을 수행하고 있고, 그런 역할을 어떻게 하면 더 나아지게 할 수 있는지를 이해한다면 새로운 애플리케이션의 가능성을 연구할 수 있다. 따라서 디자이너들은 기존의 디자인을 보고 공간의 분배가 최적화되면서도 사적인 필요와 공적인 필요를 어떻게 다이내믹하게 대응address할 수 있는지를 물어야 한다. 다른 관련 이슈들에는 음향과 시각적인 제어가 있다. 예를 들면 하나의 공간 안에서 각각의 사람들이 행동하고 싶고, 보고 싶고, 참여하고 싶은 행위가 다르다고 생각해보자. 이런 욕망은 공간이 사람들 사이의 프라이버시와 연결 관계를 조종할 수 있게 그 형태를 최적화 할 수 있는 다이내믹한 능력이 있다면 훨씬 더 다양하게 수용할 수 있을 것이다. 또한 인간은 자신의 집이나 직장에서 텔레비전의 소리라든지 직장동료의 대화내용 같은 소리를 개인적으로 제어할 수 있어야 한다. 이런 시각적, 청각적 고려사항들은 공간적 최적화에서 물리적인 구성을 바꿔야하는 필요성을 제기한다. 이것이 단순한 파티션 벽, 혹은 의자나 테이블, 책상의 방향등에서부터 좀 더 실용적인 공간의 최적화와 동시에 고려하여야 할 것이다. > Fig. 3

다용도 디자인은 고정되지 않은 건축적인 장치object가 같은 공간을 점유하면서도 다양한 용도를 가지는 것으로 정의된다. 이것은 컴포넌트로 이루어져서 분산가능하고deployable, 연결가능하고 그리고 생산 가능한producible 것이어야 한다. 우리 주변에는 이미 다용도 디자인된 상품들을 볼 수 있는데 그 범위는 전화기, 카메라, 캠코더에서부터 프린터, 복사기, 그리고 팩스가 되는 복합기, 다양한 조절이 가능한 샤워기까지 있다. 하지만 현재의 건축-공간적 담론은 하나의 기능을 위한 요소가 하나의 기능을 위한 공간에 한정되어 있다. 하지만 실제적인 상황에서는 우리의 환경은 하나의 기능만을 위해서 쓰이지는 않는다. 우리가 공간 안에서 행하는 행위들이 공간 자체의 성질을 결정지어야 할 것이

> Fig. **2**: Smart Glass International, *Smart Glass*.

> Fig. **3**: David Fisher, *Dynamic Architecture—The Rotating Tower*

Dynamic Architecture™
by David Fisher ©
Architect

The greatest **wealth of experimentation** with multifunction design can be found at the **interior scale.**

며, 이런 변화는 빠르게 공간적인 요구 사항들을 받아들이고 최적화할 수 있어야 한다. 집의 부엌은 보통 하루에 음식을 준비하기 위해서 몇 시간만 쓰이지만 사실은 토론, 식사, 텔레비전 보기 등 다양한 역할을 하고 있다. 하지만 현재 보통의 부엌들은 다양한 용도로 사용되지 못하며 이를 위해 더많은 디자인이 요구된다. 집의 거실은 때로는 많은 이들의 모임장소로, 혹은 둘만을 위한 장소, 어떤 때는 한 사람만을 위한 장소로 쓰이며 이런 상황들은 각각 다른 행위들, 즉 영화를 보는 것부터 시작해서 (이럴 경우 조명과 음향이 중요하다) 게임을 할 때, 또는 책을 읽기 위해 쓰이기도 한다. 이런 다양한 상황은 각기 다른 공간적, 시각적, 그리고 음향적인 필요가 요구된다. 사무실 환경에서도 개인, 혹은 그룹 등의 다양한 행위를 수용하기 위한 다용도 디자인이 필요하다. 단지 사람의 수와 행위만을 고려하는 것 뿐 아니라 근원적으로 어떻게 디자인할 것인가를 고민하여야 한다. 사무실 환경에서 우리는 사용자의 수에 따라서 공간 자체가 확장하거나 축소되는 것을 생각할 수도 있고 작은 단위의 방들이 벽이 움직이는 것을 통해서 합쳐져 커다란 하나의 공간이 되는 것도 고려할 수 있다. 건축 디자인 방법론에서 바닥과 천정의 높이 변화에 의해서 심리적으로 공간을 나누는 것은 기본적인 방법이다. 하나의 방은 천정이 낮아지고 조명과 음향을 바꿈으로서 벽의 위치를 바꾸지 않고서도 매우 친밀한 공간이 될 수도 있다. 벽들은 또한 외부로의 시각적 음향적 연결을 벽의 개폐를 조절하여 바꿀 수 있으며 이는 방안의 사람 수나 그들이 얼마나 외부 환경과 관계하고 싶은지의 욕구에 따라서 반영할 수 있다. > Fig. **4**

이런 다용도 디자인이 현재에도 많이 쓰이고 있지만, 보통 보조적인 시스템으로서 가구의 스케일에 변화를 주어 용도를 충족하는 경우가 많다. 다용도 디자인의 가장 현실적인 실험들은 인테리어 단계에서 이루어지는 경우가 많다. 이런 키네틱한 예들은 건축에서 많이 찾아 볼 수 있는데, 예를 들어 병원의 병실들에 임시적인 구분이 있거나, 사무실 환경에서의 파티션, 또는 필요에 따라서 접었다 펼쳤다 해서 쓸 수 있는 가구들이 그런 예들이다. 하지만 이런 환경들은 개인을 위한 시설로서 가능하다. 또한 이런 것들은 무드나, 소음, 조명 같은 인간적인 필요에 의한 공간의 변화보다는 단순히 사생활을 보장하기 위한 실용적인 용도로 주로 쓰인다. 요즘의 사무실 가구들은 발전하여 개인적으로 조정 가능한 인테리어 "환경"을 만들어내고 있는데 이는 가구의 의미를 확장하여 유연하게 조종 가능한 인테리어 존(구역)이 되며 이는 책상이나 책장 구성뿐만 아니라 바닥이나 천정 구성까지도 바꿀 수 있게 한다. 이런 환경은 보관 공간이나, 사생활, 공간 분할 뿐만 아니라 조명이나 음향까지도 조정 가능하게 해준다. 이런 작은 환경은 또한 자신의 구획에 의해 사무실을 음양의 공간으로 나누어 전체 사무

> Fig. **4**: Jimenez Lai, *Phalanstery Module*.

Architects are very good at developing solutions for **contextual response** as well as **flexible adaptability**, but rarely are the two combined into a single system working within our buildings.

실 구성을 다이내믹하게 바꿀 수 있게 한다. 우리는 하나의 공간이 하루 동안 어떻게 다른 용도로 쓰이는 지를 차분하게 관찰하는 것만으로도 인테리어 스케일에서의 다용도 디자인이 적용될 수 있는 애플리케이션을 찾을 수 있을 것이다. > Fig. 5

건축에서의 문맥적인 적응은 세 가지 범주로 나눌 수 있는데, 이는 형태, 행위 그리고 기후 패턴이다. 우리는 이미 공간최적화 시스템과 다용도 디자인을 통해서 행위의 패턴에 대해서는 어느 정도 알아보았지만 또한 형태와 기후에 대한 적응도 고려하여야 한다. 건축에서의 키네틱한 해결방법들은 이런 저런 유형으로 계속 지속되어 왔지만, 이제 가장 큰 관심은 이런 시스템들이 어떻게 하면 문맥적인 환경과 유동적인 도시 조건에서 문맥적인 환경의 변화에 적응할 수 있는가이다. 일반적으로 이런 "문맥적인 건축"에 대한 반응은 미래에 대한 유연성이 없는 건설 당시의 정적인 상태로 굳어져 버린다. 건축은 프리사이즈one-size-fits-all 식의 방법으로 정적으로 설계되고 지어진다. 건축가들은 문맥적인 상황을 고려한 계획, 혹은 유연한 적응을 위한 디자인은 각각 잘 하지만 이 둘을 합하여 하나의 시스템을 만드는 것을 시도한 적은 없다. 문맥적인 적응은 흔히 주변의 건축적인 환경의 유형이나 표상에 대한 반응으로 인식되며, 이런 환경조건에 맞추게 되면 그것은 영구적인 해결 방법이 되어 변하지 않는다. [◊21] 문맥의 형태적인 이슈에 대해서 생각을 해보면, 오늘날의 밀도 높은 도시 환경에서 건물은 언제나 지어지고 사라지며, 교통과 동선의 패턴은 항상 바뀌며, 일광에 대한 노출은 바뀌고, 바람의 흐름 또한 변화한다. 오늘날 새롭게 지어지는 건물은 시간이 지남에 따라 바뀌는 이런 장기적인 변화에 대해서 적응할 수 있는 능력을 가지고 있어야 한다. 도시환경에서 아직은 역사적이거나 지역적인 문맥에 맞추는 방식만이 존재하며 실제적으로 진화할 수 있는 가능성은 없다. 이런 문맥적인 이슈들은 절대 정적이지 않으며 긴 시간을 거쳐서 변화하고 있다. 이런 문맥에 대한 무책임한 우선순위irresponsible prioritization은 사막에서 지어지는 주택에 날씨에 걸맞은 디자인을 못하게 하며, 이제 더 이상 구하기 힘들지만 문맥에 맞는다는 이유로 특정한 재료를 써야하는 이상한 상황에 처하게 하고 있다. 문맥적인 건축은 매우 좁은 의미로만 과거와 현재를 이으려 하고 있으며 바로 앞의 미래에 대한 고려도 하지 않고 있다. 반대로 문맥적인 적응력은 과거와의 관계를 유지하면서도 미래를 향해 열려있기 때문에, 하나의 집의 문맥은 단순히 지금 구조를 이루고 있는 물리적인 요소들을 넘어 확장될 수 있다. > Fig. 6

환경적인 조건들은 계절의 변화와 주위의 건축적인 환경에 의해서 변화한다. 지구온난화와 자연적 환경을 고려하면서 우리는 단순히 지역의 역사적인 건물들만을 고려하는 건물을 넘어 좀 더 큰 그

> Fig. **5**: Hoberman Associates, *Emergent Surface*.

Changes in site conditions are often dealt with through the **superficial addition** of window shades or landscaping and **not through the architecture** itself.

림을 보는 적응력있는 건물을 생각해야 한다. 허리케인이 찾아오는 지역들을 보면 그 지역 주민들이 집의 창문들을 널판으로 덧대고, 더운 날에는 창문과 문들을 열어 교차환기cross-ventilation을 하는 것을 본다. 좀 더 극심한 날씨조건에 있는 건물들도 내부적인 시스템이나 변화하는 날씨에 대한 적응방법을 보면 매우 소극적이다. 날씨의 변화에 대응하는 방법은 창문에 해가리개shade를 달거나 조경을 바꾸는 정도에 불과하며 진정한 의미에서 건축이 변하지는 않는다. 산학의 관심은 이런 분야로 매우 빠르게 옮겨지고 있다. 필립 비슬리Philip Beesley는 얘기하기를, "가장 일반적인common한 방법은 키네틱한 기능을 건물에 추가시켜 날씨의 변화에 따라서 건물의 모양 자체를 바꿀 수 있게 하는 것이다." ◊22 브라운Brown은 이에 대해 "환경적인 이슈 및 지속가능성의 이슈는 지역 및 보편적인 환경과 상호작용할 수 있는 건축의 중요성을 다시 상기시키고 있다."라고 적절하게 얘기하였다. ◊23 일반적인 전략은 자연을 따라 디자인을 하는 것이며 특히 성능과 행위에 집중할 필요가 있다. 호버맨Hoberman은 생물학적인 모방을 "구조적인 이득이나 다른 이유에 의해서 모양과 크기를 바꾸는 상품이나 구조물을 만들기 위한 실용적인 방법"이라고 생각한다. 공학자 가이 노든슨Guy Nordenson은 만약 건축가들이 사람의 몸처럼 건물을 디자인 한다면, 건물은 뼈와 근육, 힘줄을 갖고 어떻게 반응해야 할줄을 아는 뇌가 있을 것이라고 말한다. "만약 건물이 자신의 자세를 바꾸고, 힘줄을 당겨 부는 바람을 견뎌낸다면, 구조적인 물량은 기존의 절반으로도 충분할 것이다." ◊25 > Fig. **7**

이동성은 "물리적인 적응 변화력"의 마지막 범주이며 건축적인 스케일에서 키네틱한 적용이 가장 눈에 띄는 항목이라고 할 수 있다. 이동 가능한 건축mobile architecture는 일반적으로 건물이나 건물의 요소가 변화 가능한 시공성constructability, 위치를 바꿀 수 있는 능력, 그리고 모양geometry를 변화시킬 수 있는 능력을 가지는 것을 말한다. 유목민의 생활양식은 오늘날에도 유지되는데 이는 기후적인 이유와 정치적인 이유가 있어서 사람들이 환경적이나 인간에서 비롯된 재앙 때문에 이동을 하여야 할 때도 있고, 때로는 테크놀로지가 이동을 가능하게 하기 때문에 이동을 부추기기도 한다. 모든 이동가능한 건축이 굳이 부정적인 이유에서 시작되는 것은 아니다. 우리가 생각하여야 하는 경우 중에 하나는 노인들이 자신의 캠핑카를 가지고 겨울에는 추운 지방에 있는 자신의 집을 비우고 따뜻한 남쪽으로 이동하는 상황이다. 또한 엑스포나 전시 디자인, 그리고 과밀overcrowding에서도 예를 찾을 수 있으며, 이런 경우 이동성은 미리 정해진 건축의 수명으로 결정된다. 세계 엑스포는 이동가능한 건물의 좋은 예이다: 몇 달 동안 자국의 진보적 상황을 보여주기 위해서 한시적인 건물이 만들어지고 모여서 작

Mobile architecture can take on a variety of scales, ranging from entire buildings to small single-person enclosures.

은 도시가 만들어 진다. 그리고 나서 건물들은 해체되어서 보관되거나 자국으로 옮겨져서 다시 세워진다. 우리는 또한 다양한 예들을 전쟁지역의 야영지encampment나 병원 등에서 볼 수 있으며 학교나 감옥 등에서 일반적인 건물보다 보다 넓은 면적의 공간이 필요할 때 만들어지는 것을 볼 수 있다. 아웃도어 콘서트나 길에서 벌어지는 시장fairs등에서도 상품을 팔거나, 음식을 준비하기 위한 임시구조물들이 세워져 작고, 한시적인 도시의 거리풍경streetscape이 만들어지는 것을 볼 수 있으며, 이런 예는 대학 미식축구장 밖에서 벌어지는 스테이션왜건의 트렁크를 열고 벌어지는 파티 같은 식의 대형 주차장에서 벌어지는 상황까지도 확장해서 볼 수 있다. 이동 가능한 건축은 다양한 스케일에서 생겨날 수 있으며 이는 전체 건물에서부터 일인용 공간enclosure까지가 모두 고려의 대상이다. 전시 건축은 몇 주에서부터 몇 달의 짧은 수명을 갖는다. 학교의 부가건물annex building처럼 한시적인 건물은 다른 시설이 그 기능을 대체할 때까지 몇 년간 지속된다. 음악 파빌리온은 한 장소에서 몇 시간만 지속된다. 이 각각의 예에 있어서 구조의 조립assembly와 건축적인 해결방법은 각각 다르다. 수명life cycle이야 말로 조명, 단열 성능, 음향, 심지어는 방수에 이르기까지의 성능을 결정하는 가장 중요한 요소이다. 이런 요인들이 기능적인 필요에 따라서 결정되지만, 예상수명life cycle이 이런 한시적인 구조물이 고려하지 않은 요소들까지도 견뎌낼 수 있는지를 고려할지 결정하는데 가장 중요한 인자가 된다. 이동 가능한 건축은 다양한 수명life cycle을 고려하여 디자인되며, 이런 고려 대상에는 재료부터 시공 그리고 예산 등이 포함될 것이다.

> Fig. **6**: Uni-systems, *Starlight Theater*.

> Fig. **7**: Philippe Block, Axel Kilian, Peter Schmitt, and John Snavely, *WhoWhatWhenAIR*.

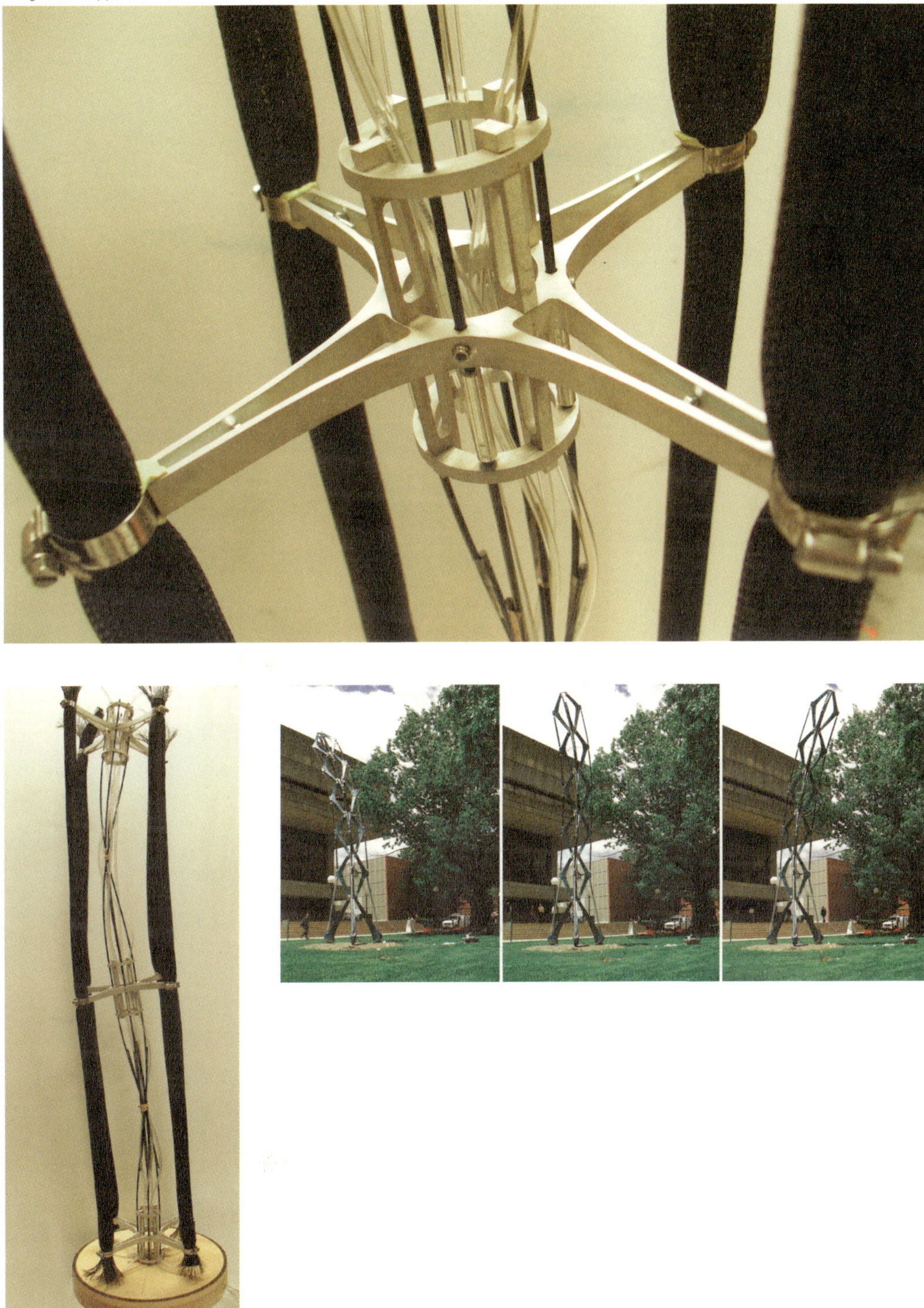

Designers of kinetic systems and kinetic architecture ought to focus their attention upon the vast wealth of resources that have been accumulated over numerous centuries of engineering.

키네틱 운동의 방법과 의미

키네틱 건축의 해결방안solution은 조종operability을 위한 방법과 수단을 동시에 고려하여야 한다. 여기서 키네틱 구조 시스템의 방법과 수단의 차이를 이해하고 명확히 하는 것이 필요하다. "방법"은 그들이 기능하기 위해서 어떤 키네틱 방식을 쓰는 가를 이해해야 하며, 여기에는 접기, 슬라이드, 확장, 수축 그리고 형태와 크기 자체의 변환 등이 있을 수 있다. "수단"은 발동actuation을 위한 추진력impetus으로 이해되면, 여기에는 압축공기pneumatics, 화학적 반응, 자석 그리고 전기 시스템 등이 있다. "방법"과 "수단"은 키네틱한 요소를 완성시키기 위해서 통합적으로 작동되어야 한다. 이런 적용가능한 공간은 몇몇의 다른 방법과 수단으로 구성되어서 각각 작동할 수도 있고, 어떤 경우는 키네틱한 운동과 반응을 다양한 단계에서 가능하게 하기 위해서 동시에 작동하기도 한다.

이 단락에서는 전체적인 시스템에 관련하여 어떻게 특정한 기계적 시스템을 분류할 수 있는 지와 이들이 적용하는 기계적인 운동의 세부사항에 대해서 논할 것이다. 그리고 마지막으로 실현가능한 키네틱 시스템의 방법들에 대해서 논할 것이며 아마도 그 방향은 생물학적 패러다임에 의해서 좀 더 총체적으로 변하여 좀 더 작은 스케일에 작용하게 됨을 보게 될 것이다. 하지만 건축계에서 이미 검증된, 그리고 순수한 기계적인 관점에서 척 호버만Chuck Hoberman이나 산티아고 칼라트라바Santiago Calatrava 같은 근래의 혁신가들을 살펴보면 건축에서 참신한 키네틱한 접근방법들은 아직도 진행형이라는 것을 알 수 있다. 키네틱 시스템과 키네틱 건축의 디자이너들은 수세기의 공학적 발전에 의해서 축척된 다양한 가능성을 좀 더 심도 깊게 살펴보아야 할 것이다. 가장 좋은 접근방법은 기계적인 움직임을 통해 무엇이 가능한지를 이해해서 이를 건축적인 비전에 맞게 발전시켜야 할 것이다.

Embedded kinetic structures are systems that exist within a larger architectural whole in a fixed location. The primary function of this type of kinetic structures is to **control** the larger architectural system or building, in response to change.

건축스케일에 있어서 키네틱 시스템은 다음과 같은 세 가지의 기본적인 유형이 있다: 집적식embedded, 전개식deployable, 그리고 다이내믹 시스템이다. 간단히 말하자면, 집적 시스템은 전체 건물에 있어서 가장 일체식이고 필요한 부분이다. 전개식시스템은 전체 건물의 내재적인 능력를 가능하게 하지만 또한 전체 구조안에서의 이동을 위해 해체와 재조립을 가능하기도 한다. 다이내믹 구조는 가장 많이 발견되는 시스템이며 보통 건물 안의 가장 작은 시스템이지만 그렇다고 해서 전체 건물의 일체적인 요소는 아니다. 이 각각의 유형은 서로 배타적이지는 않으며 집적 키네틱 시스템이 있는 건물 안에 (예를 들어 전체 건물을 지진에 대비하기 위해서 기초가 반응하는 구조) 다이내믹한 시스템이 존재할 수도 있다. (움직일 수 있는 파티션과 가구 요소들) 이 책의 문맥에 있어서는 집적 시스템은 언제나 컴퓨터 컨트롤에 의해서 조종되며 전개식 시스템은 아직 적용된 예가 적으며, 다이내믹 시스템은 역사적으로는 단순히 이동 가능하였지만 이제는 점점 자동화되고 인공 지능적으로 변해가고 있다.

집적 키네틱 구조는 한 공간의 안에 있으며 대부분 대형 건물 안에 존재하는 시스템이다. 집적 키네틱 구조의 근본적인 기능은 변화에 따라서 규모가 있는 건축 시스템이나 건물을 조종하는 것이다. 집적 시스템은 외부 환경 조건에 대한 적응을 하는 건물의 시스템을 대체하여 쓰일 수 있다. 하나의 예로 지진과 바람의 조건에 적용되는 것이다. 또한 다른 적용의 예는 건물의 형태를 바꾸는 시스템으로, 쓰이는 것으로 이는 행위를 위한 인공지능 로직으로 조정되는 작은 전기 장치의 합으로 될 수도 있다. 이런 방법을 써서 협동적인 적응 행위를 가능하게 하는 다양한 공간이나 물체를 통합적으로 운영되는 것을 상상할 수 있다. 능동적인 조정의 영역의 발전에서 주로 쓰인 집적 키네틱 구조는 세 가지 키네틱 유형 중에 가장 발달한 영역이며 실용적인 분야에서 어떻게 쓰일 수 있는지 시각화하거나 이해하기 가장 쉬운 분야이다. 예를 들어, 지진제어seismic control 시스템은 이미 건물시공에 많이 쓰인 발전된 분야이며, 이들은 지진에 적극적으로 적응할 수 있다. 이런 시스템이야말로 벅민스터 풀러Buckminster fuller가 말했던 "단기화ephemeralization"에 알맞은 것이며 이는 건물 안에 능동적인 시스템이 있을 때 정적인 건물에 비해서 어마어마한 양의 구조물을 줄일 수 있다. ◊26 그 이유는 정적인 건축에서 우리는 가장 악조건 상에서의 구조적인 실패를 피하기 위해서 과도하게 구조계산over-engineer을 해야 하기 때문이다.

전개식 키테틱 구조는 한시적인 장소에서 사용되며 이동이 쉽다. 전개식 키테틱 구조는 조립 분해가 가능한 구조를 가진다. 이런 예는 수 없이 많은데 가장 대표적인 것이 전시 디자인이며 이런 전시를 위한 컨벤션 홀이 많아짐에 따라서 혁신적인 디자인이 많이 배출되었다. 이런 혁신은 건축적 파티

Dynamic kinetic structures are clearly the most recognizable category of kinetic systems in architecture. This typology also exists within a larger architectural whole but acts independently with respect to control of the larger context.

션, 좌석, 조명 그리고 음향 기기들을 쉽고 빠르게 조립하고 분해하기 위해서 만들어 졌다. 이들은 트럭에 쉽게 실어지며 다른 전시를 위한 장소로 손쉽게 이동되어 조립되어진다. 근래에도, 대형 콘서트의 비용중 대부분을 스테이지와 세트디자인에 투여하고 있다. 이런 스테이지 세트들은 트럭에 의해서도 이동되고 컨테이너를 이용해 전 세계적으로 이동이 가능하다. 이런 근래의 디자인 요구 사항 외에 전개식 건축은 재빨리 조립분해가 쉽고 가볍고 내구성 있는 유목민의 주거 유형에서도 그 원류를 찾을 수 있다. 텐트와 같은 종류가 예전부터 쓰이던 유형이지만 아직도 인기 있는 형태이다. 현대의 텐트는 매우 발전되어 영구적이며, 방수가 되고, 바람막이wind-resistant가 되는 형태에서부터 순식간에 조립할 수 있는 형태까지 다양한 종류가 있다. 이런 구조의 유형은 단순한 천으로 구성된 형태가 아니라 구조적인 스페이스 프레임이 천으로 덮여진 구성을 가지고 있다.

다이내믹한 키네틱 구조는 건축에서 가장 많이 발견되는 유형이다. 다이내믹한 키네틱 구조는 전체 건축Large architectural whole안에 존재하지만 독립적으로 작용한다. 가장 흔한 시스템으로서 문, 창문, 엘리베이터 또 에스컬레이터 등이 다이내믹한 키네틱 시스템이라고 할 수 있다. 우리는 이 리스트에 흔하지 않은 다른 요소들, 즉 뺄 수 있는 선반, 손으로 내리는 계단, 접혀지는 침대, 등을 더할 수 있다. 다이내믹 키네틱 구조는 다시 나누어 모바일, 변형 그리고 증가식incremental로 얘기할 수 있다. 모바일 시스템은 하나의 건축공간에서 다른 곳으로 옮길 수 있는 유형을 말하며, 변형 구조는 자신이 변형되어 차지하는 면적을 바꾸어서 공간절약이나 실용적인 요구를 만족시킬 수 있는 유형을 말한다. 증가식 시스템은 마치 레고 블록처럼 더하거나 빼서 이런 유닛으로 전체를 만들 수 있는 것을 말한다. 각 유형은 배타적이지 않고 서로 융합되며 변형과 증가식이 함께 사용되는 경우를 흔하게 볼 수 있다. 다이내믹 시스템은 상상으로만 제한되며, 생활이 바뀌고 새로운 요구가 대두될수록 새로운 형태가 계속 개발되고 있다. 이런 시스템이 건축 전체 구성에 영향을 끼치지는 않고 있지만 공간의 최적화를 위해서 계속되어 이용되고 있다.

We are beginning to see the system of reference we use as a basis for **design conception shift** from a machine paradigm to an organic paradigm.

키네틱 건축의 미래

우리는 이제 디자인 개념을 위한 바탕으로 쓰는 기본참조reference 시스템이 기계 패러다임에서 유기적 패러다임으로 변화되는 시작을 보고 있다. 게리 브라운Gary Brown은 다음과 같이 말한다. "유기적 이론은 자연에서 비롯되며, 이는 기본적인 코드base code로서 진화적 패턴이 있는 환경이며 정보는 전략적으로 성장의 형태와 행동의 전략이 얽혀있는 내재적인 프로그램이며 문맥에 따라서 특정한 패턴을 최적화시키는 것이다." ◊27 기계 시스템 이론을 넘어 유기적 시스템의 보급prevalence은 우리의 환경을 이해하고, 결국은 환경을 디자인하기 위해서 적용하는 개념적 모델을 변화시키고 있다. 유기적 모델은 진보적이다: 프로그램의 흐름, 변화, 유동fluxes 그리고 리듬은 환경 안에서의 전략적인 패턴들을 생성시키고 있으며 이는 연속적으로 집합과 발산divergence에 의해서 시간을 인식하는 한시적temporal ephemeral인 형태로 전략적인 패턴들을 만들어 내고 있다. 물을 생각해 본다면 놀라운 현상들을 발견하게 되는데 [이는 물의 행태가 이상해서가 아니라 얼마나 일상적common인 지에 대해서 놀라게 된다.] 힘에 대한 놀라운 적응력으로 인해 다이내믹한 성격들이 만들어지기 때문이다. ◊28 건축적인 필요에서 보면 변화되는 요구와 환경에 적응하는 능력은 현대 사회에서 가장 중요한 요소이다. 톰슨Thompson은 다음과 같이 말한다. "적응은 장기적으로 생물학적인 생존에 있어서 가장 중요하다." ◊29 생체모방Biomimicry에 대해서는 제5장에서 더 다룰 예정인데, 기본적으로는 자연을 모방emulate하여 실용적인 요구를 만족시키는 시스템이다. 식물에서 적응adaptive motion은 친화성tropisms이라고 불린다. 광굴성Phototropism은 빛에 반응하며, 향지성geotropism은 중력에, 굴수성hydrotropism은 물에 반응하는 등이다. 벌레나, 물고기, 동물 그리고 인간의 키네틱한 요소들은 근육에 의해서 이루어진다. 생물의 키네

Form may change very slowly through evolution, moderately through processes of growth and decay, and very quickly by internal muscular, hydraulic, or pneumatic action.

틱 중에 가장 적용할 가능성이 있는 형태는 "운동력locomotion"인데 이는 매체(공기, 물, 흙 등)로 이루어진 환경 속을 개체의 조정 가능한 운동감각kinesthetic과 키네틱 능력으로 이동하는 것으로 정의된다. ◊30 능동적인 운동력에는 세 가지 생물학적 장치가 있는데, 이는 섬모ciliary, 근육muscular 그리고 유압hydraulic이 있다. 형태는 진화를 통해서 매우 천천히 바뀌고, 성장과 퇴보의 과정을 통해서는 어느 정도의 속도로 바뀌며, 내부적인 근육, 유압, 기압pneumatic 등을 통해서는 재빨리 바뀐다. 성장은 여기서는 부분적인 변화로서만 다루어졌지만 좀 더 고등의 생물에서는 반드시 필요한 것으로 이는 부모가 자신과 같은 크기로 자식을 만들어 낼 수 없기 때문이다. 흔히 성장은 비례적인 변화가 같이 수반되지만, 때로는 변환이나 변형metamorphosis이 일어나서 자식과 부모 사이에는 물리적인 유사성이 없는 경우도 있다. ◊31 이런 성장 과정의 예외는, 주크Zuk가 얘기하듯이, "단세포 생명체에서는 세포는 조금만 자라면 자신과 거의 같은 크기로 분할된다" 기계적인 개념에서 유기적 개념으로의 변화는 우리가 실제로 인지하는 행위 자체를 변화시킬 수 있다. 유기적 이론은 결정론적인 시각에서 보면 프로그램programmatic으로의 변화를 일으킨다. 브라운Brown이 천명하길 "기계적인 세상에서의 변화는 순환적이기는 하지만 발전없이 같은 요소들이 꾸준히 같은 결과를 내도록 반복된다. 유기적 패러다임은 발전적이면서 상호적reciprocal이다. 유사적 이론은 생명을 모방하며, 생명 자체는 운동이다. 운동이 멈출 때 생명은 지속되지 않는다." ◊32

키네틱 적응의 유기적 패러다임에 더하여 중요한 변화는 바로 새로운 재료의 발전이 있다. 새로운 재료의 특정한 특징들은 인터랙티브 건축의 분야의 발전에 있어서 커다란 가능성을 보이고 있는데 이는 마이크로한 자연현상의 원리를 알 수 있게 하는 기술 발전과 고품질의 키네틱 부품 생산기술의 발전이 있기 때문이다. 마찬가지로, 더더욱 작은 스케일에서의 구조나 시스템의 발전을 무시할 수는 없으며, 가장 좋은 예가 나노 스케일이다. 아마도 인터랙티브 건축의 토론에 더 상관성이 있는 것은 바이오나노 테크놀로지의 영역일 것이다. 이 분야는 생물학적인 기능과 나노스케일 수준의 정확도가 낮은 산물이다. 새로운 재료들과 바이오테크놀로지는 제5장에서 더 논의될 것이다. > Fig. 8

위에서 묘사한 시나리오들은 운동을 위한 다양한 가능성이 존재하고 공간과 사물이 움직이고 변화하여 변화하는 상황 - 문맥적인 상황에서부터, 환경적, 그리고 프로그램할 수 있는 - 을 보조할 수 있는 세상을 정밀하게 보여주고map out 있다. 분명히 이런 변화에 대한 가능성을 충족시킨 후에 가능한 다음 단계는 이런 시스템들에게 자신의 결정에 의한 결과, 즉 언제 그리고 어떻게 움직이게 될 지를 얘

> Fig. **8**: Michael Fox, *Power Modules.*

> Fig. **9**: Michael Fox, *Microprocessors for Interactive Facade.*

Our capabilities for using kinetics in architecture today can be extended far beyond what has previously been possible. Advancement, however, will only be accomplished when kinetic structures are addressed not primarily or singularly, but as an integral component of a larger architectural system.

기하는 것일 것이다. 이런 운동이 감지와 조정을 할 수 있는 컴퓨터computation와 만나게 되면, 사람의 몸과 유사한 물체를 갖게 될 것이다. 키네틱 디자인의 미개척 영역은 감지sensing과 자동화automation 테크놀로지의 결합이 어떤 새로운 디자인 혁신을 만들어 내는가에 있을 것이다. 건축에 있어서 키네틱을 쓰는 가능성capabilities을 통해 이제까지 가능한 것을 훨씬 넘어설 것이다. 하지만 진보는 단순히 키네틱 구조만을 생각해서는 일어나지 않을 것이며 전체 건축 시스템의 통합적인 일부로서만 사고할 때 생겨날 것이다. 커뮤니케이션이 더더욱 중요해지는 오늘날 컴퓨터로 연결된 세계에서 어울리지 않는 이야기일지도 모르지만, 건축적 환경의 많은 것들이 변화되는 조건들을 인지할 수 있는 연산computational적 능력은 있지만 물리적으로 이런 상황에 반응할 수 있는 구축적tectonic인 수단이 없다는 것은 아이러니하다. 현재 진정한 유비쿼터스적인 연산과 키네틱한 세계를 만들기 위한 진보는 계속되고 있다. 인터랙티브한 건축은 키네틱과 집적 컴퓨터embedded computation가 동시에 작용해야지만 만들어 질 수 있다. 이런 키네틱과 컴퓨터에 기반을 둔 시스템의 결합은 자신을 재구성할 수 있는 능력이 있는 환경을 만들어 낼 것이며 이런 환경은 물리적인 변화를 자동화하여 반응하고, 응답하고, 적응하여, 결국 인터랙티브 해 질 것이다. > Fig. 9

1 Robert Kronenburg, *Transportable Environments 2* (London: Spon Press, 2003).
2 William Zuk and Roger H. Clark, *Kinetic Architecture* (New York: Van Nostrand Reinhold, 1970).
3 Kostas Terzidis, *Expressive Form: A Conceptual Approach to Computational Design* (London: Spon Press, 2003), 33–45.
4 Robert Kronenburg, *Transportable Environments 2* (London: Spon Press, 2003).
5 Kostas Terzidis, *Expressive Form: A Conceptual Approach to Computational Design* (London: Spon Press, 2003), 33–45.
6 Cheng-An Pan and Taysheng Jeng, "Exploring Sensing-based Kinetic Design for Responsive Architecture," in *Proceedings to CAADRIA 2008* (Chiang Mai, Thailand: 2008).
7 Ibid.
8 Christopher Alexander, "From a Set of Forces to a Form," in *The Man-Made Object*, ed. Chris Dibona (New York: George Braziller,1966).
9 Robert Kronenburg, *Transportable Environments 2*, (London: Spon Press, 2003).
10 Labelle Prussin, "Place and Family—Indigenous Architecture of Ghana," in *World Architecture 4*, ed. John Julius Norwich (New York: Viking Press, 1967).
11 Gary Brown, introduction to *Transportable Environments 2*, ed. Robert Kronenburg (London: Spon Press, 2003).
12 Elizabeth Wilson, "The Cafe: The Ultimate Bohemian Space," in *Strangely Familiar*, ed. Iain Borden, et al. (London: Routledge, 1996).
13 Robert Kronenburg, *Transportable Environments 2* (London: Spon Press, 2003).
14 William Zuk, *New Technologies: New Architecture* (New York: Van Nostrand Reinhold, 1995).
15 Michael Fox, interview by Brian Reynolds, February, 2002, Wexner Center, Columbus, OH, http://www.mafox .net/interview/interview01.html.
16 Harsh Kabra, "Living Architecture," *The Hindu*, July 16, 2006, http://www.thehindu .com/mag/2006/07/16/stories/2006071600080700.htm.
17 Kostas Terzidis, *Expressive Form: A Conceptual Approach to Computational Design* (London: Spon Press, 2003), 33–45.
18 "Transformable Architecture," interview with Chuck Hoberman, *PingMag*, July 13, 2007, http://www.pingmag.jp/2007/07/13/transformable-architecture.
19 Gary Brown, introduction to *Transportable Environments 2*, ed. Robert Kronenburg (London: Spon Press, 2003).
20 Robert Kronenburg, *Transportable Environments 2* (London: Spon Press, 2003).
21 Robert Kronenburg, *Transportable Environments: Papers from the International Conference on Portable Architecture* (London: Spon Press, 1997).
22 Philip Beesley, Sachiko Hirosue, Jim Ruxton, Marion Trankle, and Camille Turner, *Responsive Architectures: Subtle Technologies* (Cambridge, Ontario: Riverside Architectural Press, 2006).
23 Gary Brown, introduction to *Transportable Environments 2*, ed. Robert Kronenburg (London: Spon Press, 2003).
24 Chuck Hoberman, http://www.pingmag.jp/2007/07/13/transformable-architecture/.
25 Cynthia Davidson, "Three Engineers (Sitting around Talking)," *ANY: Architecture New York* no. 10 (1995): 50–55.
26 Tony Robbin, *Engineering a New Architecture* (New Haven, CT: Yale University Press, 1996).
27 Gary Brown, introduction to *Transportable Environments 2*, ed. Robert Kronenburg (London: Spon Press, 2003).
28 László Moholy-Nagy, *Vision in Motion* (Chicago: Paul Theobald & Co., 1947).
29 D'Arcy Thompson, *On Growth and Form*, 2nd ed., 2 vols. (Cambridge, UK: Cambridge University Press, 1963).
30 Heinrich Hertel, *Structure, Form and Movement* (New York: Reinhold, 1966).
31 William Zuk, *New Technologies: New Architecture* (New York: Van Nostrand Reinhold, 1995).
32 Gary Brown, introduction to *Transportable Environments 2*, ed. Robert Kronenburg (London: Spon Press, 2003).

EMBE COMP

집적 컴퓨터

DDED UTATIC

p. 59

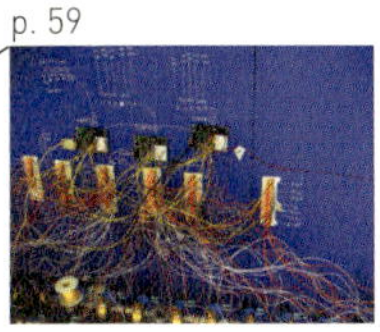

p. 63

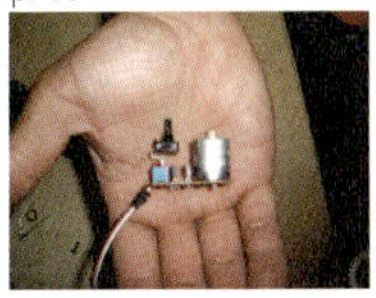

p. 68

p. 68

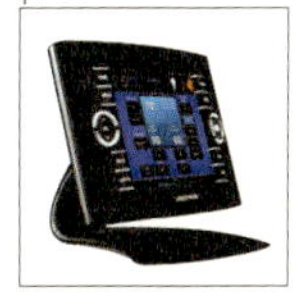

p. 72

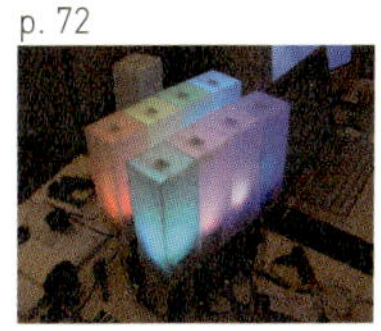

p. 78

p. 75

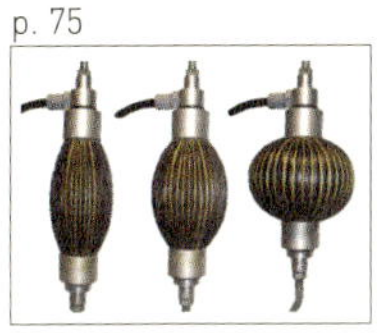

p. 76

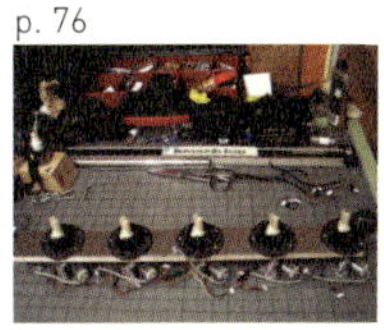

p. 81

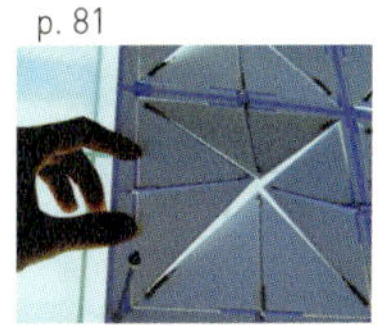

p. 82

p. 84

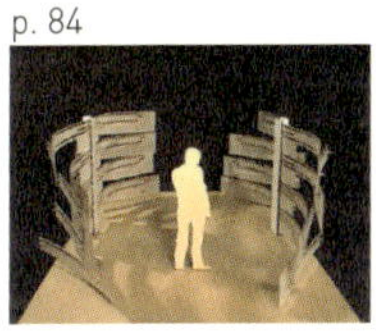

p. 86

p. 87

집적 컴퓨터의 경향

연산이 없는 키테틱 환경은 두뇌가 없는 몸과 같다. 움직일 수가 없는 것이다. 가이 노덴손의 말을 빌리자면 연산은 운동의 행동을 조정할 수 있는 두뇌와 같다. [01] 인터랙티브 건축의 문맥에서 집적 컴퓨터 EMBEDDED COMPUTATION(EC)는 말 그대로 빌딩에 녹아들어가 정보를 수집하고, 이해하고, 실제 물리적으로 건축의 행동을 조종할 수 있는 능력이 있는 것을 뜻한다. 실제적 적용 시에는 EC는 센서(정보수집)와 연산장치(해석을 위한 연산 로직)의 조합을 가진 것으로 축소될 수 있다. EC는 환경의 변화를 인지하는 것보다 이 변화에 반응을 조종하는 것이 중요하다. 이 장의 목표는 EC라는 개념의 역사적인, 그리고 현재의 개념을 설명하고, 이를 위해 어떤 시스템이 만들어지고 시도되고 있는지 살펴보는 것이다. > Fig. 1

이제까지 우리는 키네틱 시스템이 적응하고 상호작용하는 방법과 로직에 대해서 살펴보았다. 만약 인체가 어떻게 주변과 상호작용하기 위한 수단들을 묘사한다면, 사람의 몸은 신경으로 조종될 수 있는 몇 개의 키네틱 요소로 이루어져 있다고 얘기할 수 있을 것이다. 인터랙티브 건축도 마찬가지로 묘사될 수 있다. 이 책도 '연역법적인' 방식으로 쓰여서 해석에 대한 논리를 먼저 설명하고 이런 명령을 수행 할 수 있는 키네틱한 수단들을 설명할 수도 있었겠지만, 이는 IA의 발전과정을 정확히 묘사한 것이 아닐 것이다. 간단히 말해서 기계적인 패러다임은 많이 발전된 상태이지만, (지능을 맡는) 컴퓨터는 아직도 유년기의 상태이다. 많은 책과 글들이 건축의 유연성, 모듈화되어 변형 가능한 시스템, 전개식 구조, 움직일 수 있는 공간에 대해 쓰였지만 이 담론들은 사용자나 환경이 물체나 공간에 직접적으로 영향을 끼치는 방식에 대해서만 묘사하고 있다. 많은 프로젝트들이 이런 아이디어들에 바탕을 두고 진행되었고, 이런 시스템의 한계나 능력이 어느 정도인지도 잘 알게 되었다. EC는 방대한

> Fig. 1: Michael Fox: typical wiring in an interactive architectural design studio.

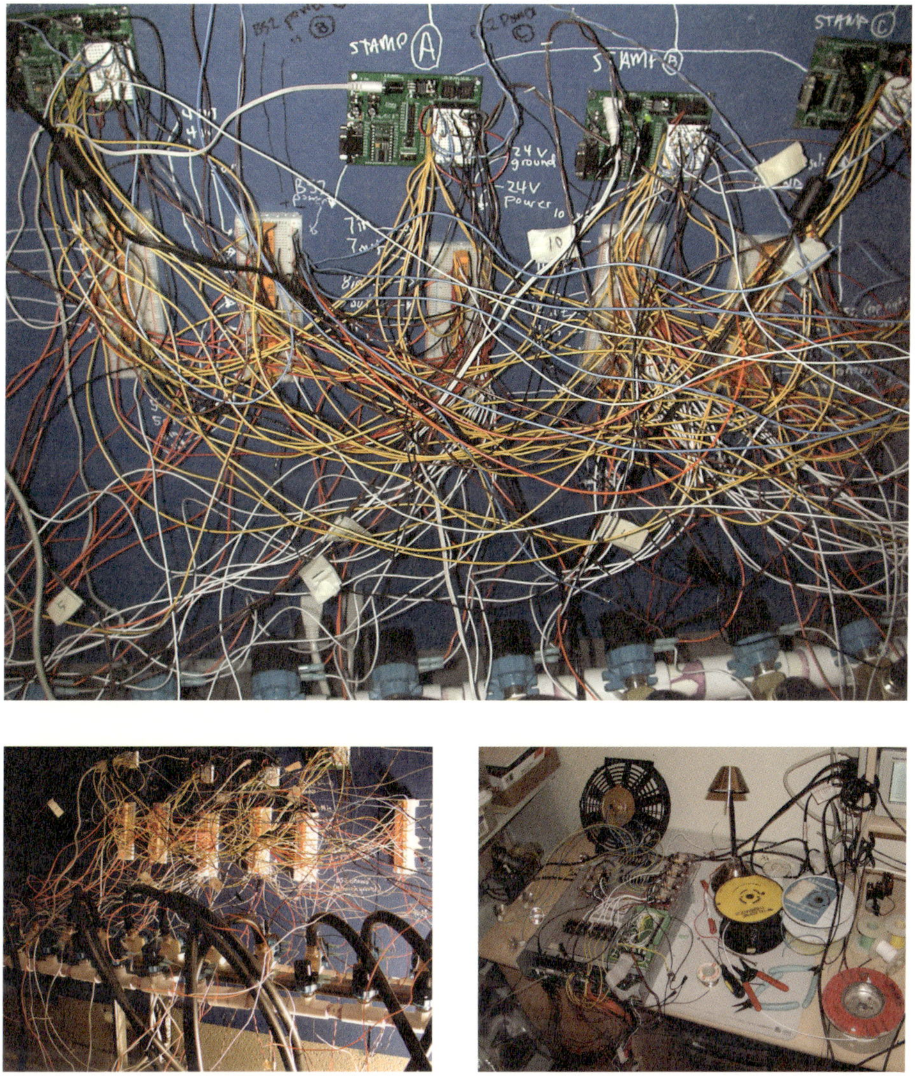

A kinetic environment without the computation is like a **body without a brain:** incapable of moving.

주제이며 건축과의 관계에서 아직도 그 한계를 알 수 없는 가능성들이 급격히 발전unfolding되고 있는 분야이다. 또 한편으로는 이미 설명하였듯이 EC는 변화에 적응하기 위해서 기계적인 수단을 쓰고 있다. 이런 방식이 이 책에서 보이는 프로젝트의 대부분이 포함된 영역이다. 다른 면으로 EC는 기계적인 것에서 생물학적인 분야로 옮겨지는 패러다임의 변화를 받아들이고 있다. 기계적인 분야의 발전은 순환적이지만 요인들이 같은 결과로 반복되기 때문에 새로운 발전은 없다. 생물학적인 패러다임은 발전적이며 상호적reciprocal하다: 이는 삶을 모방한다. 유기적 이론은 자연에서 비롯되며, 자연이란 환경은 진화적인 패턴을 가져서 성장의 형식forms of growth를 만들고 행동의 전략을 만들어서 문맥의 상황에 따라서 특정한 패턴을 최적화시킨다. "유기적 패러다임의 발전은 우리가 환경을 이해하기 위해서 적용하는 개념적 모델conceptual model를 변화시키기 시작하였으며, 결국 우리환경에 대한 디자인을 변화시키고 있다." ◊2

우리가 처한 현실과 진보를 받아들이는 면에서 상황 안에서 EC를 이해하기 위해 우리는 여기까지 어떻게 왔는지를 이해하여야 한다. 건축과 공간에 관련된 EC의 역사는 복잡한데 이유는 사회의 건축에 대한 요구와 그 때 그 때 가능한 테크놀로지(기술)의 조합에 따라서 그 향방이 정해지기 때문이다. 이런 다양한 요소들이 인공지능이 있는 공간을 개발하여 상호작용 가능한 능력을 주는 연구의 향방에 중요한 역할을 하였다. "공간의 인공지능의 발전과 본질적으로 엮여져 있는 중요한 사실은 공간 사용자의 정신적인 변화mental shift이다. 이런 정신적 변화는 사용자들이 공간을 조정하기 위해서 직접적으로 조작computation을 하던 것에서 이제는 완벽히 유비쿼터스적인 인공지능 환경에 둘러싸여immerse 있기 때문이다." ◊3

EC의 원류는 건축의 환경 시스템을 조정하기 위한 실용적인 이유에서 시작되었으며, 후에 기술적인 진보와 함께 발전되었다. 1950년대 건설경기의 붐으로 큰 규모의 상업적인 건물이 많아졌으며, 이런 상업적인 건물의 환경 시스템을 조정을 단순화해야 하는 필요성이 대두되었다. 당시는 또한 최초의 리모트 컨트롤이 개발된 시기였다. 이는 사람들에게 중요한 인상을 남겼으며 뭔가 사물을 제어하는데 있어서의 기준(편안함)이 되었다. 1960년대에는 사용자들의 공간과 환경 시스템을 조종하려는 욕구를 좀 더 이해하려 했으며 새로운 기술로 제어를 하려는 시기였다. 상업적인 분야에서는 공간의 매개변수parameter를 기록하거나 측정log하는 영역의 발전으로 인해서 온도, 기류, 압력 그리고 다른 조건들이 기록되었다. 건물은 점점 자신 안에서 일어나는 시스템과 행위에 대해서 점점 더 인식하

Embedded computation (EC), in the context of interactive architecture, is a system that is literally embedded into the building that has the ability to gather information, process it, and use it to control the behavior of the actual physical architecture.

기 시작하였다.◊4 1970년대에 EC의 발전은 에너지 소비를 줄이려는 실용적인 이유와, 건물시스템을 좀 더 효율적으로 관리하려는 새로운 필요성의 대두 그리고 새로운 제어장치의 새로운 형태로 인해서 촉진되었다. 1970년대 말에는 애플사에 의해서 발명된 개인 컴퓨터에 의해서 시스템 조정의 새로운 기준이 마련되었다.

1980년대에 이르러 사용자들은 컴퓨터computation의 힘을 이해하기 시작하였으며 이런 힘이 일상생활의 활동에 영향을 끼치고 향상할 수 있는지에 대해서도 이해하기 시작하였다. 당시에는 좀 더 작고 구입이 가능한 전자 제품이 전반적으로 보급되던 시기였다. 새로운 생산 기술들은 마이크로프로세서를 점점 작고, 저렴하고 그리고 더 강력하게 만들었다. 개인컴퓨터의 출현 또한 사용자로 하여금 특정한 기계나 시스템의 제어를 더 가능하게 만들었다. 하나의 물체를 조정하기 위해서 그전에 수많은 제어장치가 필요했었다면 이제 사용자는 아주 간단한 그래픽 인터페이스 만으로도 여러 시스템을 조정할 수 있게 되었다. 소프트웨어와 하드웨어의 제어가 가능한 이런 새로운 그래픽 인터페이스의 등장은 그래픽 유저 인터페이스(GUI)의 표준화를 필요로 하게 되었다.◊5 1980년 대 후반에 프로그래머들은 매킨토시를 위한 하이퍼카드Hypercard라는 것을 만들었는데, 이는 명령어 줄이 아니라 그래픽 인터페이스를 통해서 객체지향형object-orient으로 프로그램을 할 수 있게 만든 것이다. 그 후 바로 이 소프트웨어는 일반 사용자들의 시장에 처음으로 등장했으며, 이로 인해서 초보자들도 간단한 프로그램을 만들 수 있게 되었다.◊6

집적 컴퓨터는 1990년대에 새로운 테크놀로지와 사용자의 심적경향mindset에서 커다란 변화를 겪는다. 과거에 사용자들은 공간 안에서의 제어시스템을 "자동화automation"이라고 불렀으며 이 어휘는 많은 부정적인 의미가 있었다. 그 중 하나는 인간이 조정 불가능하다는 느낌이었고, 또 하나는 갑자기 사회의 큰 변화가 생길 수도 있다라는 것이었다. 1990년에는 또한 새로운 컴퓨터 소프트웨어와 인터페이스에 의해 사용자의 심적 상태mentality의 변화가 감지되는데, 이는 조정 장치를 정적이고 자동화된 조정장치manipulator에서 스마트한 제어장치로 생각하기 시작하였다. 사용자들은 입력에 따라서 반응을 다르게 할 수 있는 능력이 있는 새로운 형태의 제어장치를 원하였다. 10년 전과 마찬가지로, 새롭게 나타난 테크놀로지의 보급이 기기들의 네트워크를 조정하는 컴퓨테이션의 능력을 더 향상시켰다. 이때는 인터넷이 광범위하게 사용되기 시작하는 시기여서 시스템들이 어떻게 네트워크에 연결되는지에 대한 새로운 기준이 생겼으며 또한 이런 네트워크의 중요성이 강조되기 시작되었다. 인터넷

As technology has advanced and as computers have become smaller and cheaper, we are seeing that we now have the potential to think of space as being organized in a **computational network.**

은 또한 행위와 기기들을 모두 묶을 수 있는 네트워크 기반platform 가능성이 있는 매체로 인식되기 시작하였다. 연산장치의 물리적인 크기도 점점 작아지고 저렴해지고 있었으며 이는 이런 장치가 일상의 제품과 상품에 점점 더 적용되고 있다는 것을 의미한다. 같은 시기에 이런 새로운 컴퓨터와 마이크로프로세서에 연결할 수 있는 센서와 입력장치의 생산에 관계된 기술도 점점 작아지고 저렴해지고 있었다. 이런 사용자들의 인식의 변화와 기술의 발전의 경향은 지금까지 계속해서 진행되고 있으며 오늘날 유비쿼터즈 컴퓨테이션이라는 새로운 전산제어computational control의 장을 만들어 냈다.[◊7] > Fig. 2

유비쿼터스 네트워크는 우리가 공간을 어떻게 쓰는지를 물리적으로 이해하고, 이런 데이터를 해석하고, 인터랙티브하게 반응할 수 있는 능력이 있다. 기술이 발전하고, 컴퓨터가 작아지고 저렴해지면서 우리는 이제 공간을 전산망computational network으로서 이해 할 수 있는 가능성을 갖게 되었다. 물체들은 동시에 기본적인 로직을 가지면서 전체 논리(로직)에 의해서 조정되는 네트워크에 연결되어 있게 되었다. 그러면서도 자신들이 하려는 특정한 목적을 수행할 수 있을 정도로 발전되어 왔다. 유비쿼터스 컴퓨테이션의 아이디어는 우리의 삶에 하드웨어, 소프트웨어, 정보처리장치와 코드화된 인공지능을 모두 집적시키는 것이다. 유비쿼터스 컴퓨테이션은 1980년대에 제록스 파울로 알토 연구센터의 마크 웨이저에 의해서 아이디어가 만들어 졌으며 *"유비쿼터스 컴퓨팅 #1"*이라는 글에서 처음 묘사되었다. 이 글은 그 때까지 알고 있던 컴퓨터의 형태 - 테이블 위에 놓이는 모니터tabletop displays, 데스크톱 하드웨어 그리고 입력장치들 - 가 미래에는 각각의 부품들이 작아지고, 저렴해지고 강력해짐에 따라서 모두 바뀔 것이라고 예견했다. 하드웨어와 관련된 기술의 발전은 우리가 알고 있는 컴퓨터의 개념이 바뀌어 컴퓨테이션을 자유롭게 할 것이며 일상생활의 물품으로 통합embed됨으로 인해서 우리가 사용하는 방식도 진화할 것이라고 예견했다. 일상용품들 - 가구에서부터 건물의 요소 그리고 시스템까지 - 은 정보를 인식하고 처리하는 능력이 생길 것이며, 이는 우리의 경험을 좌우할 것이라고 예견했다.[◊8]

지금까지의 간단한 소개에서도 명백하듯이, EC는 아직도 개발단계이다: 무엇이 가능한지, 그리고 우리의 환경에 어느 정도까지 인공지능이 구체화 될 수 있는지는 아직 아무도 모른다. 미래에는 컴퓨터들이 우리의 삶의 일부로 통합되어 아마도 EC의 능력에 따라서 사물, 시스템 그리고 건축적 환경을 디자인하는 시대가 올 것이다. EC가 흥미로운 것은 우리가 아직도 미래의 발전의 함축성이 어느 정도일지 완전히 파악 할 수 없기 때문이다. 새로운 형태의 건축과 관계된 컴퓨터 발전 모델

> Fig. 2: Michael Fox, 일반적인 인터랙티브 건축 디자인 스튜디오의 모습

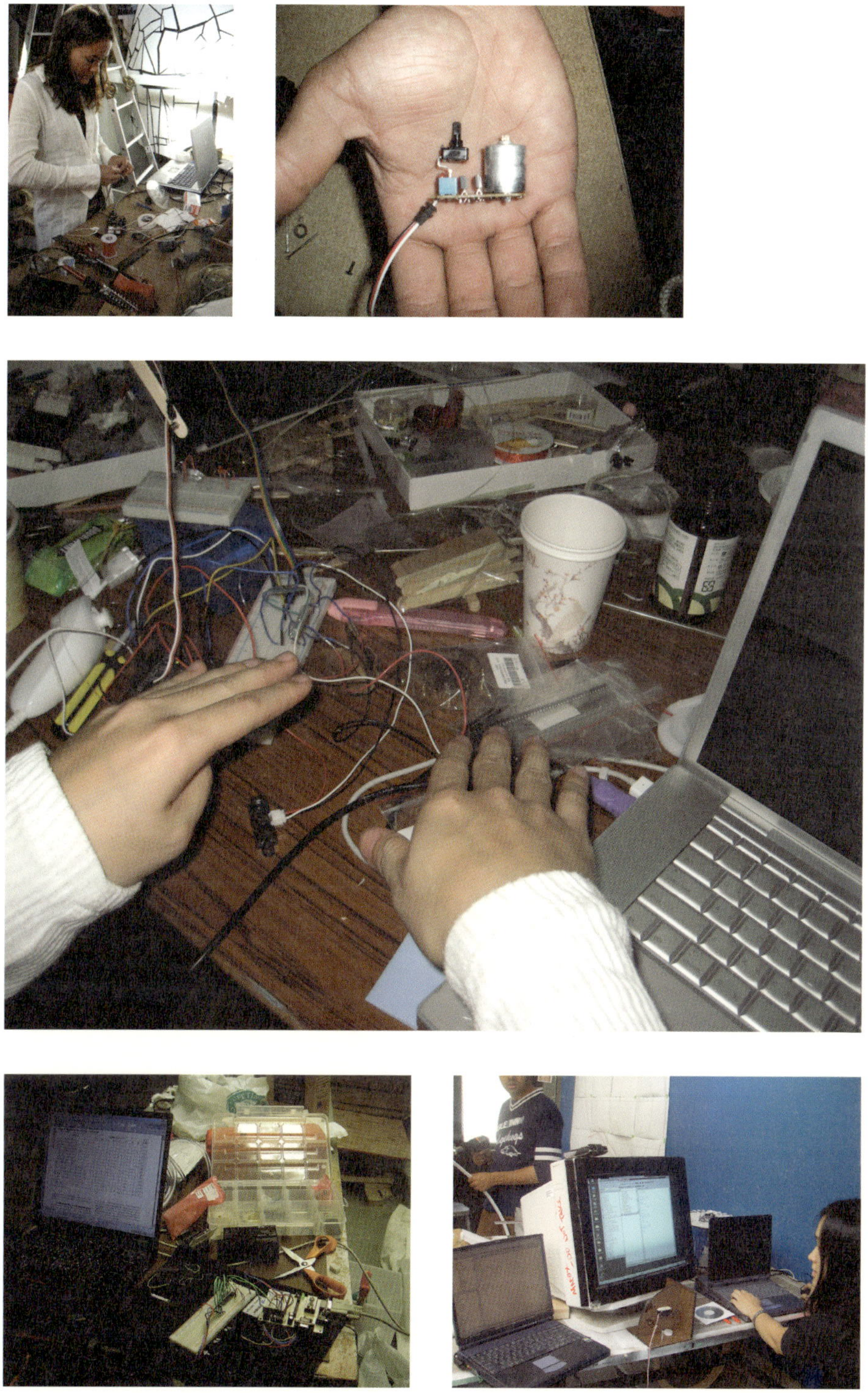

In the future, computers will become intrinsically integrated into our lives to the extent that we will design objects, systems, and our architectural environments around the capabilities of EC, and not the other way around.

이 세 가지가 있는데, 이는 무어의 법칙Moore's law, 메트칼페의 법칙Metcalfe's Law, 그리고 자체촉매 과정Autocatalytic processes이다.

컴퓨터의 기술적 발전 속도에 대한 가장 잘 알려진 예가 바로 무어의 법칙이다. 무어의 법칙은 칩 안에 들어갈 수 있는 트랜지스터의 수가 2년마다 두 배로 증가하며 반대로 컴퓨터 메모리칩의 가격은 1/2로 준다는 법칙이다. 두 배로 증가하는 시간에 따라서 이는 10년 안에 같은 크기의 칩안의 트랜지스터의 수가 100배 정도 늘어난다고 볼 수 있다. 반도체 산업의 기술의 로드맵은 마이크로프로세서의 경우 보통 3년 주기로 두 배가 되며, 이는 10년 안에 열배 이상 빠른 마이크로프로세서가 개발되리라는 가정이 가능하다. 정보의 네트워크의 생성creating networks of information이 이런 컴퓨터 기기 발전의 숨어있는 원동력이다. 메트칼페의 법칙은 사용자의 수의 제곱으로 네트워크의 이득이 늘어난다고 얘기한다. 물론 1990년대의 인터넷 회사의 붐dot-com boom의 시대에 사용자 멤버의 수에 따라서 네트워크의 가치가 제곱으로 늘어나는 가정이 완전히 틀리기는 했지만, 메트칼페는 네트워크의 가치가 그 크기보다는 훨씬 더 크게 늘어난다고 지적한 부분에서는 정확했다. 이 가정은 센서와, 기계 그리고 코드code로 이루어진 네트워크가 우리의 일상 환경의 일부가 될 것이라는 예상에 대한 기반을 제시한다. 무선적 건축 세계wireless architectural world 또한 저렴해지고, 효과적이고, 표준화되는 단계에 도달하여 있다. 세 번째로 중요한 발전은 바로 자체촉매작용 과정이다. 자체촉매작용 과정은 자기 자신이 자신의 반응의 촉매가 되는 반응 산물reaction product이다. 우리의 문맥상으로 보면 이는 기술적인 변화의 속도에 있어서 새로운 그리고 개선된 구성요소와 상품을 만들기 위해서 컴퓨터와 연산적 장치computational artifacts가 도움을 주는 현상을 말한다. 예를 들면 컴퓨터 소프트웨어가 더 나은 하드웨어를 만들기 위해서 쓰이는 것이다. 다시 말하면, 기계가 더 똑똑한 기계를 만드는데 쓰이는 것으로, 이것이 "자체촉매작용"이다. EC의 원천 기술의 발전과 더불어 실용적인 시스템 관리 프로그램에 대한 사회적 요구에서 비롯되었다. 이런 기술의 발전과 사회적 요구가 번갈아 영향을 주면서 지금의 EC 전망이 완성되었다. 이어지는 섹션에서는 근래의 건축적 경향과 집적 컴퓨터가 관계된 프로젝트를 살펴볼 것인데, 이는 건축적 프로그램과 환경적 반응에 관계된 아주 실용적인 것에서부터 시작해서, 사람의 행동을 이해하고 반응하는 적응적 프로젝트까지 살펴보게 된다.

Perhaps the most applicable research to draw upon in designing intelligent systems lies in an area of study called **active control research**, which focuses on the use of active control to modify the structural behavior in a building.

능동적 제어 연구

아마도 인텔리전트 시스템 연구에 있어서 가장 실용적인 분야는 능동적 제어 연구active control research로 이는 건물의 구조적인 행태를 변화시키기 위해 능동적인 제어하는데 쓰이는 기술이다. 이런 시스템을 통한 향상은 시스템의 변화하는 요구에 따라서 주어진 구조체를 더 단단하게 혹은 강화시킬 수 있다. 바람의 하중, 지진, 동적하중(사람) 그리고 기계 하중, 심지어는 온도까지도 건물이 맞닥뜨리는 복잡한 변수의 일부이며 이는 항상 변한다. 몇몇의 프로젝트에서 이미 바람의 변화, 환경의 위험, 지진의 유무에 따른 반응을 할 수 있는 장치를 수용하였다. 능동적 제어 시스템은 외부의 영향에 반응하기 위한 구조이다. 일반적으로 "외부의 힘에 의한 활성화activation은 외부의 움직임disturbance과 /혹은(an/or) 구조의 반응의 변위에 의해서 시작된다. 센서가 측량을 위해 설치되어 있고, 컴퓨터는 디지털 신호를 통해 필요한 만큼의 외부의 힘external force를 만든다. 이런 두 가지 방법에 의한 구조적인 조정은 hybrid된 조정 방법으로 진화되어서 가장 최적의 조정 요구사항을 만족시킨다." 09

집적회로embbed computation의 유형 중 이런 능동적 조정 연구가 가장 긴 역사를 가지고 있는데 이는 가장 실용적인(하지만 예상할 수 없는) 환경의 변화를 해결하기 위해서 컴퓨터나 인공지능intelligence를 적용하는 것이 가장 용이하기 때문이었다. 이런 시스템은 바람이 세거나 지진에 노출되어 있는 지역에 지어진 큰 스케일의 건물들에 성공적으로 적용되어 왔다. 이런 능동적으로 조정되는 구조들은 자신의 물리적인 특성을 미리 프로그램된 경우에 따라서 더 단단하게도 만들고 어떤 경우에는 더 유연하게 만들기도 한다.

능동적 조정 기술은 면진시스템seismic base isolation system, 수동(동조)질량감쇄기Passive (tuned) mass dampers 그리고 에너지 소실 장치energy dissipation device 등을 포함하며, 컴퓨터나 의학 기계를 수용하고 있는 중요한 공간을 위해서는 방진바닥판 시스템seismic floor isolation system이 적용되기도 한다. 이 분야의 시스템들은 실제 건물에 적용되어 왔다. 건축적인 예로는 1979년 뉴욕시에 지어진 씨티크 센터Citicorp Center인데 르 므쥐리Le Messurier에 의해 디자인 되었다. 여기서 적용된 예는 "(동조)질량감쇄기tuned mass damper"로 400톤이 나가는 콘크리트 덩어리이다. 이 어마어마한 무게의 덩어리는 다방향의 롤러 판roller sleds위에 얹혀서 x-y 좌표로 스틸 아이빔I-beam 위로 미끄러져 다닌다. 건물의 네 모서리에 설치되어 있는 센서들이 풍력을 측정한다. 이 데이터를 받은 컴퓨터는 이 거대한 평형추counterweight를 천천히 움직여서 흔들리는 운동swaying movement를 완충시킨다. 근래에 많은 건물과 구조물이 이

Typically in active control systems there are a great deal of **system uncertainties** that are controlling an equally immense amount of structural complexities.

질량감쇄mass damper를 적용해 왔으며, 주로 고층건물에 많이 적용이 되었고 다리나 그 밖의 구조물에도 적용되었다.

일반적으로 이런 능동적 조정 시스템에 관계되어 방대한 구조적 복잡요소complexities를 조정하는 시스템 내에는 항상 상당한 불확실성이 존재하게 된다. 이를 해결하기 위한 아이디어는 많은 부재(기기)member - 이들이 힘줄의 역할을 하는 케이블이든, 아니면 근육의 역할을 하는 수압 축이든 - 로 만들어진 구성방법으로 주어지는 힘에 대해 반응을 하게 하여 조종을 하는 것이다. 중요한 것은 이 능동적인 기기들 각각이 지엽적인 레벨에서 조정될 수 있도록 비집중화된 조종기decentralized controller를 쓰는 것이다. 이런 비집중화된 일체화identification와 조종모델은 신경 네트워크에 바탕을 두고 있으며 조정 알고리듬을 단순하게 만들어 준다. 비집중화는 시스템 이론 개념으로 정치적, 경제적 현상 그리고 다른 현상에서 시스템이 비집중화 되면 될수록, 수평적인lateral 관계가 더 중요성을 띄며 상부로부터의 명령이나 힘에는 덜 영향을 받게 되는 현상을 뜻한다. 이는 컴퓨터 사이언스에서 많이 응용되어 왔으며, 인터넷의 작동working를 묘사하는 도구로 많이 논의(그리고 debate)되어 왔다. 여기서 중요한 것은 비집중화는 조종의 측면뿐만 아니라 실패의 확률을 줄이는데도 중요하다는 것이다. 조종에 있어서의 비집중화는 많은 수의 센서나 작동기actuator가 있는 시스템에 적당한데 이는 우선 커뮤니케이션이나 연산처리 과정의 병목현상bottleneck을 없앨 수 있고, 중앙식 조종 방식에 비해서 훨씬 더 유연하기 때문이다. 비집중화에 의거한 단순화된 적용implementation은 시스템의 내구성robustness과 경제적인 관점에서 상당한 이점이 있다. 사실 일반적인 비집중화된 시스템에는 시스템안의 각각의 요소들이 어떻게 움직여야 하는지 조정하는 중앙의 조정장치가 없지만 각각의 시스템 요소들 간의 지엽적인 상호작용interaction에 의해서 전체적인 행동양식이 결정되는 형태가 나타나기 시작한다. 건축에 적용된 대부분의 예는 자체구성적이지도 않고(self-organizing) 높은 레벨의 인공지능 기능으로 자가 학습이나 상징적인 결정 능력이 없다. 하지만 대부분의 예는 자동적인 반응과 소통을 할 수 있는 낮은 레벨의 인공지능 기능은 갖고 있다. 건축적 요소가 하나의 요인에 대해서만 반응할 필요가 있다면 중앙 집중적인 시스템이 더 효과적으로 하나의 행위요소agent에 명령을 내릴 수 있다. 하지만 외부자극이 많은 상황이라면 비집중화된 인공지능이 이들을 감지하고 반응하는데 더 효과적이다. 시스템이 비집중화되면 될수록 수평적인 관계에 더 의지하게 되며 전체적인 명령에 의지하지 않게 된다.

Optimization through a system that learns to adapt can make buildings more comfortable, safe, and productive, as well as more efficient and therefore less costly to operate.

적응 조정

적응조정Adaptive control은 내재적으로 불안전한unstable한 시스템을 조정하는 전략을 모두 포함하는 개념이며 흔히 능동적인 시스템과 수동적인 시스템의 결합으로 이루어진다. 이런 시스템은 사용자가 서너번의 조절을 마치고 나면 가장 낮은 에너지 세팅을 학습할 수 있다. 상업적으로 많은 선례들이 실제 운영 상황에서 경제적인 이득을 준다는 것이 증명되었다. 온도계나 온도 감지장치를 결합한 시스템은 다양한 환경 조건들에 반응할 수 있다. 추운 날에는 난방이 자동으로 켜져서 지붕이나 차고의 파이프들이 어는 것을 방지하고, 더운 날에는 모터가 달린 창을 자동으로 열 수 있다. 타이머 프로그램들도 미리 선택된 시간, 주중의 선택된 날에 기능을 하도록 할 수 있으며, 난방이나 냉방을 켜고 끄며, 온도계를 조정하고 정원의 스프링클러를 조정할 수도 있다. > Fig. 3

요즘의 새로운 애플리케이션들은 가정집의 환경에서 사용자의 행동에 반응하는 적응조정adaptive control에 주로 맞추어져 있지만, 실제로는 생산 산업에서 더 발전되어 왔다. 상업적으로 성공한 생산분야에 적용된 적응조종adaptive control은 조종분야control field와 기계instrumentation에서 새롭게 발전되고 있는 기술 분야이다. 적응조종 방식은 과정의 효율, 반응 시간, 이익의 혁신을 통해서 플랜트를 혁명적으로 바꿀 수 있으며 이는 인간의 간섭 없이 규칙rule-based에 기반을 둔 인공지능을 통해서 가능해 진다. 적응 건물 조종adaptive building control은 화재안전, 방범 그리고 에너지 효율까지 다방면의 요소를 최적화시킬 수 있다. 학습능력이 있는 시스템을 통한 최적화는 건물을 좀 더 편하고, 안전하고, 생산적으로 만들 수 있으며 운영의 효율성을 더해 운영비를 낮출 수 있다. 적응조종은 기계 시스템, 하중load의 배분, 환경의 계절적인 변화 등에 자동적으로 적응adjust하여 건물의 성능을 높이면서도 과실 줄일 수 있다.

점점 더 컴퓨터들은 건물에 통합integrate되고 있다. 근래에 프로세서와 센서들은 건물의 성능과 건물 외적인 환경 조건들만을 관리하는 것뿐만 아니라 건물의 내부 변화를 정보를 통해 예상하고, 이런 변화를 예측하기 시작하였는데, 여기에는 바로 공간의 사용자들의 변화하는 필요를 이해하고 모니터하는 것이 포함된다. 홈오토메이션은 실제적 인간 요구의 변화를 감지하여 생활공간을 변화시키는 시나리오를 주제로 삼고 있다.

> Fig. **3**: Michael Fox, *Kinetic Design Group: Responsive Skylights.*

> Fig. **4**: Crestron, *Crestron TPS-6X.*

The means to **automate** a home are now packaged and sold in **easy-to-install kits** that provide the necessary equipment, including wireless sensors, timers, and the software.

홈오토메이션

이전의 단락에서 다루었던 조정시스템들은 빌딩 오토메이션과 관계된 내용으로서, 주로 환경적인 변화, 그것도 대규모 건물의 기계적인 측면과 조명 시스템을 조정하는 것에 제한되어 있는 반면, 빠르게 발전되고 있는 흥미로운 분야는 인간의 행동에 의한 변화이다. 이런 시스템들은 주로 홈오토메이션이라고 명칭 되며 인간의 행위의 대한 반응과 우리가 건축적 공간을 어떻게 사용하는 가에 대한 반응을 주제로 삼고 있다. 기본적으로 홈오토메이션은 빌딩 오토메이션의 가정용이기는 하지만 상당히 흥미로운 적용가능성을 보여준다. 홈오토메이션은 완전히 새로운 것은 아니며 이미 일반 대중이 관심을 가지고 구매할 정도의 안정된 가격대를 형성하고 있다. 이런 시스템들은 완전히 자동화되어 있어서 조명, 환경, 방범 그리고 엔터테인먼트 요소까지도 포함을 하고 있다. 특히 발전을 보이는 분야는 사용자에게 경보alert해주는 분야로 현관문의 개폐, 관류plumbing의 누출, 과열, 결빙 등을 이메일이나 단문메지지로 사용자에게 알려준다. 이런 시스템 발전의 가장 중요한 동기는 사용자의 권한강화empowerment와 에너지 절약으로, 이것은 각각의 시스템들을 전체로 묶어 몇 개의 하부 시스템이 함께 행동을 하는 것으로 요약된다. 집적회로embedded computation (센서와 소프트웨어)은 점점 단순해지고 가격이 저렴해져서, 상업적 가능성이 충분하다. 홈오토메이션 시스템은 동시에 점점 더 똑똑해지고 있다. "플러그 앤 플레이Plug in play"(컴퓨터 실행 중에 주변장치를 부착해도 별다른 설정없이 작동함) 식의 부품은 각 지역의 가게에서 구입할 수 있으며, 초보자들도 자신의 시스템을 가지고 교체하며 다양한 기기들을 움직이고 반응하게 만들 수 있으며 자신의 가정 안에서 다른 가능성들을 추구할 수 있게 하고 있다. 집적회로EC가 점점 진보될수록, 홈오토메이션 시스템은 점점 더 창의적으로 변할 것이며 개인의 공간 경험의 질을 높이는데 도움을 줄 것이다. ◊10 > Fig. **4**

가정집을 자동화하기 위한 수단은 이제 패키지로 되어 필요한 하드웨어 - 무선 센서, 타이머, 그리고 소프트웨어 - 를 구입하여 설치만 해도 되는 시대가 되었다. 이런 매우 상업화된 시스템은 집의 컴퓨터를 가지고 다양한 전기적 작업들을 자동화 시킬 수 있게 해 주었다. 두 가지의 기술이 이런 홈오토메이션의 기반이 된다: X10은 같은 이름의 회사뿐만 아니라 이들이 만든 프로토콜을 지칭한다. X-10 상품들은 1970년대부터 생산이 되었다. 이 시스템은 처음 16-채널 콘솔, 램프, 그리고 가정가전제품 모듈로 구성되었고, 후에 벽 모듈과 타이머가 추가되었다. "X-10 프로토콜은 홈오토메이션의 가장 기본적인 기준standard이며 IBA, RCA, GE Microsoft, Radio Shack, Magnavox, Leviton 등 홈

Wireless applications open up an entirely new area of potential control that allows for the user to operate devices in the home from remote locations. The ability to not only monitor but also **physically control remote environments** may have important implications.

오토메이션 비즈니스의 모든 회사에 의해 쓰였다."◊11 X-10을 능가하기 위한 몇가지의 시도 중에는 CEBus (소비자 전자기기 버스), 혹은 1984년에 개발되어 알려진 FIA-600 이라고 알려진 전기기기로 부터 명령과 데이터를 받기위한 전기신호 기준standard와 통신 프로토콜이 있었다. CEBus 기준은 1992년 9월에 출시되었다. CEBus는 전기선, 낮은 볼트의 두 가닥 전선, 동축케이블coaxial cable, 적외선, RF, 그리고 광섬유로 보낼 수 있는 상품을 위한 프로토콜을 정의하기 위한 시도로서 좀 더 튼튼하고 포괄적인 열린 구조open architecture를 만들려는 시도였다. 다른 회사로는 론워크LonWorks가 있는데 이는 네트워킹 플랫폼이다. 이 플랫폼은 다양한 미디아의 종류palate를 포함하는 네트워크 기기를 위한 프로토콜이었다. 론워크는 큰 건축 프로젝트에 참여하였으며 유럽 홈오토메이션의 기본이 되었다. 하지만 이 시기 X-10이 이미 대중시장massmarket을 선점하였는데 이는 저렴한 가격과 용이한 사용법 때문이었다. 좀 더 높은 사양의 프로토콜로는 CEBus, LonWorks가 있으며 또한 INSTEON, PLC BUS, KNX (standard), System Box, Universal Powerline Bus (UPB), UPnP, ZigBee와 Z-Wave가 있다. 이 중에 몇몇은 통신과 조종을 위해서 전선을 쓰며, 몇몇은 기존 전기선을 쓰고, 때로는 무선주파수radio frequency (RF) 시그널을, 몇몇은 언급된 방법을 조합해서 쓴다.

건축적인 공간이나 물체를 현재 어떤 기능을 하고 있는지, 또한 앞으로 어떻게 개선해야 할지를 이해하는데 따라 앞으로 이 영역의 발전 가능성은 무궁무진하다. 그러나 사용자들은 사물들이 자신들이 원하는 작업을 완수하기를 바라며 이것이 어떻게 작동되는지, 기술적인 이슈들이 무엇인지에 대해서는 관심이 없다.◊12 중요한 것은 사용자들이 자신의 집에 대해서 완전히 이해하고 있으며, 자신들의 요구가 무엇인지, 자신들의 집이 무엇이 모자라는지 정확히 이해하고 있다는 것을 인지하여야 하다는 것이다. 또한 사용자들은 일반적으로 한 번에 시스템을 구입하는 것이 아니라, 하나하나의 기기들을 각각 구입한다는 것을 알아야 한다. 이는 아직 우리가 만족시키지 못한, 아직 존재하지 않는 스탠더드와 정보처리상호운용interoperability을 이루어야 한다는 것을 뜻한다. 또한 사용자들은 이런 발전된 기기를 원하지만 동시에 매우 믿을 만한 시스템을 원하고 있다. 현재 사용되어지는 가정집의 홈오토메이션은 규격화된 통합 시스템을 사용하고 있지만, 점점 모든 기기들을 조종할 수 있는 무선 프로토콜로 대체되고 있는 경향이다. 무선 애플리케이션은 이제까지 가능하지 못했던 새로운 조종가능성을 보여주는데, 사용자는 집에 있는 기기들을 먼 곳에서도 조종할 수 있게 된다.

Technology being used in **remotely controlled space** is allowing for higher levels of interactivity that involve much larger audiences, often even audiences unbeknownst to them.

외부로부터의 커뮤니케이션

먼 거리의 환경을 단순히 모니터링 하는 것뿐만 아니라 조종할 수 있는 능력은 좀 더 중요한 의미implication을 가진다. 근거리의 소스로부터 정보를 받아들여 해석하고 반응하는 홈오토메이션과 달리 외부로부터의 커뮤니케이션은 외부로부터 시스템으로 입력된 정보를 통해서 오토메이션이 가능하게 된다. 여기서 주로 쓰이는 어휘들은 상호작용공간reciprocal space, 원거리 통신과 공존(제3장에서 더 자세히 다루게 된다)인데 이들은 공간 안에서 뿐만 아니라 벽 너머의 장소에서도 상호작용 할 수 있고, 조종되고 경험될 수 있는 건축적인 환경을 제안suggest한다. 장거리에서 물체를 조종하는 방법은 초기inception와는 달리 많은 발전을 하였다. 외부 커뮤니케이션은 공간 밖으로 시스템의 와이어가 나가서 컴퓨터 같은 외부기기와 이어질 때 시작하였다. 지난 10년 동안, 기술적인 측면과 비용을 고려한 모바일 기술의 발전은 사람들로 하여금 새로운 무선방식으로 네트워크를 통한 정보 소통이라는 새로운 방식을 만들어 왔다. 이로 인해서 사람들은 공간, 공간 안의 행위, 그리고 더 중요하게 공간을 사용하는 사용자들에게 영향을 줄 수 있는 새로운 방식들을 찾게 되었다. > Fig. 5

실시간으로 건축 공간과 물리적인 물체를 조종할 수 있는 능력은 엔터테인먼트가 상업화의 새로운 영역을 열었다. 가장 대표적인 예로, 이런 프로젝트는 인터넷을 통해서 조종되는 로봇 시스템과 조종자로 하여금 자신이 조종하는 물체를 바라볼 수 있게 하는 카메라로 구성된 시스템이다. 다른 흥미로운 애플리케이션은 인스턴트 메시지instant messaging(IM)을 통해서 친구, 가족과 연락을 할 수 있는 정보의 패러다임을 수용한 예이다. 자신의 컴퓨터의 IM 소프트웨어를 통해서 사용자의 이름이 뜨는 것을 발견하면 그 사용자가 컴퓨터 앞에 앉아있다는 것을 알 수 있듯이, 물리적인 환경 안에서의 애플리케이션은 이런 지각을 실제적인 세상에 끌어 올 수 있다. 더 정확히는, 디자이너들은 장거리 통신의 인간 네트워크를 물리적으로 보여주고 모양을 바꿀 수 있는 건축적인 물체를 만들 수 있다.

장거리에서 조종되는 공간에 관련된 기술은 더 많은 관객과 관련될 수 있는 상호작용성을 만들어 낼 수 있으며, 때로 이런 관객의 주체는 모르는 사람일 수도 있다. 더 많은 인구가 무선전화기나 모바일 기기를 가지게 되면서 각각의 개인이 큰 대중에게 영향을 끼칠 수 있는 정보를 입력할 수 있는 기회는 더 커지고 있다. 메시지를 전달하는 기술과 소프트웨어가 발달할수록 사람들이 로그인하여 초보적인 게임을 할 수 있는 가능성은 커지며 이는 서로를 향할 수도 있고, 건물을 향할 수도 있다. 리모트 컨트롤이 점점 대중의 조망viewing과 통합될수록 우리는 점점 매개물 자체가 우리의 변화하는 요구에

> Fig. **5**: Yasu Santo, Michael A. Fox, with students at Hong Kong Polytechnic University, *CoEx Cubes*.

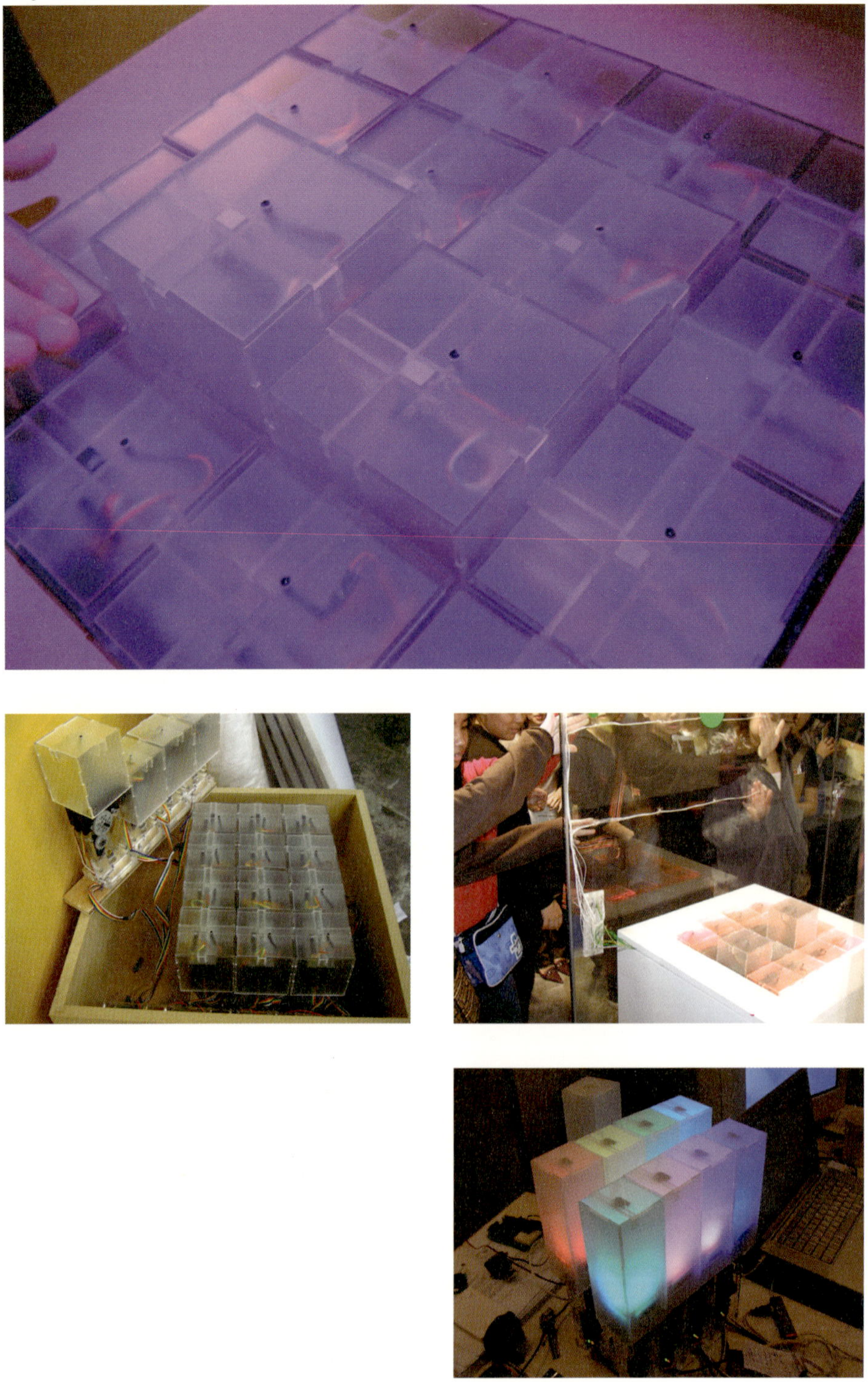

As remote control becomes more integrated into public viewing, we will desire the ability for the medium to **adapt to our changing needs.**

적응하는 능력이 있기를 바랄 것이다. 단순히 인간, 환경 조건의 실용적인 필요를 만족시키는 것을 넘어, EC와 EC를 지원하는 소프트웨어는 우리의 공간을 조종해서 우리의 변화하는 욕구를 만족시켜줄 수 있는 시스템으로 진화할 수 있을 것이다.

집적회로의 방법과 의미

EC의 선례들은 인터렉티브한 건축 애플리케이션에서 정보를 중재moderate하고 조종하는 정확한 방법들에 대한 기반이 될 것이다. 사용자와 프로그램 가능한 집적된 인공지능embedded intelligence 사이의 관계 디자인은 결국 공간 안의 사람과 그들이 사는 공간 사이의 다이내믹한 대화의 밀도intensity를 결정할 것이다. 이를 이룰 수 있는 수단은 다이어그램 적으로 발동작용actuation을 조종하는 근원source, 정확히는 변화하는 요구사항을 받아들여 적응할 수 있는 조종 장치를 뜻하며 이 기능을 담당하는 것이 집적회로embedded computation이다. 이런 시스템은 변화하는 상황을 해석하고 이런 변화하는 요구에 더 잘 적응하게 물리적인 상황을 조종하는데 쓰인다. 물리적 상황을 조정하는 이슈는 인간과 환경에 대한 정보 수집뿐만 아니라 디자인, 시공기술, 키네틱스와 유지보수에도 가장 중요한 것이다.

> Fig. 6
> Fig. 7
> Fig. 8

지금 사람들이 어떻게 컴퓨터를 사용하고 있는지 살펴보면, 우리는 흔히 코드로 된 시스템을 생

> Fig. **6**: Parallax, *Parallax BS2 Stamp, Parallax Sensors, and Parallax Servos.*

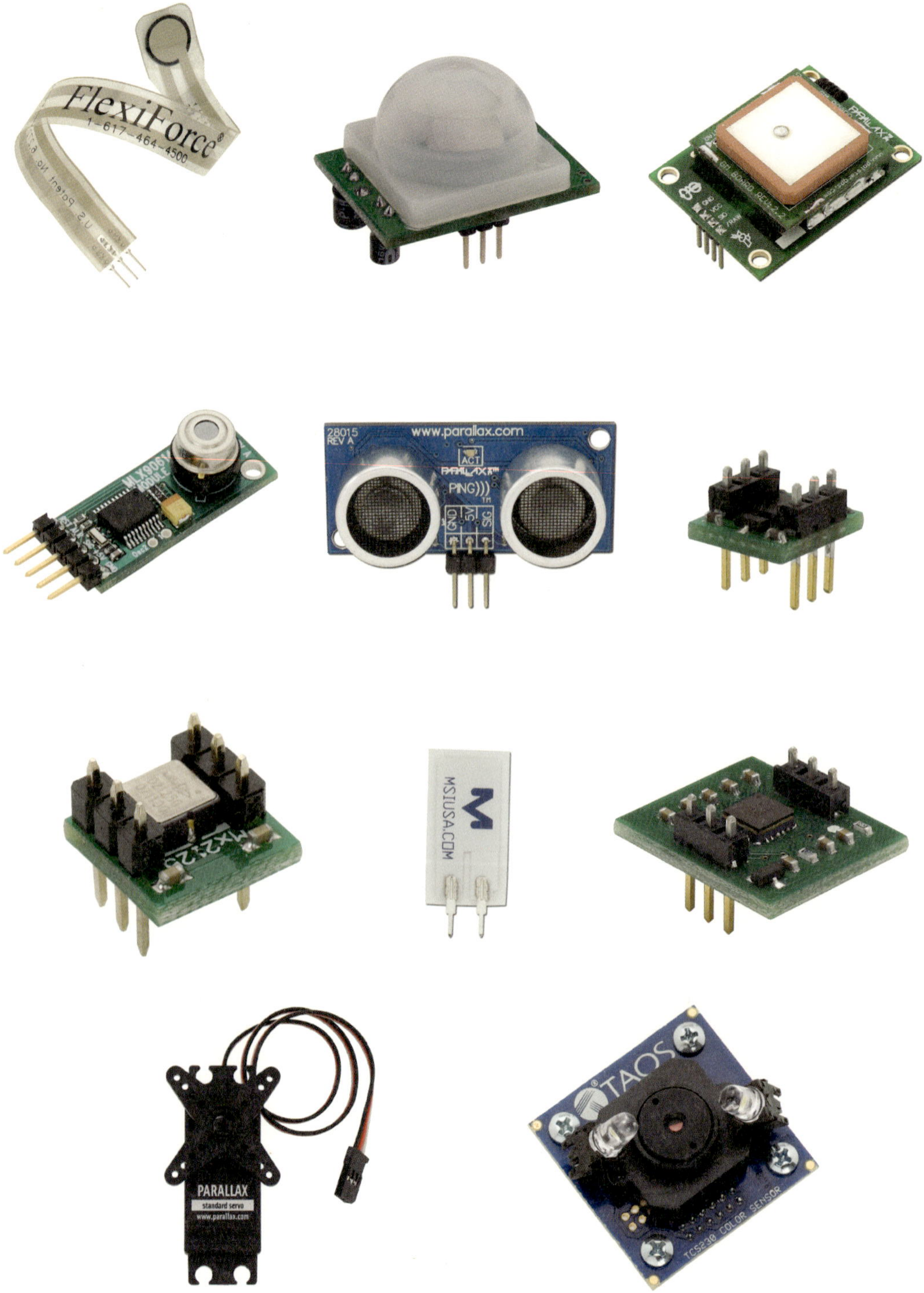

> Fig. **7**: Pneumatic Muscle

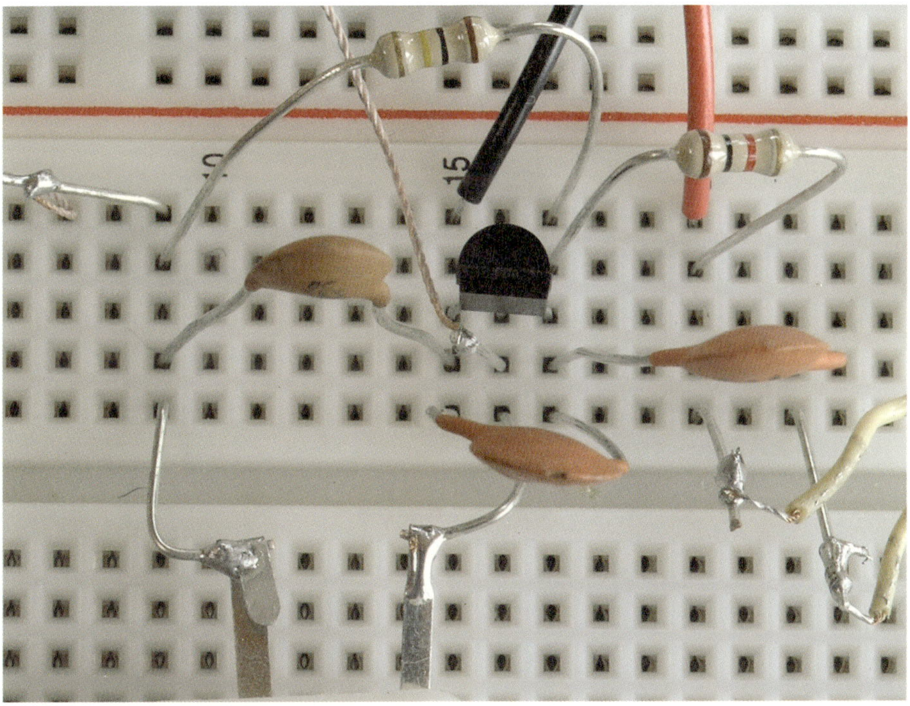

> Fig. 8: Michael Fox, prototype controllers for interactive facade systems.

Having computation embedded in the materials that make up space means that users have the ability to direct the type of information the space receives through an entirely **different method** than a conventional computer interface.

각하며 이는 키보드나 마우스로 물리적으로 조종되는 이미지와 텍스트의 형식으로 이해된다. 공간을 이루는 물체에 컴퓨터를 통합시키는 것은 사용자들이 공간이 받을 수 있는 정보의 형태를 조종할 수 있다는 의미이며 이는 기존의 컴퓨터 인터페이스와는 완전히 다른 방법을 써야함을 의미한다. 이는 사용자들이 컴퓨터와 다른 사람과 소통하는 방식으로 공간과 소통을 가능하게 함을 의미하며, 따라서 사용자와 사용자가 점유한 공간 사이에 상호작용적 대화가 가능하다는 것을 의미한다.

각각의 기기가 건물 내 변화에 반응하기 위해서는 그 기기가 그 변화를 감지해야 함을 의미한다. 센서는 물리적인 세계에서 어떤 정보 - 빛, 운동, 온도 등을 감지하는 기기이다. 센서들은 매우 진보되어, 가장 쉽게는 운동을 감지하기 위해서 설치하는 적외선에서부터 색, 운동의 방향, 목소리, 얼굴 표정, 걷는 모양gait 등을 인지하는 진보된 센서도 존재한다. 센서의 감지력이 높아지면 단순히 공간 안에서 사람이 어디서 무엇을 하는 것을 인지하는 것뿐만 아니라 그 사람이 누구인지까지도 인지해서 개인에 맞게 어떤 반응을 해야 할지도 알 수 있다. 제5장에서는 이런 센서에 대해서 좀 더 자세히 알아볼 것인데, 여기에는 적절한 소프트웨어를 쓰면 눈과 몸짓부터 몸의 운동까지도 감지하여 매우 정밀한 개인의 정보를 제공하고, 이것은 곧 일상화되어 개인의 태도, 행동behaviour의 정보까지 건물에게 전해줄 수 있을 것이다. 우리는 이미 웹캠이나 다른 시각적인 입력 기기들이 기존의 소리/텍스트 입력에 더해져 정보를 모으는 중요한 수단으로 발전하는 것을 보고 있다. 집적회로, 무선주파수RF, 적외선IR를 구비한 카메라와 센서는 쉽게 구입할 수 있으며 별 무리없이 설치되고 있다.

마이크로 컨트롤러

마이크로 컨트롤러는 사실 컴퓨터와 같아서 프로세서, 메모리, 그리고 입/출력 기능을 포함한다. 이는 우리가 알고 있는 개인 컴퓨터와 상당히 유사하지만 개인 컴퓨터가 수천가지의 프로그램을 수행하도록 디자인 되었다면 마이크로 컨트롤러는 한 가지 프로그램을 잘 수행하도록 디자인되어 있다. 마이크로 컨트롤러는 단지 하나의 프로그램을 수행하도록 디자인되기 때문에, 개인 컴퓨터에 비해서는 훨씬 단순하며 크기가 작다. 이런 작은 컴퓨터들은 핀 커넥션이 있어서 ROM(read-only memory)에 직접적으로 프로그램을 지우고 새로 쓸 수 있게 해준다. 이 핀들은 또한 네트워크나 연결된 다른 기기로 신호를 보낼 수 있게 해준다. 마이크로 컨트롤러는 전력 소비량이 아주 낮은 기기이다. 개인 컴퓨터는 언제나 전력에 연결되어 있으며 평균 50 와트 이상의 전기를 사용하는 반면에, 배터리로 작동되는 마이크로 컨트롤러는 50 밀리와트 정도만을 소비한다. 마이크로 컨트롤러는 아주 작고 저렴하다. 부품들은 사이즈를 줄이기 위해서 선택되며 저렴하게 설계된다. 마이크로 컨트롤러는 특별히 세 가지 기능을 만족시킨다. 첫째, 센서에서 정보를 수신하는 것, 둘째, 모터나 그 밖의 키네틱 기기를 조종하는 것, 셋째, 그리고 다른 컴퓨터에게 정보를 보내는 것. 이들은 디지털 세계와 물리적인 세계 사이의 중재자intermediary이다.◊13

마이크로 컨트롤러는 거의 모든 전자제품에 숨어 있으며 그 수는 방대하다. 자동차의 경우에는 각 기능에 따라서 마이크로 컨트롤러를 가지고 있으며 이들은 엔진을 조종하고, 크루즈 컨트롤을 관리하고, 안티록Anti-lock 브레이크를 작동시킨다. 가정에서 발견되는 대부분의 전자제품에도 포함되어 있다. 부엌에서 쓰는 제품 중 LED나 온스크린 디스플레이가 있는 제품은 모두 마이크로 프로세서가 내장되어 있다. 기본적으로 마이크로 컨트롤러는 명령을 실행하기 위해서 컴퓨터intelligence가 필요한 기기에는 모두 존재한다. 근래에 마이크로 컨트롤러는 더 저렴하며 쉬워졌기 때문에 건축에 적용 가능한 기술이 되었다. PIC(Programmable Intelligent Computer) 마이크로 컨트롤러는 이미 해석 프로그램interpreters(명령을 수행하는 프로그램)이 들어있는 보드에 마이크로 컨트롤러가 부착되어 판매되는 제품이다. 이는 저렴하고, 어디서나 살 수 있고, 사용자가 많고, 다양한 애플리케이션들과 저가의 (혹은 무료의) 개발 도구development tool가 있으며 연속 프로그램serial programming과 가능성으로 인해 취미가나 개발자들에게 인기가 높다.

센서

이미 정의했듯이, 센서는 현실의 물리적인 세계에서 빛, 운동, 온도 등을 감지하여 정보를 보낼 수 있는 장치이다. 현재 발전 과정은 센서들을 작게, 저렴하게, 그리고 좀 더 응답속도가 빠르게 만들고 있다. 센서는 매우 진보되어서, 가장 쉽게는 운동을 감지하기 위해서 설치하는 적외선 센서에서부터 시작해서 색, 운동의 방향, 목소리, 얼굴 표정, 걷는 모양 등을 인지하는 진보된 센서도 존재한다. 센서의 종류는 다양하지만 몇 가지 유형으로 나눌 수 있다: 접촉식과 비접촉식이다. 접촉식의 센서는 정보의 직접적인 교류로 이루어지며 이는 인간의 터치touch에서부터, 습기, 압력, 바람이나 그 밖의 환경적인 요소의 존재유무에 반응한다. 비접촉식 센서는 어떤 물체의 존재유무를 감지한다. 비접촉식 센서는 적외선, 소나, 회전운동센서gyroscopic, 가속도계accelerometers, 기울기센서tilt, 광센서, 카메라, 마이크 등이다.

마이크로 컨트롤러나 네트워크 기기를 프로그램 하는데 쓰이는 프로그램 언어는 다양하다. 주로 이런 다른 프로그램 언어는 소프트웨어와 하드웨어 연결 고리 사이에 만들어지는 '다리'의 종류에 따라서 달라진다. 마이크로 컨트롤러는 원래 어셈블리 언어로만 프로그램 되었지만 이제는 다양한 고차원 프로그램 언어들이 쓰이고 있다. 특수한 언어들은 특정한 목적으로 쓰이고 C 프로그램 언어 같은 전반적 목적을 위한 언어는 전반적인 목적에 부합된다. 마이크로컨트롤러는 주로 베이직BASIC 언어의 변형으로 프로그램 된다. 마이크로컨트롤러의 생산업체들은 자신들의 소프트웨어를 쓰거나 언급한 언어의 변형을 쓴다. 주로 쓰이는 언어들을 언급하자면, Parallax's Basic Stamp, SX-Key, Propellor, Pcaxe's Basic과 비슷한 언어나 arduino's 오픈 소스 프로그램 언어 등이다. 하지만 이런 모든 언어들은 사용자가 간단한 루틴이나 프로그램을 직접 입력하여 마이크로컨트롤러가 데이터를 해석하고 그에 따라 행동하도록 한다. 반응의 복잡성은 데이터의 입력 양과 루틴에 넣어진 변수의 개수에 따라서 달라진다. 인터랙티브 건축은 사용자와 집적회로 사이의 정보교환의 위계에 기초한다. 물체 혹은 사람과 연산처리에 의한 결과 사이에 교환된 정보의 양은 원하는 결과에 따라서 달라진다. 스케일에 따라서 정보량의 차이는 때로는 적당하고 때로는 그렇지 않다. 예를 들면, 팔 움직임과 가까운 면 사이를 판단하기 위한 정보량은 한 공간 안의 다른 목적을 가진 여러 사람들과 전체 공간과의 관계를 판단하기 위한 정보량과는 많은 차이를 보일 것이다. 공간과 물체는 다른 스케일에서 특정한 정보교환에 반응하는 능력이 있어야 한다. 따라서 요구되는 반응의 위계hierarchy에 따라서 공간 안에서 순간적으로 필요한 전산능력computational intellience의 수준은 다르다고 할 수 있다.

Central to a discussion of interactive architecture is the means of controlling space. The means of controlling change range from the very simple means of **direct manipulation** to fully adaptive **networks of systems** that can learn from the **users (participants)** of an architectural space.

변화를 조정하기

인터랙티브 건축 논의의 가장 중요한 핵심 중에 하나는 공간을 조종할 수 있는 수단이다. 변화를 조종하는 수단은 직접적으로 조작하는 간단한 방법에서부터 건축공간의 사용자들 (참여자들)의 행동에서 배우는 능동적인 시스템 네트워크까지 존재한다. 이런 변화 조종 방법들은 서로 배타적이지 않으며 디자이너들이 건축의 적응 반응을 조정하는데 있어서 다양한 차원의 복잡함을 이해하기 위한 뼈대framework일 뿐이다. 앤드류 라베넥Andrew Rabaneck은 언급하기를 디자인의 기본적인 목표는 예상을 통해서 불확실성을 피하는 것이며 이런 과정에 도움을 줄 수 있는 모든 기술은 건축가에게 유용하다고 말한다. ◊14 중요한 것은 변화를 조종하는 간단한 수단들이 유형적으로는 인터랙티브 건축의 정의에 포함되어 있지 않지만, 결국 진정한 상호작용을 목표로 하는 인터랙티브 건축의 중요한 기본 재료(빌딩 블록)가 될 수 있다는 것이다. 우스만 하크Usman Haque가 얘기하듯이 기존의 인터랙티브 건축 시스템은 상호작용의 정의를 회귀적으로 생각하지 않고 있으며 시스템들은 "상호작용"을 하는 것이 아니라 "반응" 만하고 있다는 것이다. 진정한 인터렉티브한 시스템은 서로가 "대화를 하듯이" 작용하는 "다수의 루프" 시스템이다: 즉 연속적이고 발전적인 정보의 교환이다. ◊15 여기서는 건축적인 관점에서 기술이 되었지만 조종의 레벨은 사실은 "지성적인 환경"이라고 부르는 컴퓨터 사이언스의 선례에서 시작된 것이며, 이런 환경의 목적은 일상적인 활동에 컴퓨터를 이음 없이seamless 사용될 수 있는 공간을 만드는 것이다. 이 영역의 많은 연구 결과들은 충분히 성숙되어 인터랙티브 건축에 바로 적용될 수 있다.

> Fig. 9

> Fig. 10

가장 간단한 시스템에서는 사용자와 컴퓨터 사이의 정보의 교환에 반응하여 발생하는 운동은 몇 개의 에너지원에 의해서 발동되게 되는데, 여기에는 전기 모터, 사람의 힘 혹은 생물 기계적인 변화가 있다. 여기서 입력과 반응은 일대일의 관계가 실시간으로 성립되는데 이는 정보가 바로 결과로 이어지게 된다. 이런 시스템 정보의 교환은'켜짐on'과 '꺼짐off' 상태의 수준이며 결과적으로 행위는 반응을 하거나, 하지 않거나가 된다. 기기가 한번 켜지고 나면 그 기기는 정해진 시간만큼 작동을 하거나 끄기 위한 입력신호가 있을 때까지 지속된다. 이런 시스템의 예는 다들 알고 있는 운동 센서로 켜지는 조명장치로 이런 경우 운동을 감지한 후 정해진 시간만큼 켜져 있다가 자동으로 꺼진다. 좀 더 발전된 직접 조종 시스템은 오토메이션을 통해서 지능이 있는 듯이 느껴진다. 찰스 이스트만Charles Eastman은 이런 시스템을 사용자의 욕구와 건축 환경 사이를 개선시키기 위한 시도의 결과적 수단으로 본다. 그는 자동화된 시스템에 사용자가 자신의 선호를 입력할 수 있는 단계를 포함시킨다. 이것의 가장 쉬

> Fig. 9: Sachin Anshuman, *PixelSkin02.*

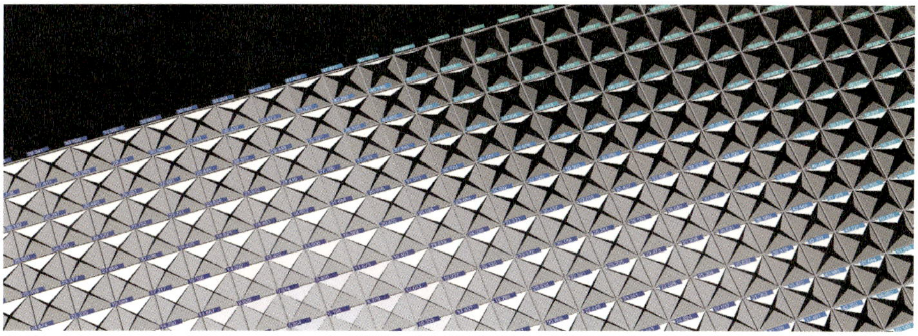

> Fig. **10**: Michael Fox, Jeffery Krause, *Transformer Teleconference Center.*

In the simplest systems, **movement** is actuated directly by any one of a number of energy sources, including electrical motors, human energy, or biomechanical change in response to an exchange of information between user and computer.

운 예는 집안에 있는 온도 조절장치로 사용자는 자신이 선호하는 온도를 입력할 수 있다. ◊16 이런 온도 조절장치는 온도 센서로 작용하는 두 가지 금속 띠bimetallic strip로 된 코일coil일 뿐이다. 방의 온도가 바뀌면, 이 온도계의 코일은 천천히 데워지거나 (확장한다) 추워져서 (수축한다) 머큐리로 된 스위치를 건드리게 되는데, 이는 계전기relay를 작동시켜서 집안의 히터나 에어컨을 켜게 한다. 이런 시스템은 환경을 계속해서 감독하며 컴퓨터적인 전산과정 없이 로우-테크 기술로 변화를 감지하는 다이내믹한 수단을 제공한다. > Fig. 11

프리드만Friedman은 하드웨어시스템을 소프트웨어 시스템과 네트워크 시켜서 건물을 조정하는 인터페이스가 있는 건축적 모델을 제시하였다. 이 모델에서, 인텔리전트 시스템은 오토메이션을 사용하지 않고 디자인 과정의 결과를 조종할 수 있는 수단을 사용자에게 주었다. 프리드만이 만든 하드웨어와 소프트웨어 사이의 네트워크는 사용자에서 만나는 두 개의 연결된 피드백 루프로 구성되어 있다. ◊17 이런 시스템은 앞에서 언급한 직접적 조정보다 좀 더 진보하게 되는데 이는 피드백 시스템이 있는 결정단계가 존재하기 때문이다. 지적인 차원intelligent level이 마이크로 컨트롤러에 프로그램 되어 있기 때문에, 이런 조정 방식은 계속적으로 입력되는 정보를 감독하는 능력이 있고 또한 사용자의 입력에 기초해서 시스템의 반응을 업데이트 할 수 있다. 고가의high-end 전자제품들은 복잡한 기능을 조정하기 위해서 피드백이 있는 시스템을 만드는데 마이크로 컨트롤러를 사용하고 있다. 이런 예로 디지털적인 피드백과 소리를 내는 집안의 세탁기를 들 수 있는데 이런 기기는 특정한 과업에 대한 진행사항과 완료사항을 보여주며 기능상의 문제를 모니터할 수 있다. 중요한 사항은 이 두 가지 모델 모두 (사용자의 피드백을 고려하든 안하든) 다이내믹한 안정성을 제공할 수 있다는 것이다. 자동화된 접근방식은 기계가 주도하고 피드백 모델은 사용자가 주도한다는 차이점이 있다. 트리스탄 데스트레Tristan d'Estrée Sterk는 인터랙티브 건축 애플리케이션에 대한 가장 현명한 접근은 이 두 가지 시스템을 하이브리드 시키는 것이라고 말한다. 그는 사용자의 입력뿐만 아니라 적응하는 차원의 공간적인 반응과 환경적인 변화에 대해서 반응할 수 있는 능력이 있는 건물의 조합을 얘기한다. ◊18 적응 조정Adaptive control (제5장에서 더 자세히 다룰 것이다) 시스템에서는 조종 메커니즘에 자기학습적, 혹은 습득하는 능력이 포함되어 있다. 이 시스템은 환경의 변화에 대한 반응을 최적화시키기 위해서 실험적인 적응adaptation을 통해서 조건들을 습득하게 된다. 이런 하이브리드된 조정방식은 로봇 개발에서 쓰인 것이지만 인터랙티브 건축에서도 (자동화된) 피드백 시스템과 적응 능력이 있는 좀 더 진화된 단계의 지적 과정을

> Fig. **11**: Rob Ley and Joshua G. Stein, *Reactive Void.*

Architects are eager to embrace technology that can increase optimization through adaptation with respect both to the environment and user needs, yet they must learn to recognize the **interdisciplinary needs** that such technologies have ensnared.

결합시키기 위해서 유효하다. ◊19 이런 접근은 두 가지 장점이 있는데 하나는 이런 진화된 시스템 내부에서의 장점이고 다른 하나는 시스템끼리의 네트워크에서의 장점이다. 전형적으로 진화된 시스템에서 결정은 수많은 센서들이 보내는 입력신호에 바탕을 두어 발동(actuation)하게 만드는 에너지원천(스위치)에 신호를 보낸다. 이런 방식의 발동작용은 좀 더 고차원적인 지적능력이 필요한데 이는 또 다시 많은 정보장치source에서 입력되는 신호를 해석하고 행동하기 위해서 전체를 관장하는 위계적인 컴퓨터 시스템hierarchical computation system이 필요하기 때문이다. > Fig. 12

이런 단일 시스템은 많은 네트워크로 엮어진 자율적인 센서/작동기(actuator)들의 조합으로 구성된다. 이런 시스템의 조정은 집중화될 수도 있고 비집중화 될 수도 있지만 (제5장에서 더 자세히 다룸) 비집중화된 시스템의 장점은 실패의 확률이 적다는 것이다. 시스템 안의 집적회로는 자신의 경험을 바탕으로 다시 쓰이고 재프로그램될 수 있으며 이는 이제까지의 결정하는 방식을 완전히 바꿀 수도 있다는 의미이다. "플레어"(Flare)는 건축가들이 구입하여 어떤 건물에도 적용하여 다이내믹한 입면을 만들 수 있는 모듈러 시스템이다. 살아있는 피부처럼 이 시스템은 기울일 수 있는 메탈 플레이크flake로 만들어졌으며 각각은 공기압 실린더로 움직일 수 있게 되어 있어, 건물은 자신을 표현하고, 소통하고 주변 환경과 상호작용할 수 있게 된다. ◊20 > Fig. 13

> Fig. **12**: Janis Pönisch (photographer Roel Backaert), *Dynamic Terrain.*

> Fig. 13: WHITEvoid interactive art & design Berlin: Christopher Bauder, Christian Perstl, *Flare–kinetic ambient reflection membrane.*

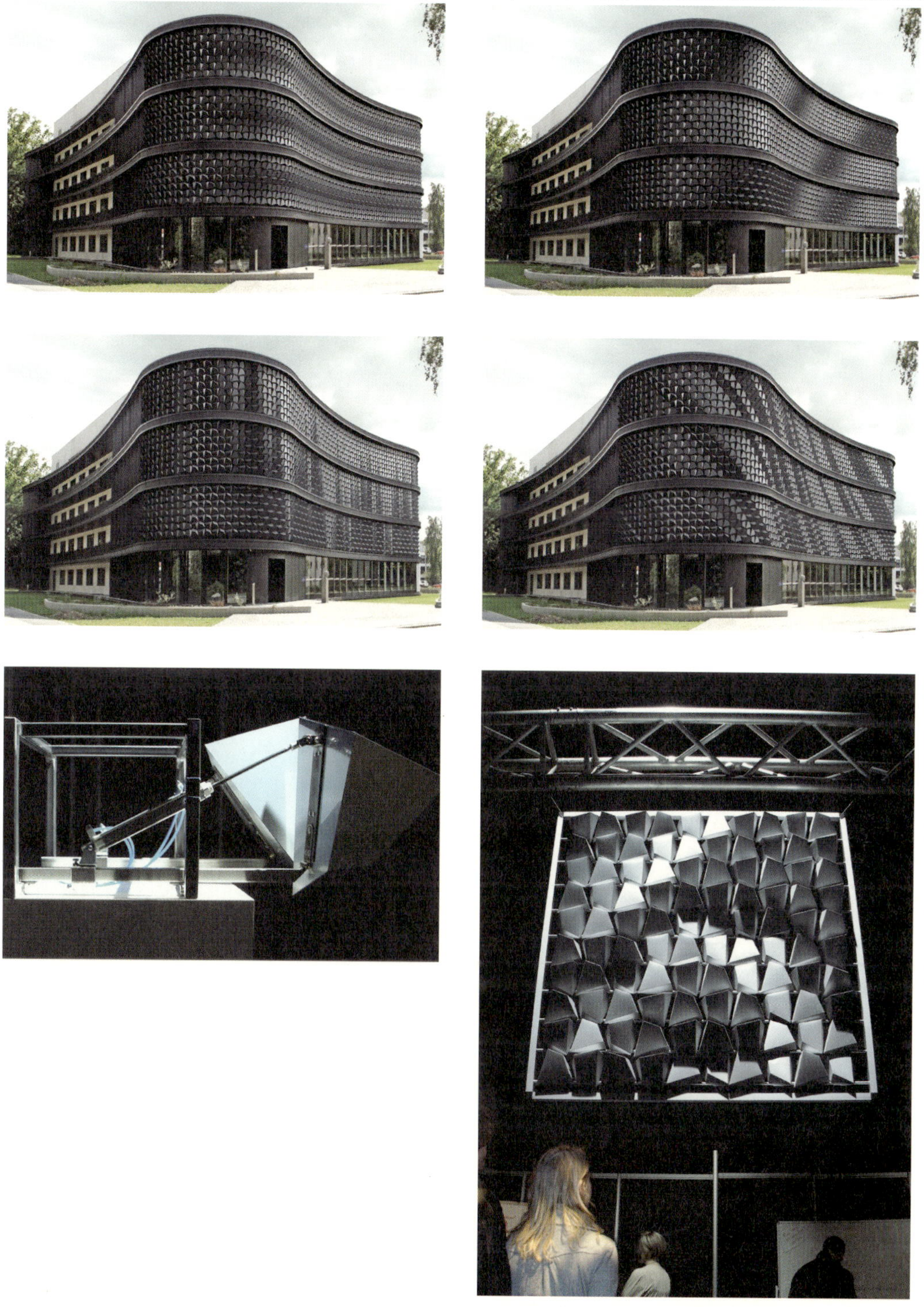

Interactive architecture will be built upon expertise in embedded computation that mutually influences developments in interface design, materials, autonomous robotics, and biomimetics.

건축 집적회로의 미래

인터랙티브 건축의 시나리오들은 앞으로 건축가들이 컴퓨터 사이언스 분야의 컨설팅을 많이 필요로 함을 예견한다. 예를 들어 십년 동안의 날씨 패턴과 연관된 행위들을 기억하는 조작 가능한 천창을 생각해 보자. 이런 시스템은 이런 정보를 기반으로 날씨의 변화패턴에 좀 더 정확하고 빠르게 반응할 수 있을 것이다. 또한 시스템은 전체 시스템을 풀가동하는 것 보다는 부분부분을 움직이는 것이 온도의 변화에 따른 공기의 흐름을 더 효과적으로 만들 수 있는 것을 깨달을 것이다. 만약 이 천창 시스템이 같은 건물의 다른 하드웨어나 컴퓨테이션과 네트워크 되어 있다면 이 유닛의 인공지능intelligence는 같은 목적을 위해서 움직이는 다른 시스템과 서로 정보를 교환하여 더 효율적으로 기능할 수도 있을 것이다. 천창 시스템은 각종 환경적 요소와 건물의 보를 관리하면서도 동시에 각각의 사용자의 필요를 충족시켜야만 할 것이다.

건축가들은 환경과 사용자의 요구에 적응할 수 있게 만들어주는 기술들을 수용하겠지만, 또한 인지해야 할 것은 이런 테크놀로지가 요구하는 통합적인 측면이 필요하다는 것이다. 아마도 미래에는 인터랙티브 시스템 컨설턴트가 지금의 구조, 기계, HVAC 컨설턴트들만큼이나 흔해질 것이다. 인터랙티브 건축은 인터페이스 디자인, 재료, 자동 로봇, 그리고 생체모방 분야 같은 발전과 함께하는 집적회로의 전문성에 의지하여 발전할 것이다. 또한 인터랙티브 건축은 몇몇의 선도적인 프로젝트를 기반으로 발전하게 될 것인데, 그 가능성을 보여주는 프로젝트에 대해서는 다음 장에서 기술할 것이다.

1 Cynthia Davidson, "Three Engineers (Sitting Around Talking)," *ANY: Architecture New York* no. 10 (1995): 50–55.

2 Gary Brown, *Transportable Environments 2*, ed. Robert Kronenburg (London: Spon Press, 2003), 3–14.

3 Mahesh Senagala and Chris Nakamura, "Going Past the Golem: The Emergence of Smart Architecture," in *Conference Proceedings ACADIA International Conference* (Louisville, KY: 2006).

4 Ibid.

5 Edward B. Driscoll Jr., A Timeline for Home Automation, http://www.eddriscoll.com/timeline.html.

6 Christian Wurster, *Computers: An Illustrated History*, (Köln, Germany: Taschen, 2002).

7 Mahesh Senagala, "Kinetic and Responsive: A Complex-Adaptive Approach to Smart Architecture," in *Proceedings of the ACADIA International Conference* (Lima, Peru: 2005).

8 Adam Greenfield, *Everyware: The Dawning Age of Ubiquitous Computing* (Berkeley, CA: New Riders, 2006), 11–12.

9 T. K. Datta, "A State-of-the-Art Review on Active Control of Structures," *ISET Journal of Earthquake Technology* 40, no. 1 (2003): 1–17.

10 Driscoll.

11 Ibid.

12 Wayne Casswell, "Twenty Technology Trends That Affect Home Networking," HomeToys.com, http://hometoys.com/mentors/caswell/sep00/trends01.htm.

13 Tom Igoe and Dan O'Sullivan, *Physical Computing* (Boston: Thomson, 2004).

14 Andrew Rabeneck, "Cybermation: A Useful Dream," *Architectural Design* (September 1969): 497–500.

15 Usman Haque, "Architecture, Interactions, Systems," *AU: Arquitetura & Urbanismo* 149 (August 2006).

16 Charles M. Eastman, "Adaptive-Conditional Architecture," in *Design Participation*, ed. Nigel Cross (London: Academic Editions, 1972), 51–57.

17 Yona Friedman, "Information Processes for Participatory Design," in *Design Participation*, ed. Nigel Cross (London: Academic Editions, 1972), 45–50.

18 Tristan d'Estrée Sterk, "Responsive Architecture: User-Centred Interactions Within the Hybridized Model of Control," *Game Set and Match II: On Computer Games, Advanced Geometries, and Digital Technologies*, ed. Kas Oosterhuis and Lukas Feireiss (Rotterdam, the Netherlands: Episode, 2006).

19 Eve Coste-Manière and R. Simmons, "Architecture, the Backbone of Robotic Systems," in *Proceedings of the IEEE International Conference on Robotics & Automation* (San Francisco, CA: 2000).

20 "Flare," WHITEvoid interactive art & design Berlin, http://www.flare-facade.com.

PROJE
LANDS

프로젝트 랜드스케이프

ECT SCAPE

생활 환경

작업 환경

유희 환경

공공 환경

에너지 효율

능동적인 지속가능성 해결

단기화

환경인지

미디어된 환경

노인복지과학기술

장애인

능동적 참여

공존

생활양식의 변화

행동 인식

건물 인지

예술적인 접근

현재의 IA의 랜드스케이프는 인간과 환경의 상호작용의 문맥적 구조 안에서 집적회로(지성intelligence)와 물리적인 대응부(키네틱스)의 합으로 이루어져 있다. 이 두 영역의 결합은 건축공간이 자신을 재구성reconfigure할 수 있는 능력을 줄 것이다. 즉 자율적으로 응답, 반응, 적응하고 상호작용 할 수 있는 물리적인 변화를 가능하게 하는 것이다. 이런 분야들이 합쳐져서 우리가 인터랙티브 건축이라고 칭할 수 있는 영역이 만들어 지고 있다. 이 영역은 아직 초기 단계이며 따라서 앞으로 어떤 방향을 향해야 할지 연구되고 탐험되어야 할 분야가 무궁무진하다. 이런 집적회로와 적응을 위한 물리적인 수단들의 발전은 다른 영역에 의해서 영향을 받고 있는데, 여기에는 인터페이스 디자인, 재료, 자율 로봇 그리고 생체모방이 있으며 이는"새로운 지평New Horizon"에서 다루어 진 바 있다. 이 장에서는 현재의 IA의 선례로서 나아갈 방향들을 보여주는 선도적인 프로젝트를 다루려 한다. 이 장은 4 단으로 구성되어 있다: "적응하는 공간", "생활환경", "행위의 향상 및 확장(enhance, extend)" 그리고 "사회 심리학적인 가능성"이다.

적응하는 공간

p. 97

p. 99

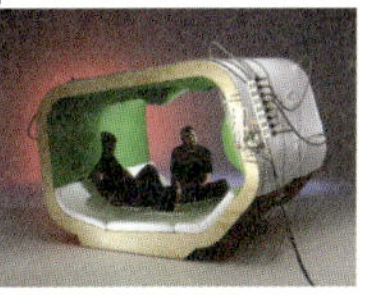

p. 100

The current landscape of IA is built on the convergence of embedded computation (intelligence) and a physical counterpart (kinetics) that satisfies adaptation within the contextual framework of human and environmental interaction.

적응성adaptability은 시스템에 변화되는 요구를 받아들일 수 있는 공간의 유연성을 의미한다. 이제까지 저어진 건물에서 적응성은 특정한 행위를 수용하기 위해서 기하학적인 형태를 바꿀 수 있는 것을 의미하였다. 현실화된 프로젝트에서 적응성은 시스탬 디자인시에 이미 고려가 된 경우거나 (프루베Prouve나 풀러Fuller의 수동적으로 조정가능한 모듈 판넬이나 구조 시스템) 아니면 움직일 수 있는 장치가 이미 계획된 경우였다. (칼라트라바Calatrava 나 호보맨Hoberman의 조정가능한 차양이나 돔) 이 책의 첫 장에서 보았듯이, 키네틱스는 건축적 변화를 위한 물리적인 변화를 의미하지만 상호작용을 위한 수단을 바꾸는 것을 의미하지는 않았다. 물리적 변화와 집적회로의 동시 작용 없이 인터렉티브한 적응성은 불가능하다. 이 책에서 의미하는 적응가능한 공간과 예전의 유연한 공간의 차이는 어느 정도의 인터렉션을 포함하는가 이다. 예전의 키네틱 프로젝트는 물리적인 환경을 변화시키기 위해서 사용자 자신이 물체의 크기, 색, 형태 그리고 장소를 바꾸어야 했다. 이런 프로젝트들은 시스템에 요구되는 요구에 대해 변화 가능하다는 면에서는 적응성이 있었지만 사용자나 환경에서 정보를 받아들여 자동으로 변화하지는 않았기 때문에 인터렉티브하다고 얘기하는 힘들다. > Fig. 2

적응하는 공간은 최적화의 이슈와 연관되는데 좀 더 기능적이고 효과적으로 만드는 것과 관계되기 때문이다. 공간적으로 얘기하자면 공간이 사용자의 요구를 받아들여 가장 최적화된 상태로 변하는 것이다. 외부환경조건에 대한 반응은 성능기반기준performance-based criteria에 기반해 적응하면 된다. 경험을 통한 최적화는 쉽지 않은데, 이는 공간이 어느 정도 적응하여야지 적당한지를 각각의 사용자에 따라서 다르게 느끼기 때문이다. 행위와 공간의 관계는 항상 변화한다. 따라서 사용자와 기준에 따라서 자세한 결정은 항상 어렵다. 공간의 사용자와 공간사이에 인터렉티브한 적응 관계가 만들어졌을 때의 경험은 놀랍다. compelling 적응하는 공간은 공간의 경험을 지속적으로 바꾸기 때문에 이는 결국 사용자와 공간 자체가 다시 변하게 만든다. 이런 공간의 적용은 인테리어적인 공간 구성 변화에서부터 외부환경의 중재, 또는 구조 자체의 완전한 변화까지 포함할 수 있다. 적응하는 공간을 통해서 구축환경안의 물체들이 필요시에만 존재하고 불필요시에는 완전히 사라질 수 있게 할 수 있을 것이다.

> Fig. 2: Miles Kemp and Amiee Lee, *Begg Rock Annex*.

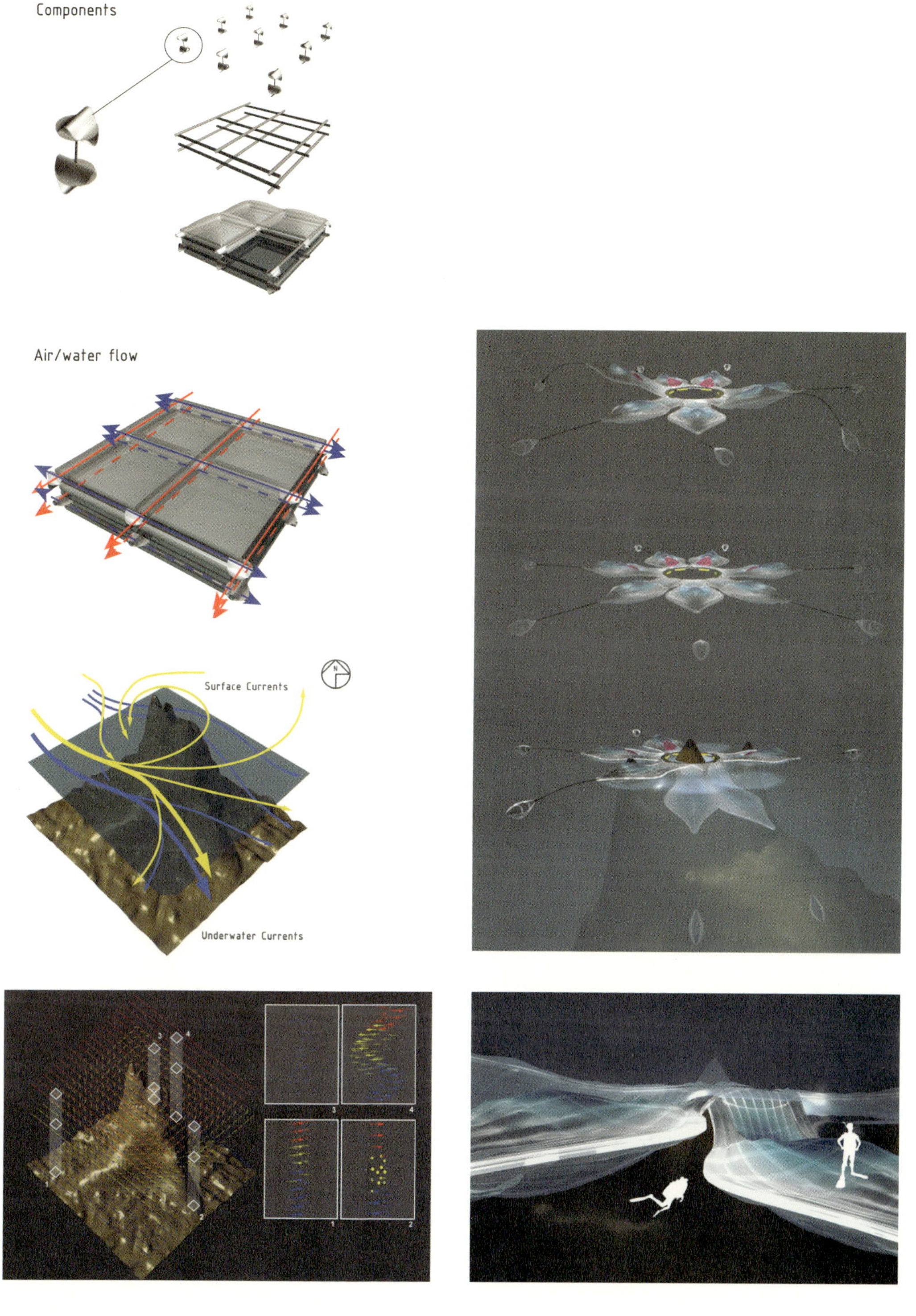

When the entire environment becomes an **interactive environment** that is mediating the needs of the users and the environment outside, it must **facilitate communication** through the physical space itself.

생활 환경

전체 공간environment이 인터렉티브해져서 사용자와 외부환경의 요구를 중재하기 시작하면, 인터랙티브 건축은 물리적인 공간 자체를 통해서 커뮤니케이션을 해야 한다. 어떻게 인터랙티브 건축이 사람이 살고 있는 조건을 개선하면서, 자신을 표현하고, 반응하고, 자신의 행동을 바꿀 수 있게 할 수 있는 능력 있는지는 현재 실현가능한 기술에 의해 결정된다. 인터페이스 디자인 ("새로운 지평horizon"에서 더 자세히 다룰 것이다.)은 이런 논의의 가장 중요한 토픽이 되는데, 그 이유는 더 이상 컴퓨터 앞에 앉아서 키보드와 마우스를 쓰지 않고 상호작용하는 방법들을 고려해야 하기 때문이다. 키보드는 물론 데이터를 입력하는데 가장 기본적인 수단으로 쓰이겠지만 환경이 유비쿼터스 적으로 센서, 카메라, 마이크로폰, 스피커 등등을 통해서 데이터를 받아들일 때는 논의의 방향이 달라진다. 우리의 환경 안에서 개인적인 정보를 필요로 할 시에는 프라이버시 또한 중요한 이슈가 된다. 만약 영상 이미지와 함께 제공되는 음향이 꼭 필요하지 않다면, 우리는 다른 이들이 이를 듣게 하고 싶지 않을 것이다. 인터랙티브 건축이 결정을 내리는데 우리의 집 내부나 작업실의 영상이 꼭 필요하지 않다면 우리는 우리가 보여주고 싶은 만큼만을 보여주고 다른 부분은 다른 이들이 보기를 원치 않을 것이다. 건축 공간 또한 우리가 컴퓨터를 대할 때와 유사한 면이 많다. 개인이 노트북이나 PC에서 정보를 접근 할 때 이는 매우 개인적인 경험으로서 다른 사람이 보기를 원치 않는다. 만약 보게 된다면 이는 양 쪽 모두에게 훔쳐보는 듯 한 경험일 것이며, 때로는 다른 사람과 열린 소통communication을 위해서 (일부러) 보이게 하는 것이다. 하지만 현재 시스템이 모을 수 있는 정보의 양과 시스템의 유용성은 서로 비례한다. 따라서 프라이버시를 포기하는 만큼 유용성은 증가하게 된다. > Fig. 3 > Fig. 4

생활환경 분야에서 가장 발전된 영역은"집적회로" 장에서 논했듯이 바로 홈오토메이션이다. 이 시스템은 보통 완전히 자동화되어 있으면서 가정의 거의 모든 시스템을 관장하는데, 여기에는 조명, 설비, 방범과 엔터테인먼트를 포함한다. 홈오토메이션은 주로 개인적인 권한증대empowerment, 편리, 그리고 에너지 효율을 위해서 사용되지만, 여기서 생활환경 논의에서는 커뮤니케이션 적인 측면을 포함한다. 환경은 점점 더 다양한 방법으로 커뮤니케이션을 도울 수 있는데, 이는 우리가 컴퓨터를 사용해서 소통하는 방식과 매우 유사하다. 개인은 같은 방에 있는 다른 사람과 같은 비디오를 보는 정도로 서로 정보

> Fig. **3**: Steve Joyner and Tina Pezshkpour, in *Interactive Design Studio by Michael Fox at Art Center College of Design.*

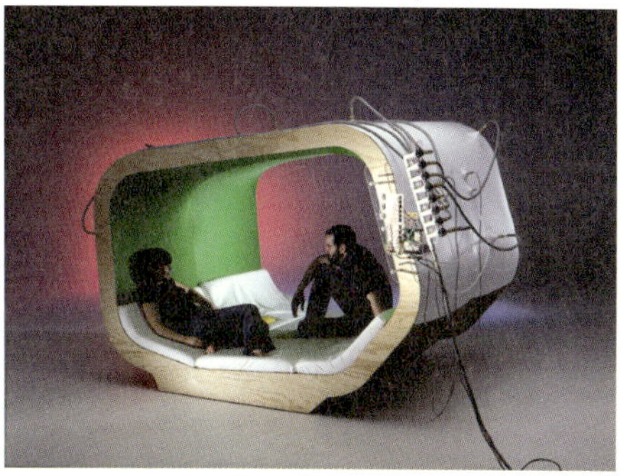

> Fig. **4**: Usman Haque and Adam Somlai-Fischer (with the Reorient Team), *Reconfigurable House.*

Currently there is a direct correlation between the amount of **information** that a system can gather and the **usefulness** of that system. The benefit is proportionally related to the amount of privacy one must give.

를 공유할 수도 있지만 같은 두 사람은 다른 장소에서 비디오 컨프런싱을 통해서 얼굴을 보며 대화를 할 수도 있다. 더 나아가서 개인은 그룹 비디오 컨프런싱을 통해서 몇몇의 사람과 각각 다른 장소에서 같이 소통을 할 수도 있으며, 이 중에 일부는 온라인을 통해서 만날 수도 있다. 이런 소통방법들은 자신이 언제나 연결을 끊을 수 있다는 면에서 받아들이기 쉽다. 즉 자신이 통제한다는 조종에 대한 감각이 명확하다. 하지만 한 사람의 투사 이미지나 영상이 공간 안에서 단지 한사람의 의지로 물리적으로 나타나는 경우나, 그룹이 다른 개인의 개인적인 공간과 상호작용하기 시작하면, 프라이버시와 조종의 이슈도 재고되어야 한다. 물론 후자의 상호작용 양식(mode)은 아직 실용적인 단계까지 이르지 못하였지만, 이에 대한 고려는 프라이버시와 유용성 사이의 균형에 대해서 이해하는데 중요한 단초를 제공한다. 여기서 처음 전화기가 사용되었던 시점에 많은 이들이 느꼈던 두려움에 대해서 생각해보자. 처음에 많은 사람들은 자신이 어디에 있든 다른 사람이 자신들에게 벨을 울려서 직접 목소리로 얘기할 수 있다는 생각에 전화기를 극렬하게 반대하였다.

The argument always befalls flexible office design that to make a space capable of doing **everything** is to make a space that does **nothing very well**. An interactive environment may prove eventually to make a space that can in fact do everything well.

작업 환경

인터랙티브 건축의 애플리케이션들은 이제껏 우리가 알고 있는 작업환경을 변화시키는데 큰 가능성 great promise을 보여주고 있다. 서비스를 제공하는 많은 작업환경(사무실)들은 일의 양에 따라서 끊임없이 작업환경을 늘리거나 줄이고 있다. 이런 종류의 작업환경들은 효율적으로 주어진 공간을 활용하는 것이 매우 충요하다. 이런 공간변화요구를 위해서 작업환경을 변화시키는 것은 비일비재하며, 흔히 몇 주 동안 일할 사람들을 위해서 책상이나 작업대를 일과 후에 추가시키고 몇 주가 지나 작업이 끝난 후에는 치운다. 더 특정한 경우에는 많은 사무실 공간이 직원들이 화의를 하고 이메일을 보기 위해서 아침이나 늦은 오후에만 쓰이는 경우도 허다하며, 대부분의 다른 시간에는 외근을 가 있는 경우도 많다. 다이내믹 시스템을 통하면 이런 비워진 공간들은 짧은 시간을 유용하게 쓸 수 있다. 주마다 잡혀있는 미팅을 위해서는 14~20명 정도의 직원이 들어갈 수 있는 커다란 컨퍼런스 룸이 필요하겠지만, 다른 모든 미팅을 위해서는 네 명에서 여섯 명 정도 정원의 공간이 필요할 것이다. 이런 애플리케이션의 주 타깃은 하루 동안 가끔 쓰이는 작업 환경안의 다양한 공간과 물체들이며 가장 중요한 사항은 이런 공간과 물체를 좀 더 효율적이며 효과적으로 쓸 수 있는 가이다. 예를 들어 만약 한 직원의 책상을 그 직원이 없는 동안 다른 직원이 쓸 수 있게 만들고자 한다면, 다른 직원은 기본적인 직원과는 다른 음향, 프라이버시, 조명 등을 원할 것이다. 또 작업 환경은 때로는 음향적으로나 시각적으로 프라이버시를 필요로 하는 시간이 있는 반면에 바로 그 다음에는 다른 근처 작업환경과의 커뮤니케이션이 필요한 경우도 있을 것이다. 협동하여 일하는 환경은 항상 이런 문맥들이 변하고 있다. 또 각각의 팀에 따라서, 혹은 그 팀이 작업하고 있는 직무에 따라서 음향, 조명, 그리고 심지어는 질감texture까지도 다른 요구를 가질 수 있다. 이런 시나리오는 근래의 오피스 디자인에서 유연한 작업공간을 만들기 위한 아이디어들과 유사하다. 여기에 항상 반대되는 의견은 이렇게 하나의 공간에서 모든 일이 가능하게 유연하게 만들면 결국은 아무 것도 제대로 수행하지 못한다고 주장한다. 인터렉티브한 공간은 진정으로 모든 것을 잘 할 수 있는(모든 경우의 수에서 기능을 잘 할 수 있는) 공간을 만들어 낼 것이다. 인터랙티브 환경은 단순히 공간의 효율적인 사용을 넘어서 조명, 와이어링, 음향, 프라이버시, 조망 같은 사소한 요구까지도 만족을 시킬 것이다.

Many applications in entertainment embrace an educational component, whereby a new kind of kinesthetic learning is combined with entertainment experiences.

유희 환경

엔터테인먼트에 적용된 상호작용적인 애플리케이션의 선례는 많이 존재하며 이는 사회적인 교류engagement의 즐거움에서 교육적인 효과benefit을 위한 목표까지 많이 존재한다. 적용되는 영역들도 매우 넓어서 공공municipal, 상업용, 기관용institutional과 가정용까지도 있다. 공적인 분야realm에서는 조각, 분수 그리고 건물 입면까지 대중들audience을 눈을 끄는capture 상호작용적 요소들을 차용하고 있다. 박물관들도 전시와 전시물들artifacts를 더 효과적으로 보여주기 위해서 인터랙티비티를 수용하고 있다. 공간적 적응성adaptability이 인터랙티비티와 같이 적용되면 디스플레이display의 시간적인 성격을 보여주는데 효과적이며 방문객들이 상호작용interact하는 방식에도 효과적이다.

엔터테인먼트의 많은 애플리케이션application들은 교육적인 요소를 갖고 있으며 여기에는 새로운 종류의 동적미학의kinesthetic 학습이 관여된다. 이런 애플리케이션들은 사용자들로 하여금 정신뿐만 아니라 육체적으로도 행동하게 만든다. 아이들은 즐거움이 포함된 인터렉티브한 장르component라면 학습도 좋아한다; 이들은 내러티브를 조정할 수 있다는데서 쾌감을 느낀다. 인터렉티브한 엔터테인먼트가 물리적인 세계로 빠르게 확산되고 있지만, 개념은 전자매체에서 시작되었다. 마샬 멕루한은 전자매체를 통해서 더 증대된 '세 가지 중요한 즐거움'에 대해서 얘기하는데 이는 몰입immersion, 황홀rapture 그리고 대리만족agency이다. 그가 얘기하길 몰입은 "다른 현실로 옮겨진 듯 한 느낌"이라고 하고 황홀은 "그 현실에서 만나는 물체들에 대한 넋을 잃은 애착entranced attachment"라고 하며 마지막으로 대리만족은 "이런 가상의 세계에 플레이어가(자신이) 영향을 끼칠 수 있다는 즐거움"이라고 얘기한다.◊1 엔터테인먼트 세계에서는, 그 환경이 흥미롭다면 그것 자체가 성공적인 것이다. 장난감 디자인의 경우에도 교육적인 가치는 언제나 상업적인 가치와 동일시된다. 에듀테인먼트Edutainment는 엔터테인먼트 산업에서 일반적으로 사용되는 언어로 이는 교육과 즐거움을 동시에 가지게 하려는 디자인이다. 에듀테인먼트에 집중한 장난감 디자인은 놀이의 교육적인 측면을 풍부하게 하기 위해서 컴퓨터와 실제적 세계를 합치려 한다. 하지만 미치 레즈닉Mitch Resnick은 이런 장난감들의 놀이가 미리 계획되어(prepackaged) 있기 때문에 그 장점에 대해서 의문을 가지며 "'엔터테인먼트'와 '교육' [다른 이들이 미리 만들어 놓은 행위]보다는 '놀이'와 '배움'에 더 초점을 맞추어서 우리가 직접 만드는 행위" 한다고 주장한다.◊2 이런 차이는 레

The physical architecture can be used to include or exclude people from one another, to facilitate, dissipate, or focus crowds of people. In this way, in the realm of the physical world, interactive public spaces can have a profound effect on social interactions.

고사의 마인드스톰 로봇 발명 시스템Mindstorms Robotics Invention System같은 진보된 장난감으로 좀 더 명확하게 설명될 수 있는데, 이 장난감은 모터, 기어, 그리고 내장built-in 센서 (조명, 터치, 그리고 적외선) 등으로 이루어진 레고 블록과 작으면서, 무선인 "프로그램 가능한 블록"인 컴퓨터 뇌로 조종된다.◊3 아이들은 장난감을 생각하고 움직일 수 있는 발명품으로 만들어 낼 수 있는 것이다. 이 특별한 레고 블록은 후에 상업적으로 판매하는 로봇 키트가 되었고, 레스닉Resnick의 팀이 새롭게 만든 크리킷(귀뚜라미) Crickets는 작은 프로그램이 가능한 기기들로서 외부의 컴포넌트와 부품들을 쓸 수 있게 만든 열린 디자인open-ended 적 기기로 예술적인 창조물을 만들 수 있는 가능성을 부여한다.◊4 마이크로칩과 다른 전자부품들의 저렴화로 인해 기술적인 장난감들의 진보는 가능해지고 있다. 이들은 저렴한 가격으로 대중에게 공급될 수 있기 때문에 모든 이들이 즐길 수 있다. 이런 컴퓨터로 강화된 장난감들은 가정에서의 유비쿼터스적인 컴퓨팅의 개척자 노릇을 할 것이다.

공공 환경

작업환경과 생활환경을 넘어 인터랙티브 시스템은 공공적인 영역의 많은 부분에 적용될 수 있다. 예를 들어 상업적인 공간은 특정한 고객을 타깃으로 삼는 능동적인 재고 시스템으로 이득을 볼 수 있다. 식료품 가게들은 고객들을 상대로 하루의 시간에 따라 특정한 물품이 더 잘 팔릴 때 그 물품들의 위치를 앞으로 움직여 판매를 고취시킬 수 있다. 레코드샵들은 매점에 들어오는 사람이 어떤 음악을 듣고 있는지를 파악해 취향에 맞추어 다이내믹하게 상품들의 배열을 바꿀 수도 있을 것이다. 옷이나 안경을 파는 가게들은 손님들에게 가상적으로 그들이 입고 싶은 상품을 입혀 볼 수도 있다. 레스토랑이나 식당은 네 명을 위한 테이블에 두 명을 앉게 하는 비합리성을 없애고 자리를 좀 더 효율적으로 사용할 수 있을 것이다. 이런 시나리오는 중요한 점을 지적하는데, 이는 바로 개인적인 프로파일링profiling을 강조하기 보다는 분명한 소비자의 트렌드를 정의하여 상업적인 이득을 만들어 내야 한다는 것이다.

공공적인 영역의 인터랙티브 디자인은 공간의 사회적, 문화적 차원과 관계가 된다. 많은 예술 프로젝트들이 이 매체medium의 참여를 통해 정치적인 메시지를 전달 할 수 있게 되었다. 나탈리 제리미젠코Natalie Jeremijenko는 이런 기술로 인해 생겨난 가능성들을 이용해서 작은 사회적 변화grassroots social change를 시도하는 예술가 중에 한 명이다. 예를 들어 그녀는 실시간 미디아의 장점을 사용하여 참여예술(참여재결)restructured participation의 경계를 넘으려고 시도하며 이를 통해서 사회적인 의무accountability와 책임responsibility에 대한 메시지를 만든다.[05] 디자이너들은 흔히 공간을 정의하는 상호작용의 메커니즘을 사용하여 사회적인 상호작용을 이해하고, 비평하고, 촉진시키려고 시도하고 있다. 물리적인 건축은 사람들을 분리하거나 합치게 할 수도 있고, 군중이 모이게 하거나, 흩뜨리거나 집중하게 만들 수 있다. 이러한 방법을 통하여 물리적인 세계 안에서 인터렉티브한 공공 공간은 사회적인 상호작용에 의미심장한 효과를 줄 수 있다. 또한 이런 공공 영역에서의 프로젝트들은 재료의 내구성을 테스트할 수 있는 좋은 기회이기도 하고, 예상할 수 없는 참여자들에게 상호작용적 전략이 얼마나 오래 갈 수 있는 지를 테스트할 수 있는 기회이기도 하다.

환경적 영향

p. 110

p. 112

p. 114

p. 116

p. 119

건물은 환경적으로 커다란 영향을 준다: "미국뿐만 아니라 전 세계의 가스 배출과 에너지 소비의 가장 큰 원인은 바로 건물들이다. 건물은 그린하우스 배출의 48% 정도를 차지한다고 추정된다."[06] 이런 어마어마한 사실에 인해서, 건축계는 책임감을 느끼기 시작하였다. 에드워드 마즈리아Edward Mazria는 2003년에 2010 긴급의무imperative와 2030 도전challenge를 시작하여 지구온난화global warming 와 자원고갈global resource depletion에 대해서 책임을 느끼도록 건축가들과 디자이너들에게 경고를 시작했다. 과학자들은 건축분야가 바로 행동을 시작하여야 하며 전 세계적인 노력이 필요하다고 역설한다. 2010 긴급의무imperative는 건축 디자인 교육에 대한 환기로서 "화석 연료를 줄이거나 없앨 수 있는 환경 디자인을 하도록 역설한다."[07]

2030 도전challenge는 교육 분야를 넘어서 전 세계의 건축계architectural community가 새로운 건물들이 탄소중립carbon neutral이 될 수 있도록 몇 개의 목표를 설정한다. 목표는 결국 "건축분야에서의 온실가스 [GHG]를 확연하게 줄이는 것이다."[08] 이런 세계적인 발의initiative는 "새로운 건물과 대대적인 리노베이션이 진행되는 건물은 화석연료 온실가스 소비를 2010년까지 50%를 줄이고 2030년까지 탄소중립carbon neutral하게 만드는 것"을 목표로 삼고 있다. [09] 이런 지속유지가능성sustainability의 도전challenge는 인간의 편안함을 유지하면서 동시에 환경에 대한 영향을 최소한으로 줄이고 자원의 사용을 줄이는 것이다. 현재의 건물 디자인과 시공분야에서 쓰이는 관례practice는 이런 목표를 충분히 만족시키지 못하고 있다.

An interactive building can **dynamically mitigate conditions** to take advantage of energy-conserving strategies such as building orientation and openings to maximize opportunities for daylighting and desired solar heat gain, avoiding unwanted solar heat gain, heat loss, and thermal losses.

에너지 효율

일반적 지속유지 가능한 건축을 만들기 위한 몇몇의 중요한 사항과 규범discipline 등 여러 고려사항이 있지만 결국은 에너지 소비를 줄이는 것이 새로운 지속 유지가능한 건물의 가장 중요한 목표이다. 지난 반세기 동안 난방, 환기, 그리고 에어컨 시스템 (HVAC)이 다른 환경의 사람들에게 편안한 생활을 제공하는데 가장 중요한 디자인 방식으로 쓰여 왔다. 많은 지역에서 삶의 질이 이런 공기조절HVAC 시스템으로 향상되었지만, 재생가능하지 않은 에너지를 쓰는 이 시스템으로 인해서 경제적인 부담과 환경의 폐해 또한 커져왔다. 파블로 라로쉐Pablo LaRoche는 지적한다: "건축의 유지가능성에 대한 대부분의 연구는 건물이나 공기조절HVAC 시스템을 좀 더 효율적으로 만드는데 치중하고 있으며 공기조절 시스템의 대안에 대한 연구는 중요시되고 있지 않다."◊10 대안에 대한 연구야 말로 인터랙티브 건축이 많은 가능성을 제시하여 탄소중립적인 디자인을 유도 할 수 있는 분야이며 이는 이미 증명된 수동적인 지속 유지 가능한 전략의 성능을 향상시켜 얻을 수 있다. > Fig. 5

인터렉티브한 건물은 다이내믹하게 조건들을 변화시켜 에너지 절약의 전략들의 이점들, 즉 건물의 향과 창들을 일광과 태양열 획득을 위한 좋은 조건으로 만들거나, 원치 않는 일광에 의한 열 습득을 막거나, 바람의 침투에 의한 열손실이나 온도의 손실을 줄이기도 하고 수동적인 냉각 기회cooling opportunities를 더 효율적으로 만들 수도 있다. 난방과 냉방, 그리고 일조량으로 수동적인 태양열 기회를 고려하여 건물이 디자인되고 난 후, 건물은 다시 사용자가 원하는 요구를 만족시킬 수 있게 하루 종일 다이내믹하게 모든 시스템을 조종하는 인터랙티브 시스템에 의해서 최적화될 수 있으며 이는 개별적인 컴포넌트들에 의해서 조정되는 것 보다 더 효율적이고 정확하다. 간단한 장치들 - 예를 들어 아무도 쓰지 않는 방의 댐퍼나 문을 닫고 혹은 최적화된 온도 조건을 위해서 창문을 여는 장치 -은 완벽하게 디자인된 패시브 시스템의 효율을 더 높일 수 있다. 이런 각각의 건물들이 이런 시스템을 통해서 얻는 이득뿐만 아니라 CO_2 레벨을 낮추게 되며, 이는 열섬heat island 효과를 줄일 수 있다. 환경에 덜 영향을 끼치는 에너지 시스템, 특히 "재생가능한" 소스의 효율성은 더 높여져야 한다. 건축가들은 오염시키지 않고, 재생가능하고 효율적인 풍력, 태양전기solar power, 파동 에너지wave energy 그리고 지열geothermal 에너지의 활용을 높여야 하는 것이다. > Fig. 6

> Fig. **5**: Morphosis, Thom Mayne (photos by Nic Lehoux), *United States Federal Building, San Francisco.*

> Fig. 6: Hoberman Associates (shading), Foster + Partners (architect), *Campus of Justice, Appeals Court (Campus de la Justicia, Audiencia Provincial).*

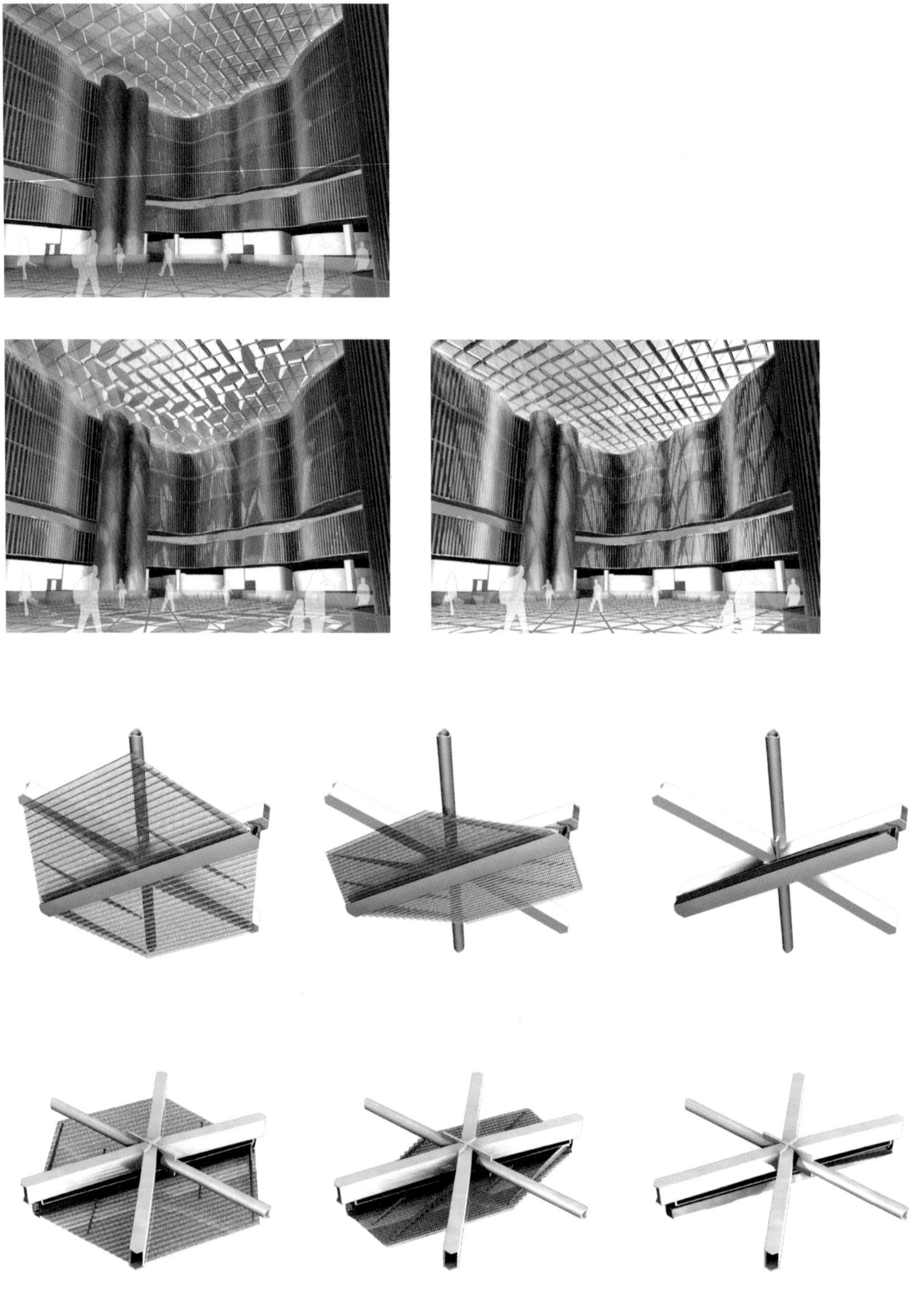

Perhaps the most important goal of an interactive system today should be to act as a moderator responding to change between **human needs** and **external environmental conditions.**

능동적인 지속가능성 해결

오늘날의 인터랙티브 시스템의 가장 중요한 역할은 아마도 인간의 요구와 외부환경의 조건 사이의 변화의 요구에 대응하는 중재자로서의 역할일 것이다. 건물의 작동에서 자원효율성을 높이는 건물 효율 전략의 중요성은 과장될 수가 없다. 인터랙티브 건축의 중요한 가능성 중에 하나는 성능 최적화를 위해서 수동적인 지속가능한 시스템과 자동화된 키네틱과 컴퓨터 조종의 통합이다. 이런 접근방식은 단순한 기술들을 하나의 시스템으로 모아서 이미 증명된 디자인의 패시브, 로우-테크low-tech 원리들로 만들어진 원리를 통해서 성능을 향상시킬 수 있다. 이런 최적화된 시스템은 다시 센서, 물리적인 변화 그리고 컴퓨터 조정 알고리듬을 더해서 실시간으로 변화하는 환경의 조건들에 반응하는 다이내믹한 관리를 가능하게 만든다. 이런 시스템은 다양한 사용자들에게 맞추어서 작동할 수 있으며 이는 세 가지 면에게 이익을 줄 것이다: 온도면의 만족감[이 만족감이라는 용어는 기술적인 용어로 주변의 환경에 만족하는 마음의 상태를 지칭한다]을 일반적인 공기조화HVAC 시스템보다 훨씬 더 저렴한 가격으로 건물주를 만족시킨다. 두 번째로 비재생적인 연료nonrenewable fuel를 줄임으로서 지역 경제를 활성화시킨다. 그리고 마지막으로 전세계적인 공해를 줄여서 지구에도 좋은 영향을 줄 것이다. > Fig. 7

중요한 것은 에너지 비용을 줄이고, 화석연료의 소비를 줄여 결과적으로 이산화탄소의 양을 줄이면서도 동시에 온도적 만족감은 더 향상 시키는 것이다. 능동적인 지속가능성 시스템의 장점은 몇몇의 시스템을 결합하여 지능적intelligently으로 운영하여, 하부 시스템의 합보다 더 효율적인 운영을 가능하게 한다는 것이다. 이미 증명된 지속가능한 시스템들, 즉 능동적인 창호 시스템이 환기와 차양, 그리고 집적화된 광전지로 에너지를 모을 수 있는 시스템, 바닥열난방시스템heating water system, 자동으로 공간 사이를 닫을 수 있는 문이나 창호시스템 등 - 을 통합시키면 성능을 향상시킬 수 있음은 당연하지만 더 중요한 것은 이런 모든 행위를 조종할 수 있는 시스템이 존재하면 전체적인 성능이 시너지 효과를 갖는다는 것이다. 완벽하게 통합된 시스템 하에서는 각각의 하부 시스템들은 서로의 행동을 이해할 수 있으며 결국 전제적인 조건을 최적화 시킬 수 있게 협력할 수 있다.

> Fig. **7**: Michael Fox, Pablo La Roche, Phyllis Nelson, *The Green Kit: An Experience in Collaborative Teaching.*

The benefit of an **active sustainable system** is that it can intelligently combine the resources of a number of systems so that when working together, the individual elements or systems achieve more than the sum of their parts.

단기화

인터렉티브한 건물에서는 많은 구조의 물량이 다이내믹한 적응가능성으로 인한 복합적 상태multiple states의 반응을 만들 수 있는 하나의 시스템을 통해서 감소될 수 있다. "단기화Ephemeralization"라는 용어는 벅민스터 풀러Buckminter Fuller가 기술이 발전됨에 따라서 더 적은 양을 가지고 많은 것을 할 수 있는 역량을 지칭하는 용어이다.[011] 이 콘셉트는 자원사용의 감소reduction에 적용될 수 있으며, 이는 변화하는 조건에 적응할 수 있는 건물은 결국 적은 자원을 쓴다는 것이다. "집적회로Embedded Computation"에서 논했던 능동적인 조종control은 조종을 통해서 건물의 구조적인 행태를 변화시키려는데 목적이 있다. 이런 기술enhancement은 능동적으로 시스템의 요구에 따라서 주어진 구조를 더 단단하게stiffen 하거나 힘을 증강strengthen할 수 있다. 고층건물의 경우, 능동적인 조종 시스템을 이용하면 풍력을 위해 지금까지 사용되었다. 대부분의 구조 요소는 많은 부분 필요가 없을 것이다. 풍력에 저항하는 구조적인 요소의 감소 외에, 건물의 표피skin 또한 디자인되어 외부환경의 긍정적이고 사용가능한 변화들을 받아들일 수 있게 디자인될 수 있다. 이는 실시간으로 작용하는 센서나 조종기를 이용해 디자인될 수 있으며 이는 일광과 바람을 필요시 건물 안으로 들어올 수 있게 조정moderate하고 최적화시킬 수 있을 것이다. > Fig. **8**

단기화ephemeraliation의 논의는 또한 환경에 관련되어 디자이너들이 이해하고 선택하는 재료와도 연관된다. 새로운 재료의 발명으로 우리는 훨씬 더 적은 양으로 더 큰 효과를 얻을 수 있지만, 이런 새로운 재료의 환경적인 영향(결국 비용)또한 고려를 해야 할 것이다. 유효수명 사이클(Valid Life cycle, [LCA])은 하나의 원료나 물체를 그 수명기간 - 제작에서 폐기까지 - 동안 환경적, 경제적 그리고 기술적으로 평가하는 방식이다. 이런 분석은 하나의 프로젝트의 전체 지속유지가능성을 평가하는 전반적인 시스템이다. 이 방식이야 말로 사용기간을 넘어서 진정한 제품의 지속유지가능성을 평가하는 분석방법이다. 이 분석방식은 특정한 제품의 장점과 단점을 논증하는데 쓰인다. 하나의 예로 종이백과 플라스틱백의 경우 우리는 어떻게 백이 생산되는지, 사용 후 어떻게 되는지, 그리고 이 전체 과정이 환경적으로 어떤 영향을 끼치는지 분석을 해야 한다. 우리는 상품 하나의 중요한 과정을 모두 검토하여 공급과정에서부터 수명까지 고려를 해야 한다고 생각하지만 이는 상당한 주의력과 시간이 든다는 것도 인지하여야 한다. 때로는 생산시의 친환경적인 높은 비용과 같은 재료의 긴 수명 사이에서 결정하기가 힘들 때도 있다. 이

> Fig. **8**: The Living (David Benjamin + Soo-in Yang), *Living Glass*.

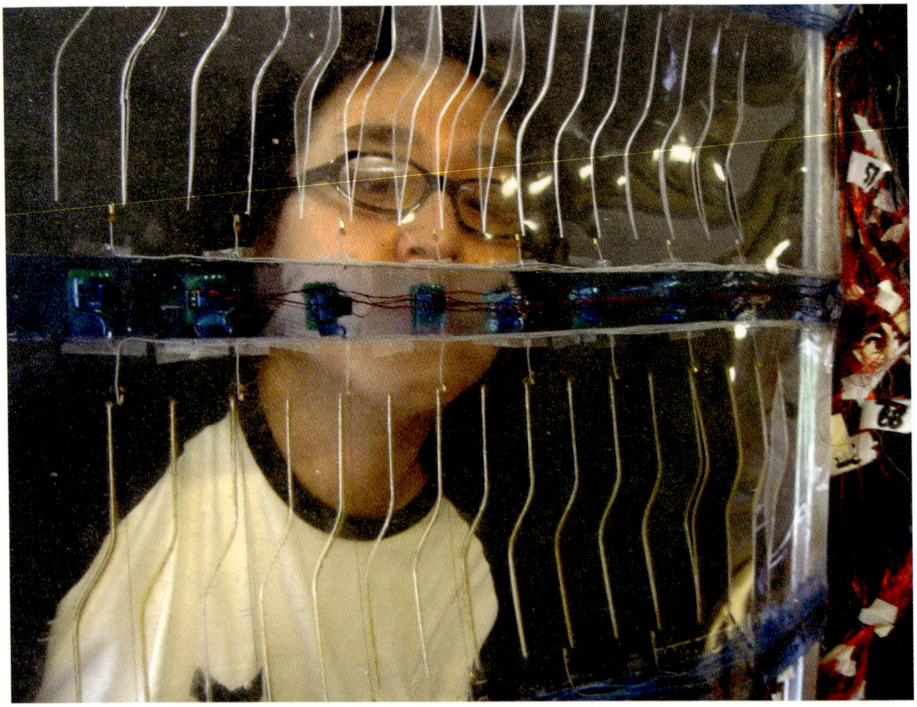

In an interactive building, much of the structure could be reduced by using a single system to facilitate **multiple states of response** via dynamic adaptability.

런 논의는 조심스럽게 접근되어야 하며 이런 분석을 도와줄 몇 개의 좋은 소프트웨어가 있기는 하지만 아직도 환경적인 변화에 다이내믹하게 능동적으로 관여하는 시스템의 제품의 유효수명 사이클을 평가하기란 쉽지 않다. 아마도 인터랙티브 시스템이 환경문제에 긍정적으로 영향을 줄 수 있는 방법은 에너지의 소비를 줄이고 이산화탄소 배출량을 줄여서 기존의 에너지 소비량이 큰 시스템들을 대체하면서 포괄적이고 다이내믹한 유효수명 사이클의 대안을 고려하는 방법일 것이다.

환경 인지

매일 매일 환경의 변화는 우리가 공간을 구획하거나 건물을 짓는데 있어서 장기간 동안 영향을 주지는 않는다. 공간과 구조(건물)는 주로 그 공간을 보조하는 다양한 시스템에 따라서 결정이 된다. 사용자를 건물 밖의 환경과 연결시킬 수 있는 가능성은 IA를 적용할 때 더 늘어난다. 예를 들어, 자외선UV light에 따라서 각 패널이 모양을 변화되고 이런 변화가 보이는 입면 시스템을 생각해보자. 입면이 이런 식으로 각 패널에 투여되고 있는 자외선의 양을 형태적으로 보여준다면, 우리는 밖의 환경조건을 더 확실히 인식할 수 있을 것이다. 크리스티앙 뮬러Christian Moeller의 동적 라이트kinetic light라고 불리는 프로젝트는 환경에 의해서 변하는 건물의 입면으로 현재 날씨의 시각적인 힌트clue를 준다. 낮 동안은 천공된 메탈 판은 - 건물의 실제적인 파란 입면 앞에 있는데 - 회색빛을 띄며 조용reserved하게 물러나 있다. 하지만 해가 지고 나면 주변 날씨에 따라서 색을 바꾸기 시작한다. 만약 여기에 건물의 환경적인 필요사항과 사용자들의 변화하는 요구를 인터렉티브하게 연결시킬 수 있는 교환과정exchange이 있다고 생각해 보자. 예를 들어 건물의 외부는 빠른 바람에 저항하기 위해서 자기 자신을 더 단단하게 만들면서도 내부의 행위를 가능하게 하기 위해서 특정한 모양을 유지할 것이다. 건물은 내부 사용자들에게 외부의 상황condition을 전할 수 있다. 이런 환경을 인식하여 적응 가능한 구조의 가장 중요한 점은 사용자들에게 현재 주변의

The main point of adaptable structures that are environmentally aware is that they have the ability to educate the people that use them on their current condition and the changing state of the environment.

상황과 환경의 변화된 상태를 알릴 수 있는 능력이 있다는 것이다. 이런 환경 정보 시스템이 점점 더 활성화될수록 우리는 우리의 건물이 점점 더 살아있는 생물체처럼 변하고 우리와 더 연결되어 있음을 느끼게 될 것이다. 환경에 대한 인지는 결국 새로운 인공지능의 출현에 일조할 것이며, 이는 전체 시스템에 영향을 줄 것이다. 우리의 건물이 필요로 하는 요소를 알면 알수록, 우리는 건물의 요구사항이 무엇인지, 어떻게 지어야 할지에 대한 이해를 넓혀나갈 것이다. > Fig. 9

건물이 환경변화를 알릴 수 있는 방법들은 재빠르게 발전하고 있다. 이제까지의 연구는 주로 건물에 영향을 끼치는 환경의 영향을 말 그대로 전달signifying하는데 치중하고 있다. 그러나 미래에는 건물이 해석하는 정보의 표현은 다른 형식으로 표현될 것이며 이는 우리가 공간을 어떻게 쓰는지에 대해서도 영향을 끼칠 것이다; 즉, 사용자의 공간적인 요구사항과 건물이 환경과 상호작용하는 사이에서 대화가 일어날 것이다. 예를 들면 아주 더운 날에는 건물은 태양에 노출되는 면을 줄이기 위해서, 또한 사용자를 위해 냉방시켜야 하는 공간을 줄이기 위해서 건물자체가 작아질 수도 있다. 변화하는 환경이 건물의 행태를 변화시킬 것이기 때문에, 이는 결과적으로 우리가 공간을 사용하는 방식까지도 변화시킬 것이다.

> Fig. **9**: Architect Enric Ruiz of Cloud 9 and light consultant James Clar, Barcelona, *Habitat Hotel*.

행위의 향상 및 확장

p. 125

p. 129

p. 133

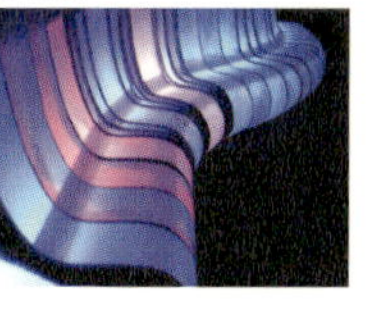

p. 134

Novel applications arise through addressing how interactive architecture can adapt to **enhance and extend our normal daily activities** as well as assist users with activities that were previously impossible or very difficult to do.

키네틱한 해결책들을 건축에서 쓰는 이유는 다양하겠지만, 분명한 것은 이들이 적응을 위한 수단이라는 것이다. 새로운 애플리케이션들은 인터랙티브 건축이 어떻게 우리의 일상적인 행위들을 더 풍부하게 해주고 편리하게 해주는 것뿐만 아니라, 이전에는 불가능하거나 아주 어려운 작업까지도 가능하게 만든다는 것이다. 행위를 돕고, 향상시키는 주 대상군은 이제까지 군대, 노인 그리고 장애인들이었다. 당연히 많은 연구의 목적은 구체적인 것이어서 작업이나 사람의 상호작용을 돕는 것이거나 인터넷을 사용한 새로운 애플리케이션 등이었다. IA의 가장 가능성 있는 분야는 장애인이나 노인들의 요구를 충족시킬 수 있는 개인적인 생활환경이나 사회적인 참여 과정에 적용하는 것이다. 천창 같은 건축적인 요소를 자동화시키고 인공 지능적으로 인터렉티브하게 조종하는 것도 포함될 수 있겠지만, 이런 행위는 원한다면 사람이 할 수 있는 행위이다. 진정으로 인터렉티브한 공간의 장점은 이런 하위 시스템들의 작동을 관리하고 환경변화와 사용자의 변하는 요구에 맞도록 다이내믹하게 중재하는 것이다. 이런 물리적인 장치들이 같이 작동되는 것은 자연에서 발견될 수 있는 다이내믹한 유기적 구조의organizationa 시스템과 유사성을 띈다. "새로운 지평New Horizon"에서 논의된 이런 조직 시스템organizational system은 공통된 목적을 위해서 조용하고 자동적으로 작동되는 요소들의 합으로서의 시스템이다. 각각의 건축적인 요소는 다른 요소와 결합될 수 있으며 물리적이고 자연적인 자원에 접근할 수 있으며 각각 사용자의 입력에 반응할 수 있다. 이런 시스템은 내재적으로 기능의 스케일과 관계가 된다. 변화는 아주 작은 재료 단계에서 일어날 수도 있기 때문에 특정한 목적을 가진 큰 장치의 작동방식과는 아주 다르다. 자연의 조직 시스템을 매핑mapping하여 컴퓨터 조종이 가능한 물리적인 특성의 조합combination에 적용하면 시스템으로 바라보는 건물에 대한 새로운 통찰력insights를 줄 수 있다. 닐 스필러Neil Spiller는 얘기한다,"인간, 그리고 결국 건축 또한 새로운 전환의 국면을 맞이하고 있다. 생물학적인 시스템과 기계적인 시스템에 대한 기술적인 탐구가 이루어지면서 건축공간을 다시 생각하여야 한다."◊12

Mediated environments intervene, reconcile, and arbitrate deficiencies and extend capabilities. With regards to applications, the most innovative designs will always arise from unique situational use, yet the true economic advantages lie in applications related to the elderly and handicapped, multiuse situations, and sustainability.

미디어된 환경

미디어된 환경은 미디어로 유도induce된 환경을 정의한다: 사용자들은 자연적인 환경을 경험 하듯이 공간화된 정보를 경험하는 것이다. 하지만 여기서 얘기하는 미디어화된 환경은 기존의 정의와는 다르며 사용자의 건축적 요구와 사용자들의 능력capabilities를 중재하는 환경을 뜻한다. 미디어화된 환경은 사용자들의 능력을 발휘하는 것을 도울 수 있는 영역에 관여하고, 조화시키고 중재하며 이를 통해 능력을 확장시킨다. 적용할 수 있는 애플리케이션을 살펴보면, 가장 혁신적인 디자인은 결국 특별한 경우의 사용situational use에서 나타나겠지만 가장 경제적으로 가능성이 있는 분야는 노인과 장애자, 멀티유저가 있는 상황, 그리고 지속적인 확장성에서 나타날 것이다. 예를 들어 노인을 의자에서 일어나는 것을 돕는 장치, 높은 선반에 손이 닿도록 해는 장치, 혹은 계단에서 넘어지지 않게 돕는 장치나 주방에서 위험한 기기를 쓸 수 있게 하는 장치들이 있을 것이다. 이런 환경적 장치들은 자신들이 평소에 아무 불편 없이 행할 수 있었던 행동들을 사고를 겪는다든지 노화로 인한 정신적, 물리적인 몸의 변화로 인해서 더 이상 수행 할 수 없는 이들을 위해서 필요하다. 자활하기 위해서, 사람들을 물리적으로, 인지적으로 그리고 감각적으로 도울 수 있는 기술인 것이다. 디자이너들은 이런 사용자들의 필요를 꼼꼼히 예상하고 고려하여야 하며, 흔히 초기 예상에서 벗어나는 새로운 시스템이 필요한 경우가 생기며 이런 요구사항도 시간이 지날수록 천천히 바뀌게 된다. 이 분야에 많은 애플리케이션들이 개발되었지만 아직도 초기단계이며 알고리즘이 초기단계라 사람들이 하루나 주단위로 같은 일을 반복적으로 할 때에만 유효하다. "집적회로"에서 다룬 적응적 조종 장치가 이 분야의 인터랙티브 건축에서 큰 역할을 할 것이다. > Fig. 10

> Fig. **10**: Leonardo Bonanni and Jackie Chia-Hsun Lee, *Counter Intelligence*.

Index of Prototypes: soft automation local lifecycles attentive displays

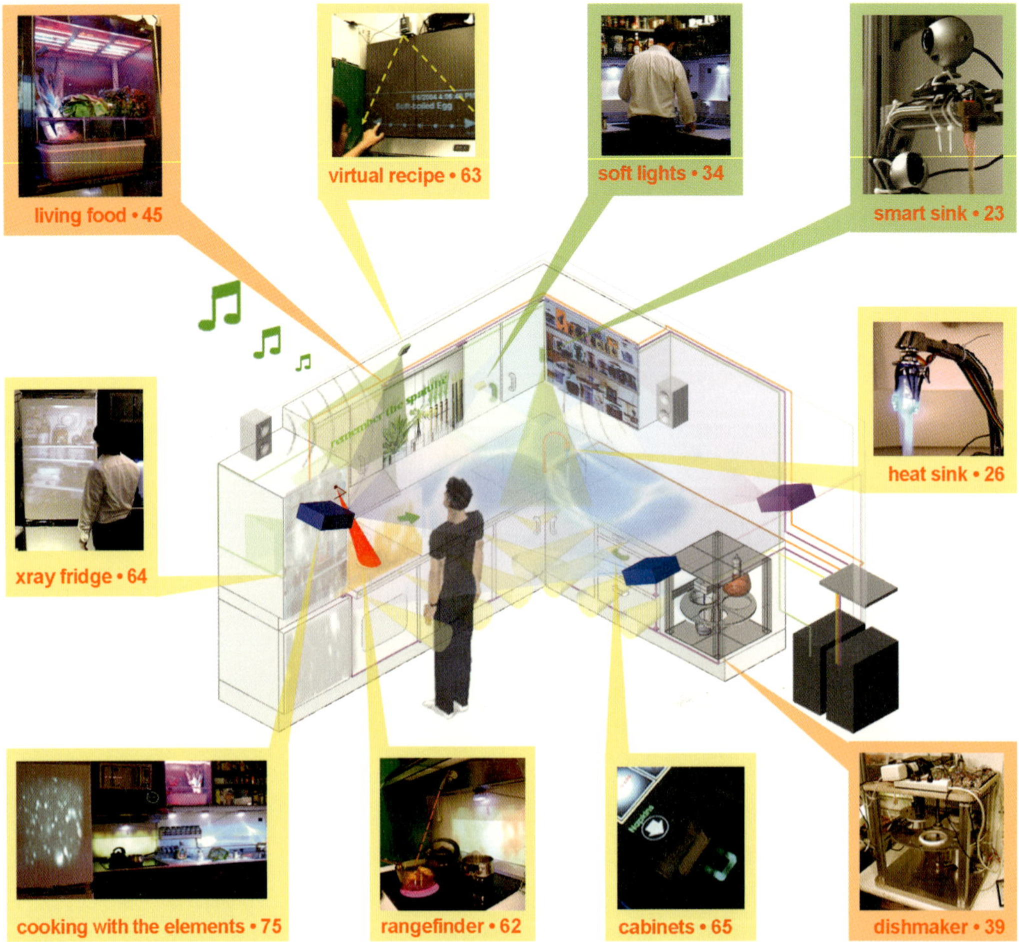

Interactive architectural applications have already begun to redefine the level and type of care given to the elderly; this is coupled with a philosophical approach to empowerment.

노인복지과학기술

노인과 장애인과 관계하여 인터랙티브 건축은 치료, 육성 그리고 재활 부분에서 할 수 있는 역할이 많다. 노인복지과학기술Gerontechnology은 노인학gerontology과 기술Technology의 결합을 의미하는 단어이며 당연히 보조적이고 재활적인 장치와 과정을 포함한다. 인터랙티브 건축의 애플리케이션은 이미 노인에게 필요한 배려의 레벨과 유형을 재정의하기 시작하였다. 이는 또한 권한강화empowerment의 철학적인 접근과 연관되어 있다. 지난 몇 년 사회가 노인과 장애인을 생각하는 사고의 큰 변화를 맞았다. 간단히 말하면, 이런 인구에 대한 기대와 요구가 더 증대되었다. 노인에 대해 논의할 때 노인세대 뿐만 아니라 그 아래 세대에서도 노인세대가 더 능력을 발휘 할 수 있으리라고 의식이 변화되고 있다. 노인세대에 대한 논의는 놀라운 인구 분포에 대해서 생각을 하여야 한다. 미국 통계청에 따르면, 2004년에 미국에는 65세 이상의 인구가 3,700백만 명이 있어서 이는 전체 인구의 12 퍼센트를 차지하였다. 2005년에 이르러서는 6,400백만이 되어 전체인구의 18 퍼센트가 되었다.[◊13] 2008년에는 전체인구의 12.5 퍼센트로 다시 떨어졌지만, 전체 미국 인구가 2050년도에 1/3 정도 더 늘어날 것을 고려해야 한다.[◊14] 따라서 노인 대부분이 필요로 하는 기술은 일상적인 생활을 위한 상품과 환경이다. 많은 사람들은 상당한 나이까지 집이나 사무실에서 일하기를 원하며, 다만 이전보다 조금은 천천히 일하거나 조금 덜 일하고픈 뿐이다. 왜 이런 요구가 다른 나이 세대와는 다른지에 대해서는 다양한 이유가 있다. 이런 장애물들은 작업 환경에 기술을 적용하여 넘어설 수 있다. 노인세대는 선택적 조정이 필요하며 이런 예로서는 일반인보다 PC의 세팅이 좀 더 밝고, 프린트 될 때 글자의 크기를 키우고, 모니터나 글자의 대비를 높이고 볼륨을 키우는 것들이 있다.

이 분야의 많은 애플리케이션들은 매우 개인적인 사항들에 대한 정보 감지가 필요하다. 이는 단순히 어떤 사람인지를 인지하는 것뿐만 아니라 이들의 건강상태까지도 알아야 하기 때문이다.[◊15] 일반적으로 이렇게 모니터 된 정보는 보호자caregiver에게 전달될 것이며 어떤 상태에 대해 경보를 보내야 할지는 프라이버시 및 자립심에 있어서 매우 민감한 문제이다. 장애인뿐만 아니라 노인들도 평범한 삶을 살고 싶어 하며 따라서 그들은 이들에 대해 시스템 조종자가 마련해 놓은 경보 이상을 원할지도 모른다. 따라서 시스템이 예상 못한 상황에 대해서 필요하지 않거나 난처한 경보가 울리지 않도록 사려 깊은 수단을 마련하는 것이 중요하다. 신시아 폭스cynthia fox는 "노인복지과학기술의 가장 중요한

Interactive technologies can allow disabled and older people to retain a level of independence within their home which previously would have been impossible

면은 문화적인 측면이다"라고 얘기하며 "이는 노인들이 자신을 모니터하는 행위를 완전히 받아들여야 하기 때문이다"라고 얘기한다.◊16 노인은 이런 모니터링을 완전히 받아들임으로서 오히려 자유를 얻을 수 있다; 인터랙티브 건축의 환경은 이들에게 완전한 조종능력과 운동성을 보장할 수 있으며 결과적으로 자신의 삶을 조종할 수 있게 해줄 것이다.

장애인

장기간의 요양을 위한 선택은 보통 요양원에 의지할 수밖에 없다. 하지만 많은 경우 장애인의 집에서 친구, 가족 그리고 전문적인 서비스에 의해서 이루어지는 경우도 많다. 기관 요양원institutionalized care은 보통 마지막 선택이지만 이런 시설은 독립적인 생활의 어려움에 비교하면 훨씬 더 큰 것 장점을 갖고 있다. 이 분야의 건축적 디자인 이슈는 집에서 보통 가능하지 않은 물리치료, 운동 프로그램 등의 행위들을 생각할 수 있다. 디자인에서 유의하여야 할 점은 장애인에게 자립능력이 없다고 느껴지게 되면 쇠퇴를 가속시킬 수 있기 때문에 자립능력에 대한 확신을 주는 것이 매우 중요하다.◊17 언급했듯이 노화 또한 육체적인 장애에 의해서 행위가 제한되는 상태를 뜻한다. 육체적인 능력의 결핍은 의미있는 일상의 생활을 방해할 수 있다. 장애인에게 있어서 기본적인 일상의 기능을 할 수 있는 능력은 가장 중요한 것이며 이런 기본적인 기능(능력)이 독립적인 생활의 기본(구성)이다. 마가렛 발테스Margaret M. Baltes는 예기한다. "장애인에게 있어 다른 사람에의 의존은 쇠퇴와 퇴보의 증거로 인식된다. 따라서 육체적인 쇠퇴는 정신적인 기능과 연결되어 있으며 이는 본인뿐만 아니라 그를 관찰하는 이에게도 그렇게 인식된다."◊18 인터랙티브 기술은 장애인과 노인들에게 이전에 가능하지 않았던 독립성의 단계를 집에서 가능하게 만들 수 있다. "창문을 열거나, 커튼을 치거나 혹은 문을 여는 간단한 일상의 일들은 너무 쉬워 보일 수 있지만 많은 장애인들에게 이런 일들은 불가능하다."◊19

디자인의 관점에서 아직까지는 조금 생소한 유니버설 디자인universal design이라는 분야는 장애인 뿐만 아니라 더 큰 범위의 사용자들이 필요로 할 수 있는 보조적이고assistive 중재적인mediate 역할을 하는 디자인을 지칭한다.◊20 버펄로 대학에 있는 IDEA 센터 같은 연구시설에서는 홈디자인에서부터 도시 계획까지 다양한 건축적 스케일의 몇몇 프로토타입 프로젝트들을 발전시키고 있다.◊21 유니버설 디자인의 기본적인 원칙은 매우 다양한 분야에 적용될 수 있는데 여기에는 커뮤니케이션, 상품 그리고 직장과 집을 포함하는 환경이 포함된다. 이런 원칙들은 인터랙티브 건축 애플리케이션의 디자인에 매우 중요하다.

능동적 참여

건축과 관련된 우리의 생활과 경험은 여러 유형의 일과와 관습화된 생활ritual로 구성되어 있다. 인터렉티브한 공간의 적응적 조종adaptive control은 이런 일상의 과제들을 좀 더 단순화시키고 능률을 향상시킬 수 있으며 환경과의 능동적인 참여의 느낌을 만들어 낸다. 일상적인 일과와 관련된 인터랙티비티의 여러 유형을 생각해 보면, 우리는 이제까지의 프로젝트(연구, 발전)가 실용적인 행위들을 향상시키는데 치중하여 왔다는 것을 알 수 있다. (오히려) 대부분의 경우 물체나 공간이 변형될 수 있는 능력이 많아질수록 특정한 요구나 목표를 달성하는 것은 어려워지는 현상을 보게 된다. 또한 물체 자체의 원래 의도나 독자성(주체성)identity이 사라 질 수 있는 위험성도 있다. 예를 들어서 만약 테이블이 쓰임에 따라서 여섯 군데가 꺾어질 수 있는 기능이 있다면 이 테이블은 더 이상 자신의 존재가치를 위해서 필요한 편평함flatness이 사라질 수도 있다. 따라서 사용자들에게 있어서는 자신의 행위나 요구를 시스템과 소통할 수 있는 능력이 매우 중요하다. > Fig. 11

행위를 확장시키고 향상시킬 수 있는 방법은 장소에서 일어나는 행위들의 다양한 측면을 이해하는 공간의 능력이다. 예를 들어 이 옆 페이지에 보이는 적응하는 화장실adaptable bathroom을 보자. 사용자와 상호작용하는 여러 요소들은 행위를 규정하고, 효율적인 공간을 만든다. 이 요소들은 서로가 소통communicate하여 이 공간을 쓰는 각 개인들의 경험을 향상시킨다. 이런 소통방법은 신체크기가 다

> Fig. **11**: Leonardo Bonanni, Ernesto Arroyo and Jackie Chia-Hsun Lee, *Smart Sink*.

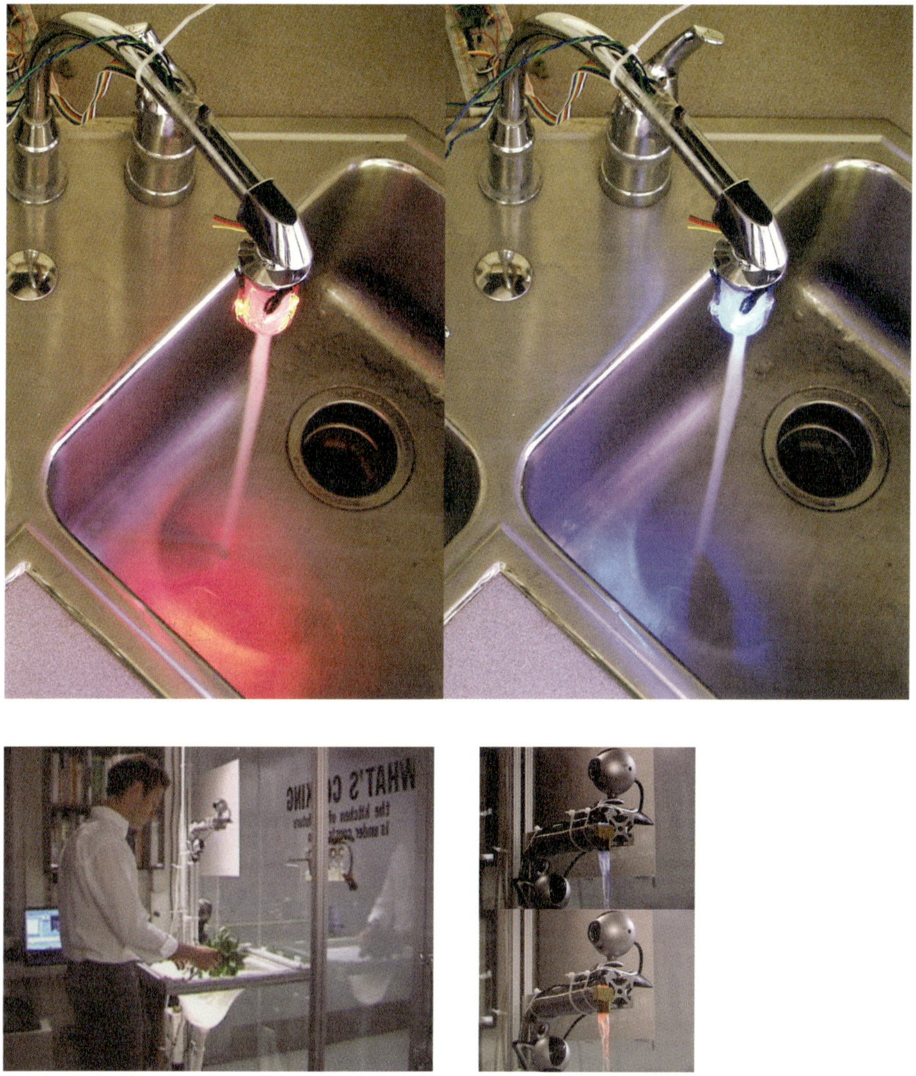

Much of our daily existence and experience with architecture is made up of different types of routines and rituals. Adaptive control of an interactive space allows for **enhancing and simplifying these daily tasks** and creates a sense of active participation with the environment.

른 여러 사용자들이 일상적으로 혼합되어 이 공간을 쓸 때 더더욱 중요해진다. 각각의 행위와 프로그램적인 관계된 다양한 측면들은 같은 공간 안에서 해결될 수 있게 된다. 인터랙티브 건축은 각각의 사용자의 변화하는 요구에 실시간으로 대응하면서도 각각의 목적을 달성할 수 있도록 분명하게specific enough 변화하기도 하다. 또한 건물이 인텔리전트하게 다양한 행위의 중복overlap을 받아들일 수 있는 다양한 방법이 있다는 것을 인지하여야 한다. 예를 들면, 시스템은 가정의 좀 더 공적인 공간 - 즉, 거실, 주방, 다이닝 공간 - 등에서 일어나는 일과의 중복됨을 인지하여야 한다. 이런 공적인 공간에서는 먹고, 마시고, 미디어에 대한 노출display, 그리고 거주자들이 가까이 있는 사람들과 소통하는 행위들이 관여된다. 같은 공간에서 몇몇의 사람들이 일하고, 쉬고, 섞여 어울리는 장면을 상상해 보라. 이런 공간은 다양한 범위의 편안함 단계, 적합한 소재, 또한 다이내믹한 공간구조를 가지게 하여 일상적인 행위들이 가능하게 만드는 능력이 필요하다. 모든 유형의 행위들이 이런 인터렉티브한 적응 능력에서 이득을 보는 것은 아닐 것이며, 언제나 여러 욕망을 동시에 해결 할 수 있지는 않을 것이다. 만약 하나의 자동차 안에 두 개인이 각각의 선호온도가 있다면 둘은 각각의 공간 안에서 조종이 가능하다. 하지만 가정이나 일터에서는 이런 국부적으로 요구되는 사항은 큰 공간의 문맥에서 만족시키기는 쉽지 않다. 이런 경우에는 우선순위와 위계적인 규칙의 단계가 필요하다.

Interactive architecture has the ability to **adjust in real time** to keep up with the changing demands of various users while being specific enough to aid in accomplishing their respective goals.

공존

구축되는 형태built form을 통한 원거리 통신의 가장 흥미로운 측면은 이런 종류의 통신이 사회적인 상호작용에 어떤 영향을 끼칠지 이다. 커뮤니케이션이라는 것이 하나 이상의 참여자의 상호간의 능동적인 행위라면, 공존은 좀 더 미묘하고, 수동적이고 무의식적이다. 정치적인 단어로 정의하자면, 공존은 둘 이상의 사람들이 서로의 차이를 인정하고 분쟁을 비폭력적으로 해결하면서 같이 생활하는 상태를 뜻한다. 공존은 하나 이상의 사람이 물리적이거나 디지털한 공간 안에서 다른 이를 인식하는 수단이 요구되지만, 공존이라는 감각을 유지하기 위해서 한사람이 다른 사람과 꼭 반응하거나 상호작용 할 필요는 없다. 물리적인 공간에서는 사람은 다른 사람들과 같이 있는 것만으로도 공존의 감각을 갖게 된다. 디지털을 통한 네트워크적 환경에서 공존하기 위해서는 많은 경우에 참여자들은 시간과 노력을 들여서 자신들의 의견statement를 제시하여야 한다.◊22 다시 말하면, 디지털적인 집단에서 존재하기 위해 우리는 무엇인가 행위를 취해야 한다. 야수 산토Yasu Santo는 이 상황을 "디지털한 네트워크된 공간에서 공존의 감각을 느끼게 하기 위한 가장 작은 커뮤니케이션 수단으로서 이는 집단에서 자신들의 존재를 유지하기 위해서 능동적으로 행위statement를 하지 않으면서도 공존을 느끼게 할 수 있는 수단이라고 할 수 있다"라고 표현하였다.◊23 우스맨 하크Usman Haque가 주도하고 있는 파츄베Pachube 프로젝트는 사람들로 하여금 물체, 기기 그리고 세계 어느 곳에서나 공간을 통해서 실시간 센서 데이터를 표현tag하고 서로 나눌 수 있게 하는 프로젝트이다.◊24 두 개의 환경 사이에 연결은 쉽게 만들어 질 수 있으며, 심지어는 임의적이고 계획되지 않은 상호작용까지도 가능하게 만든다. 토비 쉬네이더Tobi Schneider의 리모트홈remoteHome 프로토타입은 실시간으로 전달되는 커뮤니케이션이 우리의 일상의 환경, 공간 그리고 가구의 일부가 되었을 때 제기될 수 있는 윤리적인 문제를 제기한다.◊25 이런 원거리 커뮤니케이션에 대한 프로젝트는 당연하게 안전과 프라이버시에 대한 문제를 제기시키며 이런 환경에서 얻어질 수 있는 이득은 우리가 포기할 수 있는 정보의 양과 비례할 수 있음을 알게 한다. > Fig. 12

지난 5년간, 원거리 공간에 영향을 주는 프로젝트들의 수는 증가하고 있다. 광고주들은 공간 안의 정보의 표시에 따라서 공간의 쓰임에 영향을 줄 수 있음을 깨닫고 있다. 특정한 행위에 맞는 특정한 정보가 있는 것이다. 공간을 원거리에서 프로그램할 수 있는 능력은 프로그래머에게 정보를 감시monitor하고 공간의 쓰이는 방식을 바꿀 수 있는 선택의 능력을 부여한다. 건축 환경의 원거리 조종이 가능한 > Fig. 13

Perhaps the most intriguing aspect of **remote communication** through built form is the impact that it may have on social interactions. Where communication is a mutually active behavior with one or more participants, **coexistence** is something far more subtle, passive, and subconscious.

이런 정보와 커뮤니케이션 기술은 디자인이 지엽적, 지역적, 그리고 아마도 글로벌한 관객audience를 가질 수 있는 가능성을 보여준다. 산토Santo에 의하면 "우리의 일상적인 문맥에서 사회적으로 존재할 수 있는 방법이 생겨날 것이며 이제까지 가상현실virtual reality라고 느끼던 경험이 점점 더 일상적인 현실down-to-earth everyday reality처럼 느껴지게 될 것이다"라고 말한다.◊26 이런 접근 방식은 건물에 대한 생각을 혁명적으로 바꿀 수 있으며 사용자의 경험을 만들어 내는데 있어서 물리적인 환경이 하는 역할에 대한 새로운 사고를 요구하게 될 것이다.

> Fig. **12**: Michael Fox, *Ex-com Couch, with Students at Cal Poly Pomona.*

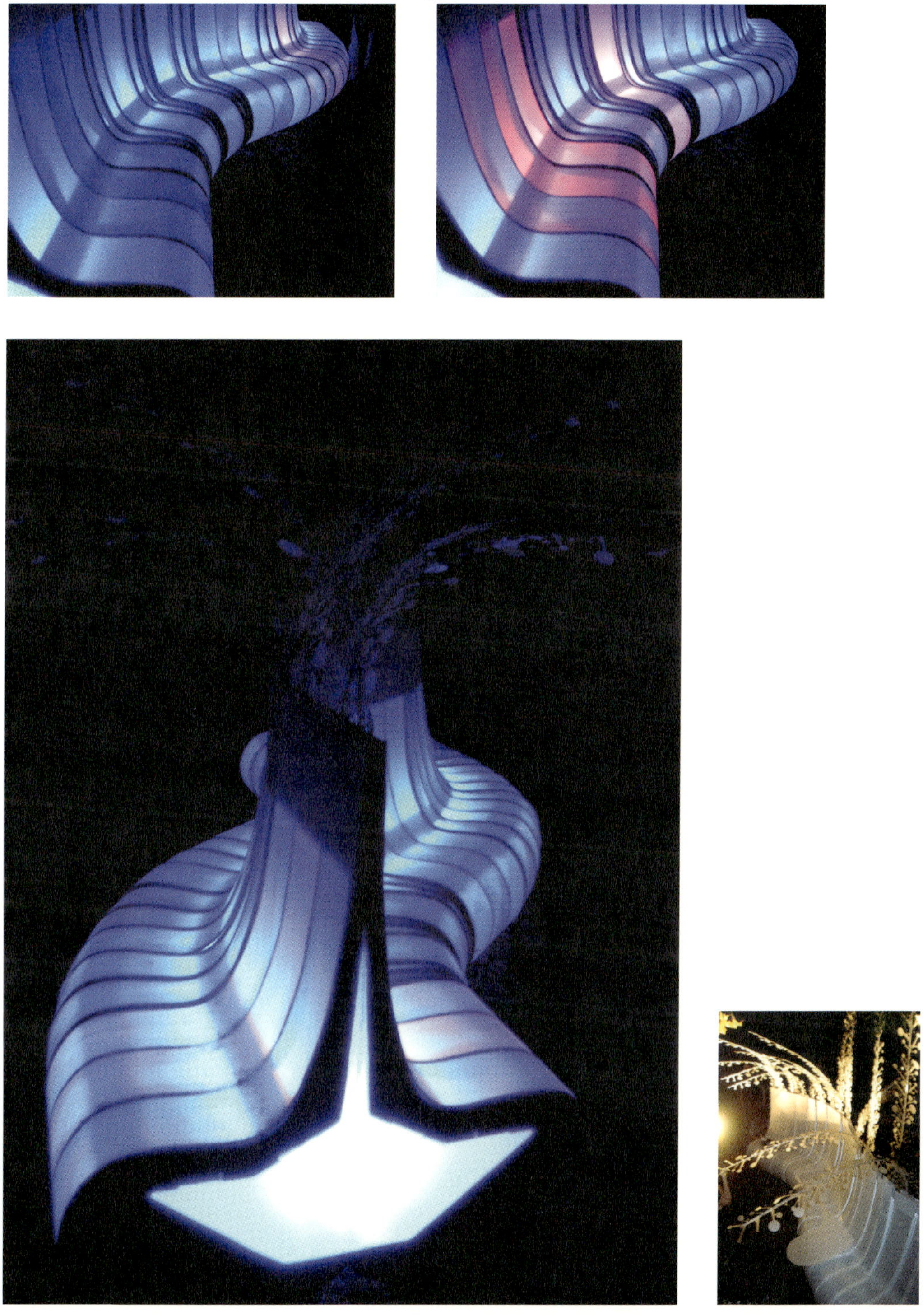

> Fig. **13**: Tobi Schneidler/Smart Studio, others: Adam Somlai-Fischer, Fredrik Petersson, Carole Collet (course director, Central Saint Martins Textile Futures), Loove Broms, Stefanie Schneidler, *RemoteHome*.

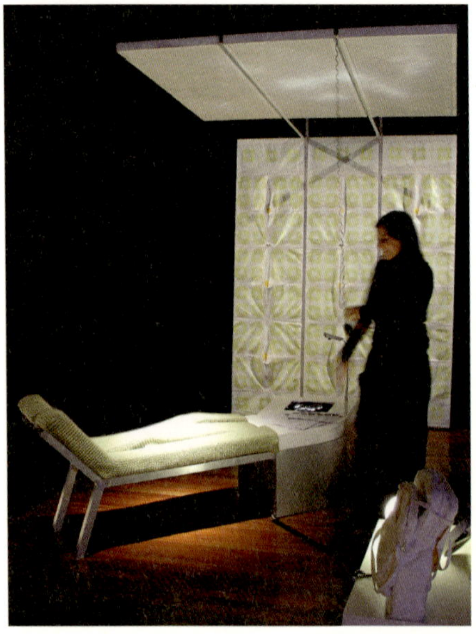

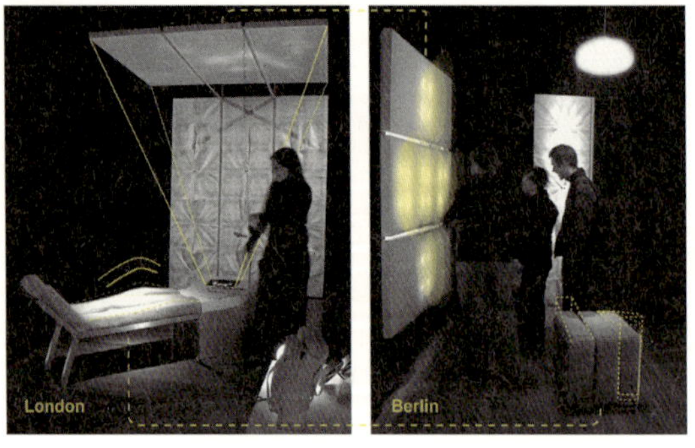

Berlin: sit
London: move
1
2
3

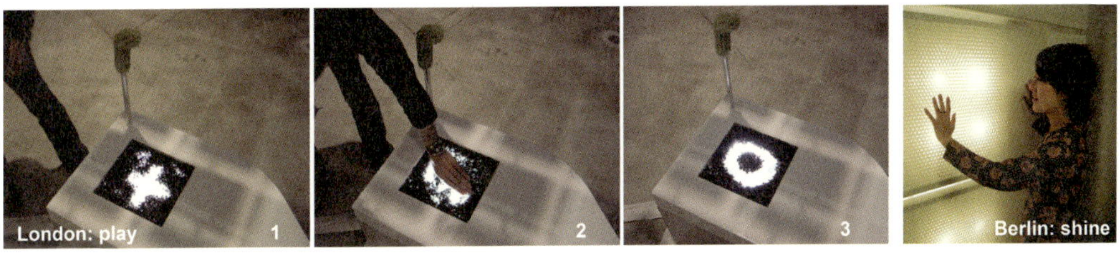
London: play
1
2
3
Berlin: shine

사회적, 심리적인 가능성

p. 143

p. 144

p. 145

p. 146
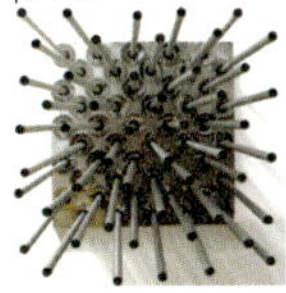
p. 147
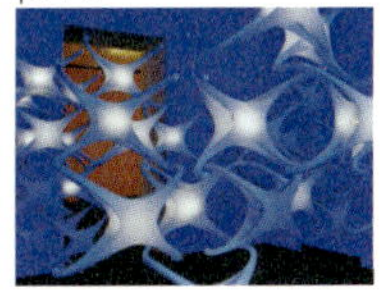
p. 149
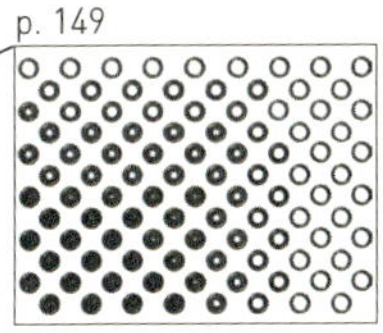
p. 150

p. 151

p. 154

p. 157

p. 159

p. 160

p. 162
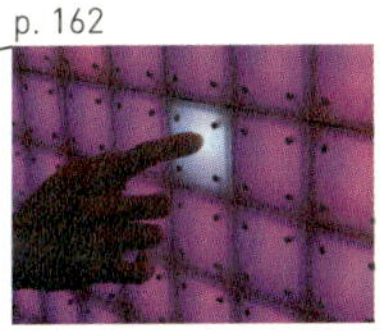
p. 165

p. 163
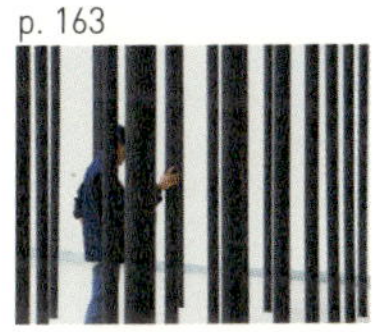
p. 167
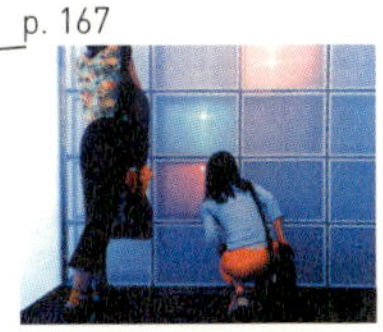
p. 170

p. 171

p. 172

Architectural space can take advantage of an audience locally, regionally, and globally by **reconceptualizing** the role that the physical environment plays in shaping the **viewer's experience.**

건축공간은 지엽적, 지역적, 글로벌한 관객audience의 존재를 인식함으로서 물리적인 환경이 관찰자의 경험에 끼치는 역할을 재정의 할 수 있게 만들 수 있다. 이런 접근은 물리적인 환경이 공간 안에서뿐만 아니라 그 밖에서도 인터렉티브하게 보일 수 있다는 것을 전제로 한다. 새로운 라이프스타일의 트렌드는 건축적인 상황에 오늘날의 다이내믹하고 유연한 그리고 언제나 변화하는 행위들에 대응address할 수 있는 독특하고 아직 발명되지 않은 애플리케이션을 가능하게 한다. 인터렉티브한 건축적인 환경은 단순히 라이프스타일이나 행동behavior을 도울 뿐만facilitate 아니라 행동에 영향을 줄 것이다. 공간에 대한 우리의 심리적이고 사회적인 해석은 단순한 공간의 경계나 공간에 대한 일반적인 정의interpreted definition에 의해서만 영향을 받는 것이 아니라, 조명, 음향 혹은 향기 같은 요소들까지도 포함한다는 것을 주목할 필요가 있다. 인터랙티브 건축의 많은 애플리케이션들은 단순히 감지하거나 기계적인 움직임에 국한되지 않아서 새롭게 만들어지는 혁신들, 즉 유연하거나 접혀지는 LCD 스크린, 스마트 섬유소재fabrics, 공중에 이미지를 투영하는 기술thin-air projection technologies, 그리고 홀로그램 프로젝션 등을 적용할 수 있다. 이런 혁신들은 미래의 건축 프로그래밍의 중요한 부분이 될 것이며 공간의 경험을 디자인하는데 있어서 새로운 사고방식을 요구할 것이다. 이런 새로운 기술의 많은 부분들이 직접적으로 공간을 규정하지는 않지만 여전히 공간의 정의, 사용 그리고 경험에 중요한 영향을 끼친다. 많은 경우에, 우리의 욕구를 만족시킬 수 있는 건물은 우리의 경험을 직접적으로 형성한다. 사용자의 욕구에 다이내믹하게 적응함으로서 IA는 더욱 향상된 공간적인 경험을 만들어 낼 수 있다. 건물이 우리의 행동에 반응하기 시작하면 우리는 새로운 차원의 지각과 선택을 할 수 있다. 목표를 해석하여 만족시키거나, 욕구의 모호함에 대한 추정을 통해서 새롭게 나타나는 상태, 즉 간단한 요소들의 합으로 더욱 복잡한 행위behavior를 만드는 장치를 고안해 냄으로서 환경은 거주자와 대화를 할 수 있게 될 것이다. 그러기 위한 가장 중요한 요소key로는 환경이 적극적으로 사용자가 관여engage되고, 질문에 대답하여야 하고, 부추김을 당하여야 하고, 조정되고, 유도되고, 그리고 강요돼야 한다는 점이다. 이를 위해서 환경은 간단함을 넘어 직관적인 커뮤니케이션을 하여야 한다. > Fig. 14

> Fig. **14**: Michael Fox, *i-Spa*, Interactive Design at Art Center College of Design: Ali Kaufman and Suzanne Hanson

Architects need to learn to explore, think about, and design for applications particularly suited to such new lifestyle trends, ranging from programmatic and site-context response to spatial dynamics.

생활양식의 변화

몇 개의 트렌드들이 미래에 온라인 쇼핑의 증가에 따른 소비자 라이프스타일이 어떻게 바뀔 것인가에 대한 새로운 통찰을 제공하고 있다. 대중의 컴퓨터 사용은 서비스 산업의 고용증가로 인해서 급격히 증가하고 있다. 더불어 우리는 언급하였던 인구의 증가와 1인 가구의 지속적인 증가도 고려해야 한다. 그리고 마지막으로 사무실의 트렌드 또한 사람들이 사무실에서 일하는 시간을 줄이고 집에서 일을 하면서 개인적이고 가족의 관심에 더 시간을 쓰는 방향으로 바뀌고 있다. 이런 모든 요소들은 가정에서의 테크놀로지의 사용과 사무실에서의 유연성을 거대하게 증가시키고 있다. 구축환경built environment과 인간사이의 상호작용의 변화하는 패턴은 건축가에게 새로운 해결책을 요구할 것이다. 사용자와 이들의 환경 사이에는 경험의 질을 계속적으로 높일 수 있는 진화된 대화가 지속될 것이며 이런 향상된 경험은 결국 서로 영향을 주고받는 상호작용 관계의 근본이 될 것이다. 건축가들은 새로운 라이프스타일 트렌드에 맞는 디자인을 할 수 있도록 연구하고, 사고하여야 할 것이며 이는 프로그램programmatic부터 대지와 관련된 사항 그리고 공간적인 다이내믹함까지 포함을 한다. 생활의 트렌드와 관계된 변화 중에는 가정과 사무공간에서 미래의 에너지 소비의 패턴에 큰 영향을 끼칠 수 있는 몇 개의 변화가 있다. 미국 통계청 조사에 의하면 미국 학생의 1/3이 주중의 어느 정도는 "혼자 문 열고 들어가는 아이들"latchkey kids, 즉 빈 집이나 아파트로 들어가는 학생이다. 아이들은 텔레비전과, 게임기 등이 있는 집에 홀로 머물게 되며 아이들의 위치를 확인하기 위해서 핸드폰을 가지고 다닌다. 이런 생활패턴은 가정에서의 에너지 소비를 증가시킨다. 커뮤니케이션과 엔터테인먼트의 기술의 증가 외에도 가정의 조명과 난방에 대한 요구는 증가하고 있으며 식사준비의 필요성도 높아지고 있다. 따라서 가정집은 더 효율적일 수 있게 디자인되어서 사용자 수의 증감과 시간대별 사용의 빈도에 따른 효율성을 갖추어야 한다.

사무실 오토메이션 테크놀로지의 새로운 발전은 이제 직원들로 하여금 재택근무tele-commuter 할 수 있게 하여 집에서 컴퓨터와 커뮤니케이션 장치를 통해서 작업을 할 수 있게 할 수 있다. 재택근무는 새로운 행위적behavioral, 구성적organizational, 사회적 이슈를 가져오고 있다. 이는 중앙 사무실로 출근대신 커뮤니케이션 장치 기술을 이용해 작업하게 한다. 원격 작업remote work는 일반적인 공간과 시간의 한계를 벗어나서 작업을 하는 것을 뜻한다. 집에서 작업할 수 있는 직장의 중요한 특징에는 거주

People who are cut off from the workplace environment need to discover new sources for achieving personal satisfaction. Such opportunities for **remote social interaction** are therefore not only necessary for pragmatic reasons but also serve an important humanistic role in our social fabric.

에 대한 개인적인(각각의) 조종control, 집중 그리고 커뮤니케이션에 대한 낮은 필요성이다. 이런 재택근무가 필요한 이유에는 경제적인 이득, 가정의 요구나 욕망, 사회적인 접촉에 대한 낮은 선호도, 혹은 단순히 공간과 위치에 대한 선호일 수도 있다. 과거에는 개인적이거나, 가정적 혹은 지역적 관심보다는 직장의 요구가 더 중요시되었다. 직장에서 쓰는 시간은 수입의 원천이었을 뿐만 아니라, 한 개인의 사회적 역할을 가늠하는 중요한 잣대가 되었다. 직장은 개인의 자존감, 가치, 성공 그리고 인정을 주었다. 이제 직장 환경에서 멀어지게 된 사람들은 개인적인 만족감을 찾거나 의미 있는 사회적인 접촉을 위한 다른 근원이 필요하다. 원격적 사회적인 상호작용의 필요성은 단순히 실용적인 이유뿐만 아니라 우리 사회의 조직 안에서의 중요한 인간적인 역할humanistic role을 위해서도 필요하다.

While the architecture can adapt and learn from our actions and adjust itself accordingly, it also has the capacity to **teach** us how to live and how to work.

행동 인식

우리는 이미 사람들의 경험을 결정하는데 있어서의 IA의 가능성에 대해서 논하였지만, 또한 이런 경험을 뚜렷explicit하게 만드는 가능성에 대해서도 논하여야 한다. 건축적인 환경이 사용자의 행동을 통지할 수 있는 능력은 사용자의 행동에 깊은profound한 영향을 줄 수 있다. 건축은 우리의 행동에 적응하고 배워서 자신을 변화시킬 수 있지만 건축은 또한 우리들에게 어떻게 생활하고 어떻게 작업해야 하는 지를 가르친다. 예를 들어 지속가능한 생활living은 효율적인 건물의 작동과 관계된 라이프스타일 생활behaviors을 정의하는데 쓰일 수 있는 용어이다. 하지만 효율적인 건물의 작동만을 다루는 행위들은 직관적이지 않다. 특정한 지속가능한 에너지 전략 - 즉, cross ventilation (자연적인 환기를 위해서 한 공간의 양쪽 창을 열어놓는 행위)이나 night flushing (낮의 더운 날씨 전에 저녁이나 새벽에 외부의 공기를 순화시켜 놓는 것) 등 - 은 정확한 시간을 지키거나 야간에 미리 행해져야만 효과적이다. 또한 이런 전략들은 반드시 공간을 사용하고 있는 사용자의 필요와 일치한다고 볼 수도 없다; 따라서 인터렉티브한 건물과 사용자간에는 서로 배워야 하는 요소가 있으면 대화를 통한 타협이 있어야 한다. 시스템에서의 피드백은 시스템의 효율을 측정하는데 매우 중요할 뿐만 아니라, 사용자를 교육해서 성공적으로 시스템에 반응토록 하는데도 중요하다. 시스템과 사용자간의 대화는 비직관적이고 비효율적인 행위를 분명하게 만들며, 환경적인 조건들을 중재하는 요소와 관련되어서 변화시킬 수 있다. 여기에는 뚜렷한 이점들이 있다: 사무실에 있는 창들은 직업 만족도를 올릴 수 있고, 미학적으로 아름다운 계단은 사용을 높일 수 있으며, 적절한 환기는 작업 능률을 높일 수 있다. 우리는 잔디 위에 A 지점에서 B지점으로 가는 계획된 길path보다는 사용함에 따라 자연스럽게 만들어진 길path로 디자인되는 예를 알고 있다. 인터랙티브 건축의 환경 안에서 이런 행위들은 더 적극적으로 도입되고 용이하게 될 수도 있고 부정되고 조작될 수도 있다. > Fig. 15

현재로서는 직관적으로 행위적인 상황을 비판석으로 이해할 수 있을 만큼 충분히 오래된 인터랙티브 시스템들은 상대적으로 그 수가 적다. 어느 면에서 우리의 행위behavior는 세상에서 겪는 경험을 통해서 습득된 직관intuition이라고 볼 수도 있다. 우리는 우리의 건물을 어떻게 다루어야 하는지 어렸을 때 배우며, 이런 행위에는 문을 열거나, 창문을 개폐하거나 커튼을 치는 등의 행위가 포함된다. 하지만 이제 건물이 우리의 행위에 반응하기 시작하였으며 우리는 새로운 단계의 선택과 지각을 가져야

> Fig. 16
> Fig. 17
> Fig. 18
> Fig. 19

> Fig. **15**: Electroland LLC, Cameron McNall and Damon Seeley, *Enteractive*.

> Fig. **16** : Daan Roosegaarde, *4D-Pixel*.

> Fig. **17**: James Carpenter Design Assoc., Kinecity, Marek Walczak, Skidmore, Owings & Merrill LLP, Cline Bettridge Bernstein Lighting Design, *7 World Trade Center: Podium Light Wall.*

> Fig. **18**: Michael Fox, Axel Kilian, MIT Kinetic Design Group, *Interactive Facade*.

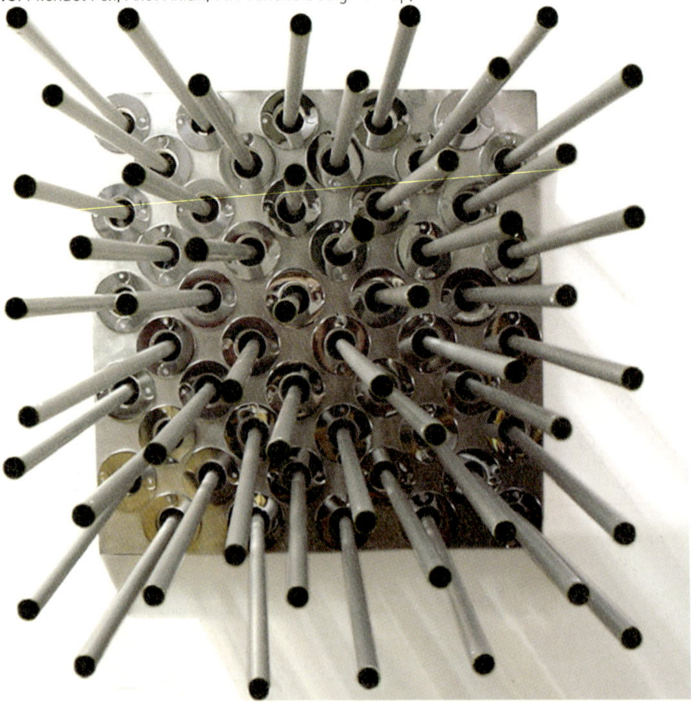

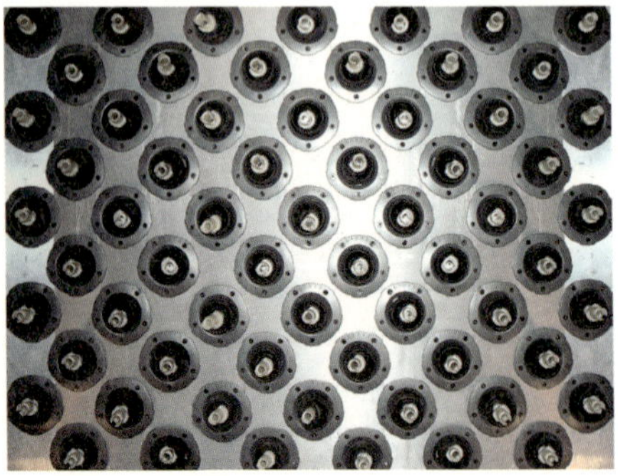

> Fig. **19**: Servo in collaboration with Smart Studio–Interactive Institute Stockholm, *Lattice Archipelogics.*

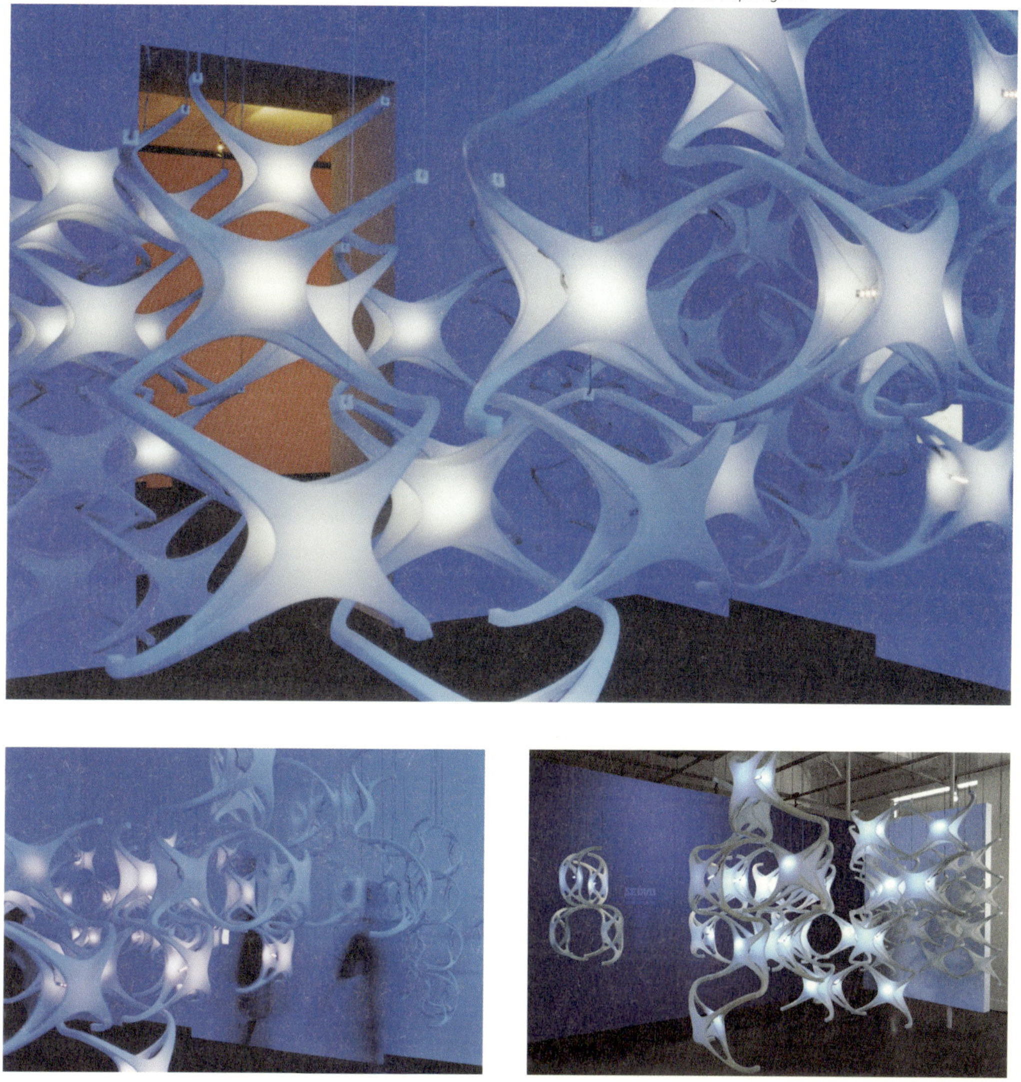

To a certain extent, our behaviors are nothing but learned intuitions growing out of our experiences in the world. We learn early how to operate our buildings, opening doors, windows, and shades ourselves, but when the building responds to our actions we are confronted with a new level of awareness and choices.

한다. 우리의 건물이 반응하는 것을 넘어 진정하게 인터렉티브하게 우리와 "대화"를 할 수준에 이르렀을 때, 우리는 이제까지 보지 못한 행위의 영역에 있을 터이다. 또한 건물은 한 사람과의 대화에 제한되지 않고 사용자 그룹과 상호작용하여 정보를 전달하고 반응할 것이다. 따라서 인터랙션의 단계는 개인뿐만 아니라 개인으로 이루어진 그룹과도 동시에 작용해야 할 것이다.

건물 인식

문맥적인 사용을 분명explicit하게 만드는 아이디어는 근간의 다양한 예술적인 프로젝트에서 건축적인 스케일로 다루어져 왔다. 이런 작업들이 아직은 인공적인 조명에서만 시도되었지만, 결과물들은 상당히 흥미로우며 건축적인 사용 정보를 추상적인 표현으로 변화시켰다. 이런 프로젝트들은 동시에 개인 혹은 그룹과 어느 정도의 상호작용을 한다. 이런 프로젝트의 중심에는 사용자와 대화를 하려는 의도가 있다. 이런 관계는 한 공간 안에서 자신의 행위와 다른 이들의 행위를 동시에 이해하면서 환경 자체와도 대화가 있는 것을 인지하여야 한다. 여기서의 환경은 하나의 요소일 수도 있고, 장치나 시스템 모인 집단일 수도 있으며, 행위는 직접적인 반응일 수도 있고 불시에 나타날 수도 있다. 사용자들은 의도된 혹은 의도되지 않은 참여자일 수 있으며 이들의 행위는 자신과 특정한 공간 안에 있는 다른 이들에게만 보일 수도 있지만, 밖에서 보는 구경꾼들에게 보일 수도 있다. > Fig. 20

인간 행위를 다루는 실현된 프로젝트들은 대부분 건물의 외피나 표면을 다루는 예술적인 시도였으며 3차원적인 공간 조건을 다루지는 않았다. 여기서 중요한 것은 건물의 외피나 표면의 경계적인 조건을 다르게 살펴보아야 한다는 것이다. 건물의 외피 조건은 건물 안에 있는 거주자와 외부의 환경적인 조건을 다루며, 외부의 조건은 환경적인 요소뿐만 아니라 외부의 사람들까지를 포함한다. 반면에 표면적인 조건은 보통 두 개의 인테리어 공간 사이의 경계를 지칭하며 벽 반대쪽의 거주자와의 커뮤

> Fig. 21
> Fig. 22

> Fig. **20**: Gunnar Green, Frédéric Eyl, *Aperture*.

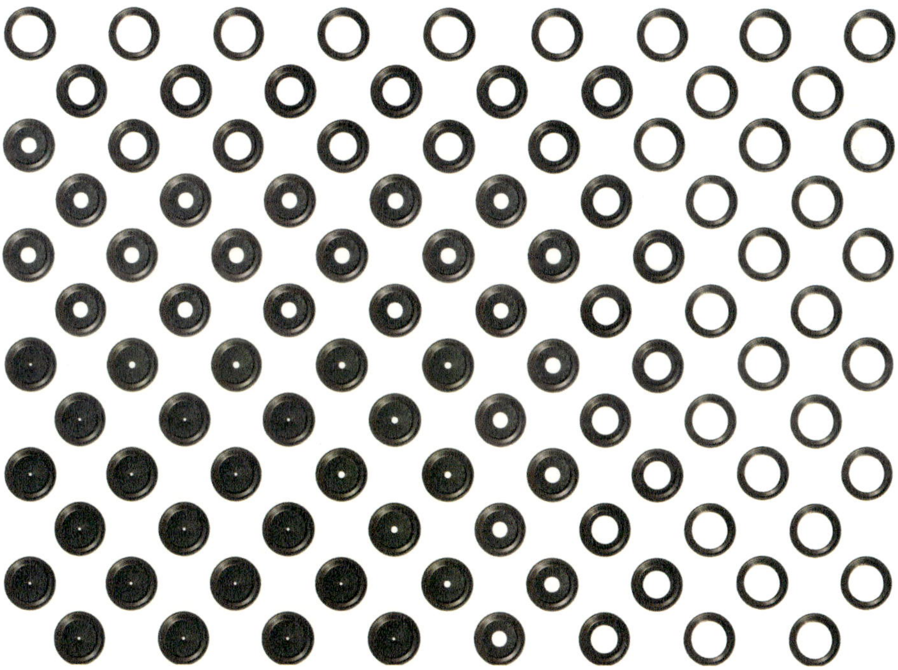

> Fig. **21**: Leo Fernekes & Joakim Hannerz, *Sensacell Inc.*

> Fig. **22**: Phillip Beesley, *Hylozoic Soil.*

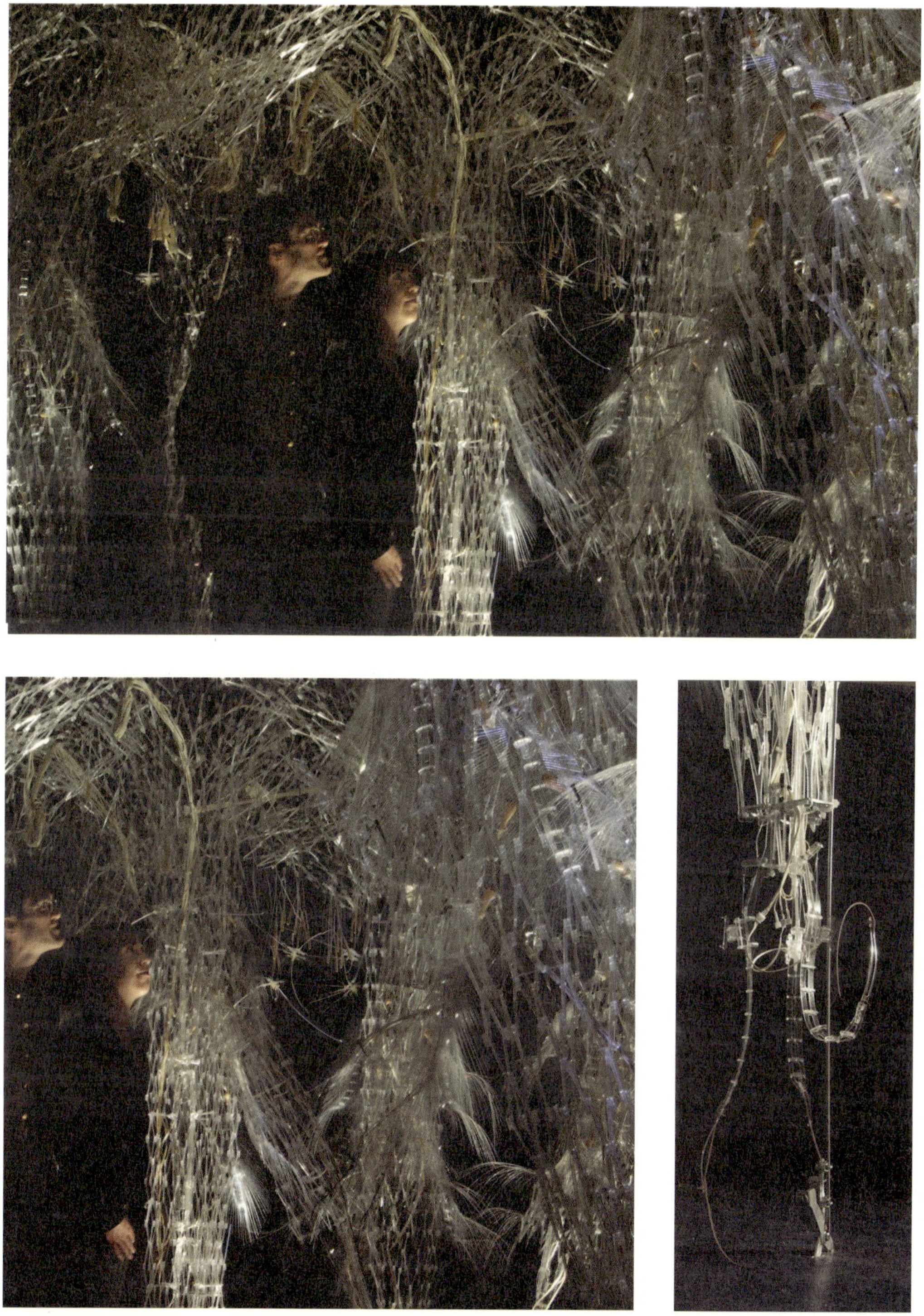

At the core of such projects dealing specifically with behaviors is the requirement to establish a **dialogue with the users.** Such a relationship requires an understanding of one's own actions and others' actions within the space, and awareness that there is some sort of dialogue with the environment itself.

니케이션이나 공간 사이의 창으로서 구성된다. 인터렉티브한 표면은 특정한 정보를 보내는 조건에 대한 통역 장치로서 이런 조건에는 근접함, 높이, 무게 혹은 다른 기준들이 포함될 수 있으며 또한 어떤 정보가 표시되고 있는 지를 조종할 수도 있다. 분명한 것은 이런 장치는 표면의 다른 쪽에 있는 정보를 모두 보여줄 수도 있고, 선택적으로 보여줄 수도 있다는 것이다. 추가적으로 인터랙티브 외피나 표면에 표현되는 행위들은 단순히 반대편에 있는 정보뿐만 아니라 원거리에 존재하는 정보까지도 표현이 될 수 있다는 점이다. 다른 방에 있거나 아니면 아예 다른 건물에 있는 사람의 정보가 표피위에 중첩될 수도 있으며, 혹은 다른 정보 위에 중첩될 수도 있다. 이런 애플리케이션들은 건물의 외피나 표피의 경계를 흐리게 하며, 동시에 표현가능성 또한 증대된다.

In simple terms, when communication is clear and the results are satisfactory, there can be a sense of accomplishment on the part of the user. Such interaction transcends traditional goals of operating a space to that of having a successful conversation with a space.

장소성

인터렉티브한 건축 환경은 크고 작은 그룹간의 정보 교환을 끊임없이 가능하게 만들어서 독특한 공간감을 만들어 낼 수 있다. 예를 들어 군중 속에서 개인적인 대화를 하려고 하는 두 사람을 생각해 보자. 주변의 소음 때문에 이 두 사람간의 대화는 쉽지 않을 것이다. 이런 큰 공간은 큰 그룹을 위해서 만들어진 공간이기 때문에 개인적인 대화를 나누기에는 적합하지 않은 공간이다. 만약 건축이 공간의 모양을 좀 더 개인적인 대화에 적합하게 바꿀 수 있다면, 이 두 사람의 경험은 좀 더 좋아질 것이다. 만약 이 두 사람이 건축적인 환경이 이들의 요구를 이해하여 거기에 대응할 수 있다는 것을 알고 있다면 이들의 장소감sense of place은 더 높아질 것이다. 쉽게 얘기하여 커뮤니케이션이 명확하고 결과가 만족스럽다면 사용자에게는 성취감이 생길 것이다. 이런 상호작용은 공간을 작동하는 일반적인 목표를 넘어서 공간과 성공적인 대화를 하고 있다고 느끼게 될 것이다. > Fig. 23

인터렉티브한 공간은 다양한 심리적인 단계에서도 작용할 수 있으며 이는 도시의 스트레스 받는 생활에서 벗어난 편안한 도시적 은신처를 제공하는 것에서부터 혼자 (외롭게) 있는 개인을 위해서 상쾌한 사회적 환경을 만드는 것까지를 포함한다. 예를 들어 당신의 걸음걸이나 목소리 음색에서 긴장감을 인지할 수 있는 환경이 있다면 자동적으로 조명과 소리를 잔잔한 환경으로 만들어서 휴식과 사색을 할 수 있게 도울 수도 있다. 인간과 컴퓨터 간의 상호작용이 점점 더 인간과 인간 사이의 관계를 닮게 되면, 사용자 쪽에서 좀 더 컴퓨터와 대화communication을 시도하려는 마음willingness이 커지게 된다. 이런 사회적인 조건에 반응하는 목표를 가진 인터랙티브 환경의 목표는 좀 더 인간적으로 반응하고, 상호작용하고 적응하는 것이다. 공간은 또한 사용자와 명확하게 소통하여 사용자가 집중하여 반응engage할 수 있도록 하여야 한다; 시스템은 사용자가 각각의 행위를 보는 것이 아니라 변화하는 공간적인 환경 전체를 인지할 수 있도록 하여야 한다. 이런 방식의 상호작용은 단순히 개인적이지 않은 사회적인 대화를 가능하게 한다. 이제까지 사람들은 자신들을 위해서 만들어진 공간에 적응하도록 길들여져 왔다. 만약 공간이 우리의 바람desires에 적응할 수 있다면 이는 우리의 경험을 다르게 정의shape할 수 있을 것이고, 만약 우리의 경험이 인터랙티브 환경에 의해서 새롭게 정의shape될 수 있다면, 우리는 경험을 디자인 할 수 있는 새로운 디자인 도구를 가지게 될 것이다.

> Fig. **23**: Michael Fox and Juintow Lin, with NONdesigns and Brand Name Label, Exhibited at Materials & Applications Gallery, Silver Lake, California, *Bubbles*.

Architecture can play a more **active role** in suggesting new ways for its inhabitants to use environments based on real-time information exchanges. The experience can change depending on how a group of users interacts, whereby the rules are learned or the rules are completely dynamic and evolving.

공간의 통제

공간을 통제하고 조절하는 능력은 상호적이다. 사용자와 환경의 명확한 커뮤니케이션은 감정적인 결합attachment를 이루어내며, 이는 또 다시 공간적인 경험을 강화시킨다. 사용자가 공간을 조정할 수 있는 능력이 있기 때문에, 이들은 또한 다른 사용자와 새로운 유형의 유대connection를 만들 수 있는 능력이 생긴다. 예를 들어 만약 개인들로 이루어진 그룹이 어느 공간에 갇혀 있고 그 공간을 빠져나가기 위해서 문을 작동하는 것을 배워야 한다면, 여러 가지 방법으로 문을 열기 위한 시도가 있을 것이다. 이런 시도 중에 성공적인 시도들이 인지reward되어서 시스템이 전체 그룹에게 지금 문을 열기위한 각 시도가 얼마나 근접했는지를 알려주는 힌트들을 준다고 한다면 전체 그룹은 협동적으로 이 문제를 해결하려고 할 것이며 문이 열렸을 때 성공에 대한 공통적인 감각communal sense이 생길 것이다. 우리가 알고 있는 문은 어떻게 작동되는지 직관적으로 알고 있다; 즉 핸들이 걸쇠의 역할을 하고 경첩으로 문이 z 축으로 돌 수 있다는 것을 알 수 있는 것이다. 하지만 만약 누군가가 이런 문을 처음 본다면, 그 조정 방법은 쉽지 않을 것이다. 요점은 인터랙티브 건축의 적용프로그램이 개발되는데 있어서 그 가능성을 전달하는 방법 혹은 커뮤니케이션의 수단은 아주 명확해야만 시스템이 성공할 수 있다는 것이다. > Fig. 24

사용자가 물리적인 모양(physical geometry)을 조종할 수 있다면 환경을 실시간으로 쓸 수 있는 새로운 가능성은 늘어날 것이다. 경험에 있어서 중요한 것은 제한된 시간 안에 공간, 혹은 공간을 이루는 요소의 가능성을 이해하는 것이다. 건축은 주거자에게 실시간 정보 교환을 통해서 환경을 어떻게 새롭게 쓸 수 있는지 알려주는데 중요한 역할을 할 수 있다. 이런 경험은 사용자 그룹이 어떻게 서로 상호작용하느냐에 따라서 달라질 것이며 규칙은 배워지거나 혹은 다이내믹하게 변하고 진화할 수도 있다.

> Fig. **24**: nArchitects, *Party Wall*.

When architectural space has a true communicative capability, it can foster a heightened sense of attachment.

공간에 대한 애착

인터랙티브 건축, 특히 생물학적인 시스템에 대한 교감과 이해를 바탕으로 만들어진 인터랙티브 건축은 이제까지 우리가 우리의 환경을 만들어 온 방식과는 비교되는 새로운 방식을 보여줄 것이다. 건축 공간이 진정한 소통의 능력capability이 있을 때 공간은 애착의 감정을 불러일으킬 것이다. 살링가로스Salingaros가 지적하듯이: "우리 사회는 언제나 자신의 구조를 이해하려고 하며, 물리적인 구조물을 지구상에 건설함에 있어 텅 빈blank state 상태에서 가설에 의존하곤 한다."◊27 정신이 어떻게 형태나 환경에 반응하는지 명확히 모르기 때문에 과거에 많은 실수를 하였는데 이에 대해서 핑커Pinker는 다음과 같이 지적한다: "도시 계획가들은 사람들의 녹지에 대한 선호, 혹은 장식, 사람구경하기people-watching, 사회적인 모임을 위한 편안한 장소에 대한 선호는 모두 사회적인 교육의 결과물이라고 생각하였다. 이런 선호들은 질서정연한 도시 디자인에 방해되는 역사적인 산물이며 따라서 과학적인 원리에 의해서 지어지는 도시 건립에 있어 배제되어야 할 요소로 간주되었다."◊28 사람들이 양식style이 아니라 공간을 진실로 갈구한다는 것을 깨닫고 인터랙티브 건축 애플리케이션들이 이런 욕구를 만족시켜줄 수 있다는 것이 매우 중요하다. "디자인에 대한 불필요한 강조는 문제인데 이는 시각적으로 한 순간에 모든 것을 만족시키려고 하기 때문이다. 경험은 계절, 주중의 하루, 하루 중 어느 순간에 의해서 바뀌는 집합 덩어리이다."◊29 우리는 건축공간을 단순히 보호처로서 인지하지 않는다; 우리는 공간의 경험이 필요하기 때문에 공간에 머무는 것이다. > Fig. 25

미리 언급한 것처럼 이런 공간적인 경험에는 많은 요인들이 숨어 있으며, 여기에는 프라이버시나 위안에 대한 욕구에서부터 격려, 사회적인 상호작용 같은 욕구를 포함한다. 하지만 우리는 공간과 관련된 우리의 경험을 통해 특정한 공간에 특별한 애착을 갖게되는 단계가 있음을 안다. 이런 애착에 대한 이유는 불분명하고 다양하지만 분명한 것은 특정한 공간에 대한 개인적인 경험과 관계가 있다는 것이다. 이런 공간/요소가 공원안의 벤치이든지, 현관의 의자, 거실의 소파, 혹은 책상의 의자건 간에 우리에게는 경험의 기억이 연결된 특별한 공간이 있다. 공간이 인터렉티브해지면, 우리가 소중히 여기는 것이 무엇인지를 공간이 이해할 수 있을 것이며 공간이 개인적으로 특별하게 만드는 그 요소들을 유지, 복사 혹은 더 강화시킬 수 있다면, 이런 과정을 통해 사람은 공간에 진정한 애착을 느낄 것이 > Fig. 26

> Fig. **25**: Paul F. M. J. Verschure, *Ada—Intelligent Room.*

> Fig. **26**: Ruairi Glynn, *Performative Ecologies.*

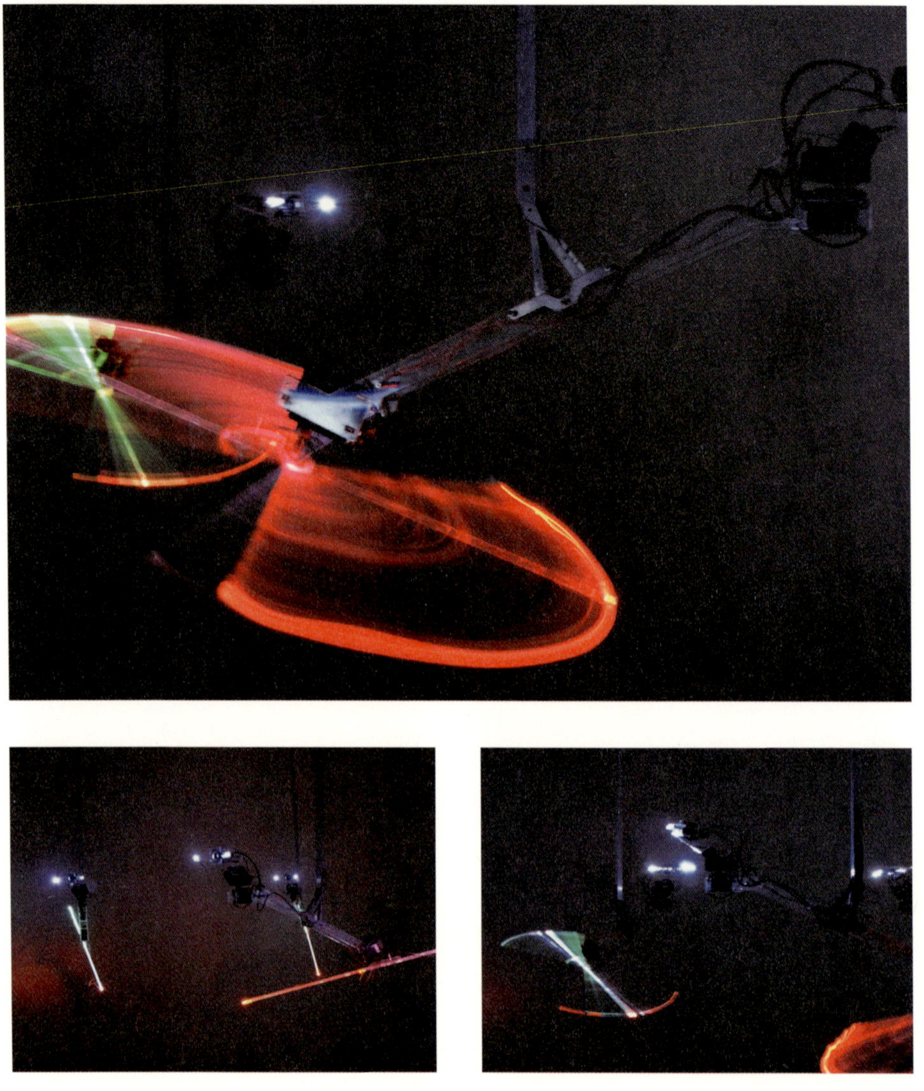

The sense of **sound** is much **underrepresented** in discussions of architectural experience and is very often only dealt with from a design standpoint, relative to the negative aspects.

다. 예를 들어 당신이 컴퓨터와 일하는 공간에서 나무와 바다를 볼 수 있다고 가정해 보자. 이 공간이 당신이 소중히 여기는 광경을 이해하고 있다고 가정하자. 하지만 동시에 태양이 매일 어느 시간이 되어 어느 각도에 다다를 때면 당신이 컴퓨터로 일하는 것이 불가능해 진다고 생각해 보자. 또한 공간이 당신이 바다에서 들려오는 파도소리를 좋아하지만 전화가 왔을 때는 조용하길 바란다는 것을 알고 있다고 가정해 보자. 공간이 당신의 다양한 욕구와 - 그리고 이런 요구는 대립될 것이다. - 필요를 이해하고 중재할 수 있다면 공간을 점점 더 인간적으로 느끼는 - 지지하거나 이해하는 - 시작이 될 것이다. 인간은 이런 공간에 더 큰 애착이 생겨날 것이다.

소리의 감각

이제까지의 애플리케이션들이 주로 환경의 공간적인 측면, 특히 시각적인 분야를 다루었지만 다른 감각에 의해서 깊은 경험을 할 수 있는 가능성 또한 열려있다. 소리의 감각은 건축 경험에 있어서 소홀히 다루어져 왔으며 주로 디자인적인 측면에서 부정적인 부분으로만 다루어 졌다. 만약 서향의 데크가 멋있는 광경이 있어서 중요하게 다루어져야 한다고 생각해도 고속도로에서의 소음이 있다면 디자인적인 문제가 된다. 과거에는 이런 소음공해적인 이슈들은 주로 격리라는 방법을 통해서 다루어졌으며 이는 마치 원치 않는 직사광선을 막듯이 부정적인 소리를 막아왔다. 이런 소리의 부정적인 측면은 실험적인 연구 데이터를 통해서 받아들여질 수 있는 수준을 결정하는 정도로 연구되었지만, 소음공해에 대한 요즘의 연구는 각각의 요소보다는 전체 소음의 풍경에 대한 사람들의 태도를 연구하는 것으로 그 방향을 바꾸고 있으며, 이런 전체 소음을 어떻게 하면 용인할 수 있는 수준으로 조정할 수 있는 지로 그 초점이 바뀌고 있다. R. 머레이 샤퍼R. Murray Schafter에 의해서 명명된 사운드스케이프soundscape는 환경에서 나타나거나 환경에서 비롯된 모든 소리를 포함한다. 사운드스케이프는 일반적으로 "장소에서 비롯되는place-inspired" 소리를 뜻한다. 소리는 개인적이면서도 동시에 집단적인 감각이며 따라서 시각적 요소보다 훨씬 더 감성적이고 직접적이다.

> Fig. 27

> Fig. 28

> Fig. 29

> Fig. **27**: Catherine Hu, *Music Wall.*

> Fig. **28**: Christian Moeller, *Audio Grove.*

> Fig. **29**: Jason K. Johnson + Nataly Gattegno (Future Cities Lab) with sound artist Troy Rogers and assistants Carrie Norman, Thomas Kelley, Beth Haber, Karey Helms, and members of the Robotic Ecologies Lab. CNC Fabrication collaborators: Tektonics Design Group in Richmond, Virginia. Installation commissioned by the Extension Gallery for Architecture in Chicago, Illinois, *Vivisys Prototype* (a module of the *Super-Galaxy* project).

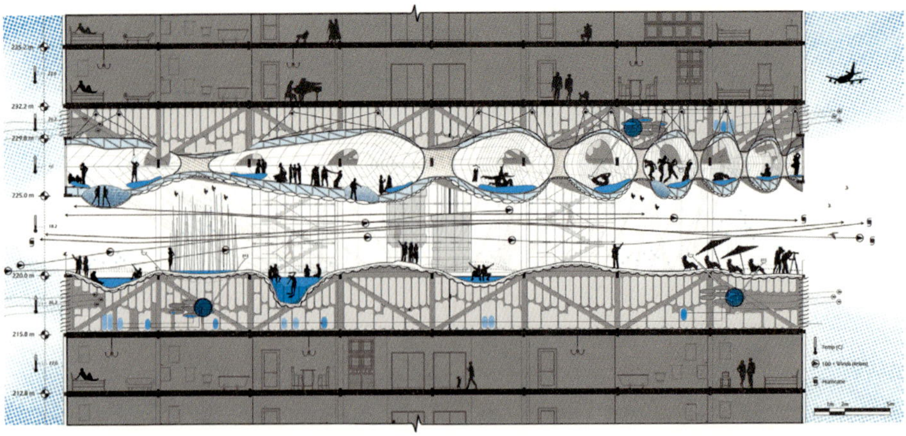

인터랙티브 건축의 애플리케이션을 통해서 소리는 부정적인 측면이 아니라 좀 더 긍정적인 측면에서 이해되고 조종될 수 있다. 소리의 관리를 단순히 음향제어의 형태로 다루는 것이 아니라 긍정적인 소리들은 확대하는 동시에 부정적인 측면은 줄일 수 있다. 음향적인 번역translation은 부정적으로 인식된 소리를 긍정적으로 바꾸면서 동시에 공간과 연결된 감각의 느낌을 줄 수 있다. 사무실 환경에서 일반적인 사무실의 대화소리chatter와 배경소음white noise을 새와 파도소리로 바꾸는 시스템을 생각해 보라; 이는 개인 하나하나가 공간 안에서 벌어지는 행위들의 소리를 부정적인 문맥에서 벗어서나서 긍정적으로 인식하면서 일을 할 수 있게 할 것이다.

후각

과거에는 냄새 또한 소리와 동일하게 부정적으로 건축에서 다루어 졌으며 그 원리는 역시 격리였다. 당연히 냄새의 관리는 항상 긍정적이기 보다는 부정적인 관점에서 다루어졌다. 악취odor - 이는 주로 유쾌하지 않은 냄새와 관계되어 쓴 용어인데 - 는 환경적으로 중요한 공해적 이슈로 다루어졌는데 이는 보통 이런 냄새가 좋지 않은 공기의 질의 척도였기 때문이다. 악취 분산order dispersion [환경으로 냄새의 원인에서 분자들이 퍼지는 과정] 또한 논의에서 중요한 요소인데, 이는 분산과정이 없다면 주변의 사람들이 불쾌감을 느끼지는 않을 것이기 때문이다. 과학적으로 설명하자면, "인간은 냄새를 코 안에 위치한 후각상피 안에 있는 화학수용기의 화학적인 반응에 의해서 인지한다. 악취는 후각 감각을 자극하는 화학적 물질이다."◊30 인터랙티브 건축 시스템에 의해서 공기의 움직임을 조종할 수 있다면 냄새 관리 또한 가능하리라는 것을 상상하기는 쉬울 것이다. > Fig. 30

냄새는 매우 긍정적인 연상관계를 가질 수도 있다. 냄새는 매우 강한 감정적인 반응을 이끌어 낼 수 있는데, 이는 우리의 후각적 선호가 감정적인 연상관계와 연결되어 있기 때문이다. 우리의 후각센서는 (대뇌)변연계 시스템과 직접적으로 연관되어 있으며 이는 우리의 뇌에서 감정과 흔히 연결되는 부위이다. 몇 개의 프로젝트들이 이 냄새의 감정적인 측면을 이용하는 연구를 시작하고 있다. 노키아 회사에서 만들어진 냄새 콘셉의 scentsory concept 전화기는 냄새를 정보로 전환하는 센서를 이용해서 사용자의 주변 환경의 냄새를 전달할 수 있다. 이 과정은 역으로도 작동 가능하여 이 기기를 통해서 보

> Fig. **30**: Usman Haque and Josephine Pletts (with Dr. Luca Turin), *Scents of Space*.

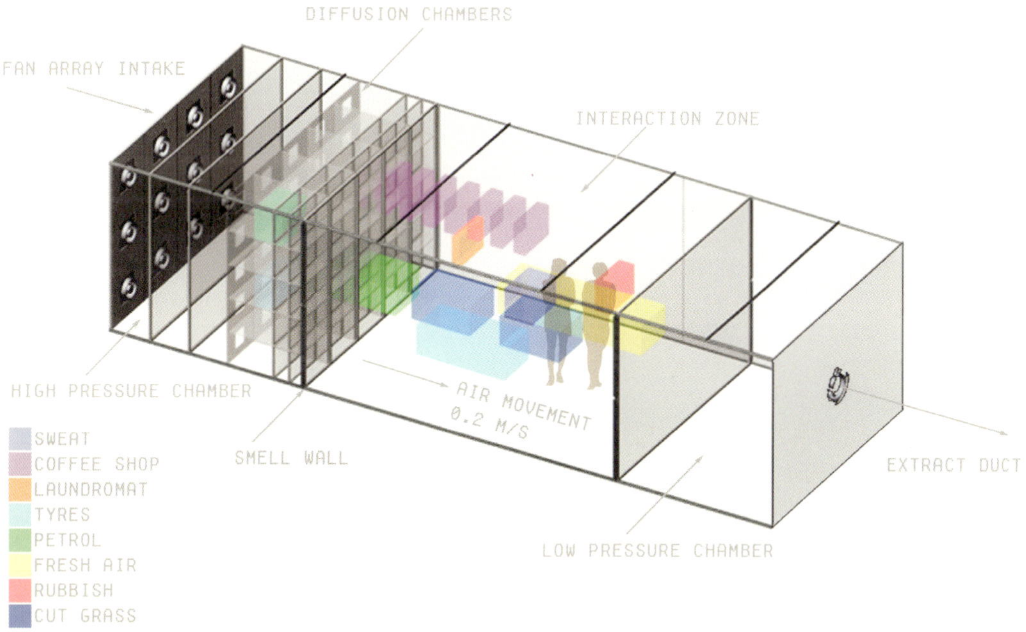

Smells can have extremely positive associations, too. Smells can evoke strong emotional reactions, as many of our olfactory likes and dislikes are based on emotional associations. Our **olfactory receptors** are directly connected to the limbic system, which is the part of the brain commonly associated with **emotions**.

내진 데이터는 다시 냄새로 전환된다. 즉 전화기의 '코'는 송신자 환경의 냄새를 맡아 이를 전기신호로 바꾸어 전달할 수 있다. ◊31 이는 아직 실현되지 않은 콘셉트 전화기이기는 하지만, 앞으로 후각의 감각을 조정하고 배포할 수 있는 흥미로운 가능성을 보여주고 있다. 냄새의 감지와 재생산은 기술적으로 아직은 매우 어렵지만 건축에 있어서의 가능성exploration은 매우 지대한데, 이는 역시 감정과의 연관성association 때문이다. 후각에 관련된 어려움은 조정(지엽적으로 유지하는)과 재생산 모두에 있다. 개인적인 감정적 연관관계 외에도 후각적인 향상olfactory enhancement이 가능한 환경은 기억력 감퇴에도 큰 도움을 줄 수 있다.

Installations and other artistic endeavors also free the designer from many of the constraints associated with constructing architecture, such as building codes or life safety considerations.

예술적인 접근

인터랙티브 건축을 디자인하는 행위와 인터렉티브한 예술 추구exploration은 몇 가지의 차이점이 있다. 인터랙티비티의 예술적 추구는 공공의 사용과 노출에 더 효과적이다. 인스톨레이션과 그 밖에 예술적인 시도들은 건축을 하는데 있어서 생기는 다양한 제한들 - 건축법이나 안전적인 측면들life safety considerations - 에서 디자이너를 자유롭게 해 준다. 예술적인 시도들은 건축보다 훨씬 더 적은 예산으로 실행될 수 있으며, 더 많은 사람들로 하여금 실험을 할 수 있게 하고, 훨씬 작은 책임 의무를 지게 해서 프로젝트의 입장에서는 훨씬 더 재미있는 가능성을 준다. 인터렉티브한 공간은 또한 이동하기 쉽게 디자인 될 수 있으며 이는 더 많은 이들에게 노출 시킬 수 있는 장점이 있다. 마지막으로 예술적인 시도들은 영구적일 필요가 없다. 영구적이지 않기 때문에 일반적이지 않은 장소에도 설치할 수 있는 장점 외에도, 사용자의 경험에도 좀 더 유연하여 일상적으로 건축적인 환경에서는 참여하지 않을 이들도 참여한다. 이런 인터랙티브 예술을 후원/권장하여 최근의 경향과 혁신innovation을 보여주는 몇몇의 중요한 컨퍼런스와 전시가 존재한다. 인터렉티브하다 예술가들은 입력을 하는 방식, 출력을 할 수 있는 요소, 생산과 제작fabrication, 또한 심리적, 문화적 그리고 정치적인 요소들까지도 모두 고려하여야 한다.

> Fig. 31
> Fig. 32
> Fig. 33

건축의 문맥의 경계에서 상호작용적 디자인을 함으로서 디자이너들은 또한 아주 작은 부분에 더 집중할 수 있는 장점이 있으며 이는 하나의 아이디어를 분리시켜서 하나씩 집중적으로 테스트할 수 있어서 더욱더 좋다. 예술적인 시도는 또한 인간의 감정과 인간의 충동을 이해할 수 있게 하여 준다. 다른 문화권의 사람들은 똑같은 제스처의 인터랙티비티나 작동과정에 다르게 반응한다. 창의적인 예술적 질문inquiry는 우리 자신과 공간이 우리에게 무엇을 의미하는지를 다시 살펴볼 수 있는 기회를 준다. 상상력이 풍부한 시도는 인터랙티비티를 실험적으로 시도할 수 있도록 도와주며 이는 사람들이 인스톨레이션과 어떻게 상호작용하는지, 혹은 다른 이들 시도를 봄으로써 배울 수 있다. 이런 기회는 참여자와 시스템 양쪽에서 상상하지 못했던 행위들을 보여줄 수 있다. 이는 좀 더 즉흥적일 수도 있다. 이런 모든 요소들이 인터랙티브 건축의 가능성을 좀 더 증가시킬 것이다. 더 크게는 인터랙션 디자인의 아이디어들을 보급하여 그 가능성을 더 알리기 때문에 인터랙티브 건축의 영역을 확장시키는데 도움을 줄 것이다.

> Fig. **31**: Usman Haque, *Moody Mushroom Floor.*

> Fig. 32: Hariri + Hariri and James Clar, *Digital Dress/Flexigrid.*

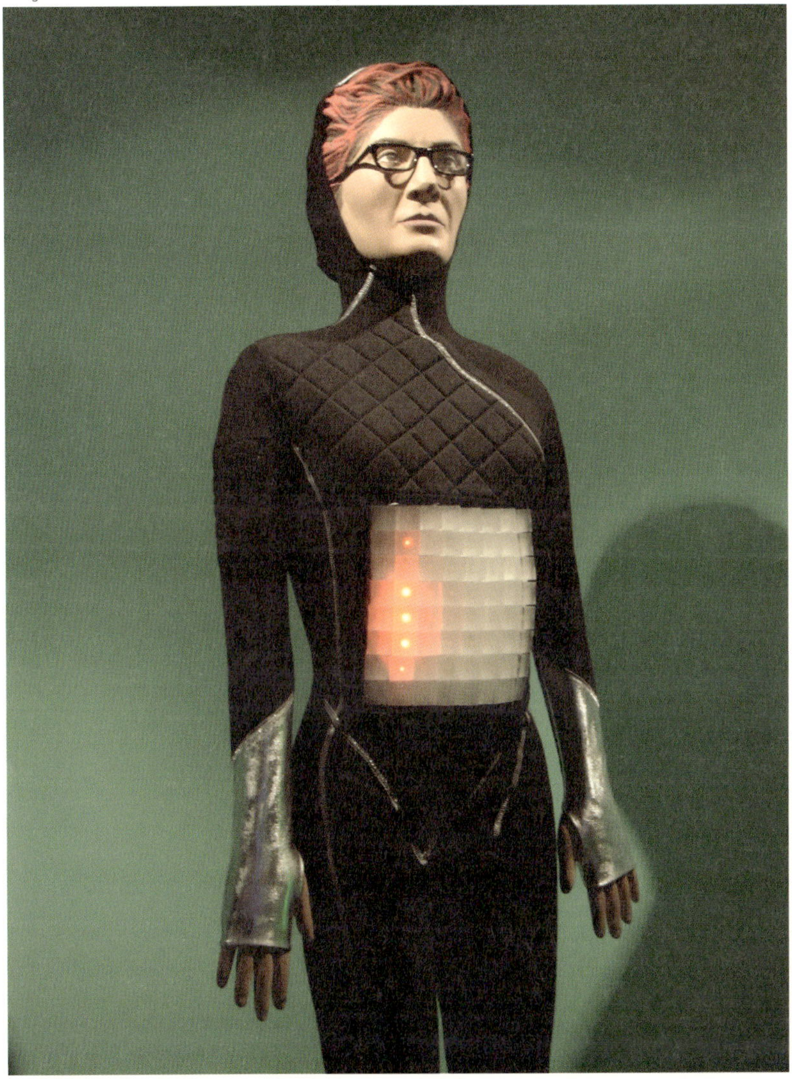

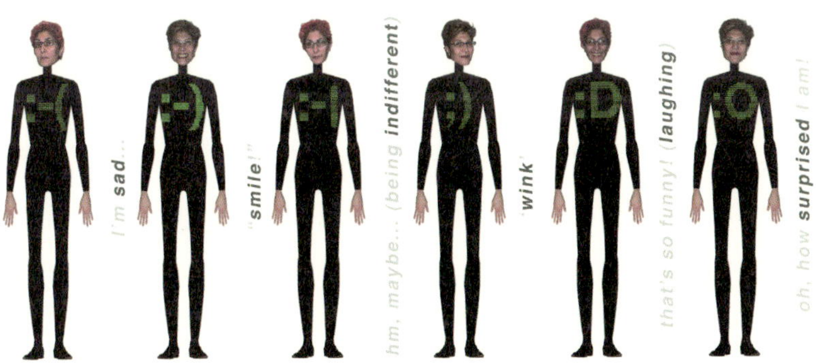

> Fig. **33**: Daan Roosegaarde, *Dune 4.0.*

1 Marshall McLuhan, "Interactive Entertainment: Who writes it? Who reads it? Who needs it?" *WIRED Magazine*, September 1995.

2 Mitchel Resnick, "Edutainment? No Thanks. I Prefer Playful Learning," *Associazione Civita Report on Edutainment* 1, no. 1 (2004).

3 Mindstorms NXT Home, LEGO, http://mindstorms.lego.com.

4 Mitchel Resnick, et al., "Programmable Bricks: Toys to Think With," *IBM Systems Journal* 35, no. 3–4 (1996): 352–443. Also available online at http://www.picocricket.com.

5 Giles Lane, Camila Brueton, and Natalie Jeremijenko, "Public Authoring and Feral Robotics," *Social Tapestries*, 2006, http://socialtapestries.net/index.html.

6 Greg Katz, "The Costs and Financial Benefits of Green Building: A Report to California's Sustainable Building Task Force," October 2003, http://www.usgbc.org/Docs/Resources/CA_report_GBbenefits.pdf.

7 Edward Mazria, "Architecture 2010," http://www.architecture2030.org/2010_imperative/index.html.

8 Ibid., "Architecture 2030," http://www.architecture2030.org.

9 Ibid.

10 Erin Ezell, Lesley Felton, Pablo LaRoche, and Michael Fox, "Greenkit: A Modular Variable Application Cooling System" .

11 Buckminster Fuller, *Nine Chains to the Moon* (Garden City, NY: Doubleday, 1938).

12 Neil Spiller, *Digital Dreams: Architecture and the New Alchemic Technologies* (Roslyn, NY: Ellipsis Arts, 1998).

13 United States Census Bureau, "S0101: Age and Sex," American Community Survey, 2006, http://factfinder.census.gov/servlet/STTable?_bm=y&-qr_name=ACS_2006_EST_G00_S0101&-geo_id=01000US&-ds_name=ACS_2006_EST_G00_&-redoLog=false-Referencing-http://www.census.gov/compendia/statab/tables/08s0010.pdf.

14 Ibid.

15 Heyoung Lee, et al., "A 24-Hour Health Monitoring System in a Smart House," *Gerontechnology* 7, no. 1 (2008): 22–35.

16 Cynthia Fox, "Technogenarians: The Pioneers of Pervasive Computing Aren't Getting any Younger," *WIRED Magazine*, 9, no. 11 (2001).

17 Rosalind Kalb, "The Emotional and Psychological Impact of Multiple Sclerosis Relapses," *Journal of the Neurological Sciences* 256 (2007): S29–S33.

18 Margret M. Baltes, *The Many Faces of Dependency in Old Age* (Cambridge, UK: Cambridge University Press, 1996), 7.

19 Guy Dewsbury and H. M. Edge, "Designing the Home to Meet the Needs of Tomorrow," *Open House International* 26, no. 2 (2001): 33–42.

20 Wolfgang F. Preiser and Elaine Ostroff, *Universal Design Handbook* (Columbus, OH: McGraw-Hill Professional, 2001).

21 *International Journal of Industrial Ergonomics* 33, no. 3 (March 2004): 177–283.

22 Yasu Santo and Francis Lam, "CoEx Communication Suite: Investigation into the Sensation of Coexistence through Network-enhanced Tangible Media," in *Proceedings of the Eighth International Conference on Information Visualisation* (London: 2004), 947–953.

23 Pachube, 2008, http://www.pachube.com.

24 Ibid.

25 "The RemoteHome: A New Home for the Mobile Society," RemoteHome.org, http://www.remote-home.org.

26 Yasu Santo and Francis Lam, "CoEx Communication Suite," Proceedings of the Information Visualisation, Eighth International Conference, IEEE Computer Society Washington DC. 2004: 947–53.

27 Nikos A. Salingaros, "Towards a Biological Understanding of Architecture and Urbanism: Lessons from Stephen Pinker," *Katarxis* 3 (September 2004). Also available online at http://www.katarxis3.com/.

28 Steven Pinker, "The New Humanist," *A Biological Understanding of Human Nature*, ed. John Brockman (New York: Barnes and Noble Books, 2003): 33–51.

29 Ken Worpole and Katharine Knox, "The Social Value of Public Spaces," Joseph Rowntree Foundation, April 24, 2007.

30 Lawrence K. Wang, Norman C. Pereira, and Yung-Tse Hung, *Advanced Air and Noise Pollution Control*, vol. 2 (Totowa, NJ: Humana Press, 2005).

31 Jennifer Tillotson, "Scentsory Design®: Scent Whisper and Fashion Fluidics, in Transdisciplinary Digital Art, Sound, Vision and the New Screen," (paper presented at Digital Art Weeks and Interactive Futures, Zürich, Switzerland and Victoria, British Columbia, 2006/2007). Communications in Computer and Information Science, Vol.7, Adams, Randy; Gibson, Steve; Müller Arisona, Stefan (eds.) Softcover Springer, Berlin/Heidelberg, 2008.

Interactive Architecture /

DESIG THE P

디자인과 작업

N AND ROFES

SION

p. 188

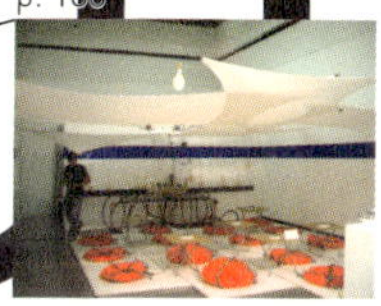

p. 189

p. 191

p. 195

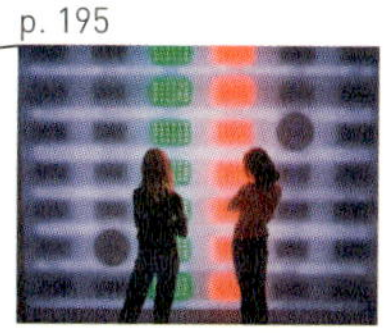

p. 198

인터랙티브한 시스템 디자인

이미 언급하였듯이, 인터랙티브 건축은 사람과 지어진 환경 사이에 상호작용 관계의 새로운 유형을 만드는 것이다. 인터랙티브 건축은 다른 인터랙티브 디자인인 예술, 디지털 미디어 그리고 조각과는 다른데 이는 공간의 문맥 속에서 인터랙티비티interactivity를 강조하기 때문이다. 기술과 생산기술fabrication technique이 발전할수록 건축 밖의 영역의 분야discipline에서 배울 수 있는 지식을 통해서 IA 시스템이 많은 이득을 얻을 수 있음은 분명하다. 또한 건축 분야 안에서 공통적인 노력을 통해서 전반적인 경향landscape와 미래의 경향trend를 파악하는 것은 무척 중요하다. 이 책은 이런 새롭게 떠오르는 디자인 영역의 문맥을 보여줌으로서 현재의 - 혹은 최첨단의 - IA "랜드스케이프"를 보여주어 새로운 프로젝트의 방향을 보이려 한다. 이 장에서, 우리는 IA에 의해 필요하게 된 새로운 디자인 도구tool와 여기에 관련된 디자인 학습법을 다루려 한다. 연구 교육적 접근이 건축가들이 IA의 디자인을 다루는 전략으로서 제시될 것이다. 그리고 마지막으로 IA를 실현하고 또한 이런 시도들이 경제적인 가능성을 가지기 위해서 사용자, 건축주client 그리고 회사들이 어떤 역할을 해야 할 지를 살펴볼 것이다.

건축가들은 IA의 애플리케이션을 개념화 할 수 있는 능력이 탁월한데 그 이유는 이들의 백그라운드가 사용자와 환경의 요구 사항을 이해하고 공간을 시각화하는 것이기 때문이다. 하지만 건축가들이 IA의 발전에서 능동적인 역할을 하기 위해서는 건축의 규범discipline 밖에 있는 IA의 역사와 원동력의 문맥적인 이해를 하는 것이 중요하다. 건축가의 또 다른 장점은 이들이 건물의 스케일에서 다양한 건축 재료들을 구조적으로 사용해본 경험이 있어서 새로운 유형의 인터랙티브 시스템이 어떻게 기계설비 시스템, 구조 시스템 그리고 전반적인 건축법상에서 어떻게 최적화하여 적용될지를 알고 있

Only when designers confront interaction scenarios at an architectural scale and the consequent issues of privacy, ethics, convenience and apprehension will they truly take an active role in the larger **dialogue** of how the **associative technologies** will develop.

기 때문이다. 마지막으로 건축가들은 희망하는 행위와 지어진 환경사이의 관계가 근본적으로 얼마나 중요한지를 이해하고 있으며 이런 관계들을 어떻게 실현하여야 하는지에 대해서 많은 경험이 있기 때문이다.

아담 그린필드Adam Greenfield는 에브리웨어everyware 라는 어휘를 만들어 정보 프로세스 과정이 개인 컴퓨터의 맥락에서 지어지는 환경 어느 곳에도 존재하는 상황을 묘사하고 있다. [01] 감지, 연산처리 그리고 출력은 컴퓨터 밖으로 나와서 일상생활의 물체와 형식에 집적embed되어 있다. 일상적인 건물 안에 있는 이런 시스템들이 우리의 행위에 어떻게 영향을 주는지에 대한 이슈는 건축가들이 곧 다가올 미래에 직면해야 할 이슈들일 것이다. 디자이너들이 건축적인 스케일과 또한 이 스케일에 관계된 프라이버시, 도덕ethics, 편의성 그리고 우려를 고려하여 상호작용 시나리오를 생각해야만 관계된 테크놀로지가 어떻게 발전해야 할지에 대한 대화가 제대로 일어날 것이다. 인간 행동에 대한 이슈와 더불어서 지속가능성의 이슈 또한 건축적 논의에서 가장 중요하다. 이 분야와 관련된 인터랙티브 디자인의 가능성과 함축성은 아직 제대로 연구되지 않았다. 인터랙티브 디자인과 에너지의 효율적인 디자인을 결합하여 만들 수 있는 애플리케이션은 이제 건축가들에게 있어서 도덕적인 요구사항이 되었다.

인터랙티브 시스템 디자인의 시작은 우선 건축을 디자인하는데 인터랙티브한 능력을 처음부터 고려하는 것으로 시작된다. 건축가의 역할, 혹은 더 중요하게 건축가를 필요로 하는 상황은 인터랙티브한 환경을 창조하는데 있어서 절대 줄지 않는다. 오히려 점점 공간창조의 이유가 되는 인간적인 이슈들에 대한 이해가 있는 이들이 점점 더 중요해 질 것이다. 건축가들이 이런 분야의 스페셜리스트가 될 필요는 없지만 건축가는 이런 디자인의 새로운 영역이 그들이 디자인하고 있는 프로젝트에 어떻게 영향을 주고 또한 향상을 시킬지에 대한 가능성을 이해하고 있어야 한다. 이런 새로운 시스템이 디자인 될 때, 실제적인 세상에 어떤 이익을 줄 수 있는 가능성을 고려하는 것도 중요하다. 실제 시공과 운영operation은 건축가가 인간과 환경 조건에 대한 실제적인 고려를 할 수 있는 능력을 키우게 해줄 것이며 생산과 운영에 대한 단순한 가설을 극복할 수 있게 해줄 것이다. 따라서 건축가는 IA 디자인 개발에 실용적이고 인간적인 숙고를 가지고 동등하게 참여해야 한다.

새로운 콘셉트와 아이디어는 실제적인 형태와 실제 세계에서, 인간 스케일을 고려해서 테스트 되어야 하는데 이는 이런 실제적인 실험이야말로 그 가능성과 모자람deficiencies에 대해서 가장 확실한 식견을 줄 것이기 때문이다. 이미 지어진 선례들을 통해 미래의 가능성을 보게 된다. 전문가들에게 가장

Architects need not become specialists in this area but should clearly understand the potentials of how this new area of design could **impact and/or enhance the projects** they are designing.

중요한 결과를 준 프로젝트들은 공공영역에서 현실적으로 실제 스케일로 만든 공간과 실체적인 물체를 생산한 프로젝트들이었다. 또한 이런 새로운 인터랙티브한 시스템을 이해하고 디자인하기 위해서 건축가들과 디자이너들은 건축과 나란히 만들어지고 있는 새로운 도구들, 생산 방법, 재료, 그리고 주변 분야의 기술들을 인지하고 있는 것 또한 매우 중요하다.

새로운 도구들과 학습법

실험을 위한 몇 가지의 새로운 유형의 도구들과 방법들이 프로토타입을 만들고 테스트하는 방법들을 바꾸고 있다. 생산 도구들, 즉 컴퓨터 연산 컨트롤 [CNC], 레이저 커팅, 진공성형 그리고 3차원 프린팅 등은 요소들을 좀 더 저렴하고, 정확하고, 그리고 빨리 만들 수 있게 되어서 프로토타입 과정을 가속화시키고 있다. 또한 이런 도구(기계)들은 점점 더 일상화 되고 있으며 훨씬 더 정교해 지고 있다. 이런 자동화된 도구들은 이 전의 수동 생산 기술보다 몇 가지 장점이 있는데 이는 소프트웨어 상으로 만든 삼차원 모델들을 실제 스케일로 디자인 할 수 있게 해주며 이런 모델들의 요소들을 바로 생산fabricate 할 수 있게 해준다. 이런 방법들은 디지털 시뮬레이션과 이런 시뮬레이션 데이터에서 실제 물체를 만드는 경계를 흐리게 만들고 있다. 새로운 유형의 실험 방법들은 프로토타입에 실험을 하면서 실시간으로 체크를 할 수 있다는 면에서 시공자들에게도 상당히 유용하다. 이런 실시각 피드백이 가능한 프

The use of **tools with real-time feedback** for prototyping behaviors can greatly influence the overall process of design and can have a profound effect upon the final end product.

로토타입 방식은 디자인의 전체적인 과정에 큰 영향을 끼칠 것이며 궁극적으로 완성되는 상품 자체에도 깊은 영향을 끼치게 된다. 디자인 프로세스는 또한 시뮬레이션과 생성적 디자인에 쓰이는 컴퓨터 도구들로 인해서도 많은 영향을 받는다. 이런 모든 기술과 방법은 우리가 어떻게 만들고, 테스트하고, 배우는지에 대해서도 영향을 끼친다.

지난 15년간 비행업체, 자동차, 보석, 기계 그리고 다른 산업에서 쓰이는 디지털 생산 도구들이 건축가와 디자이너들에 의해서 프로토타입 부분들을 만드는데 사용되기 시작하였다. 몇몇 건축대학 및 디자인 학교들은 디지털 생산도구들을 가르치기 시작하였으며 건축의 영역에서의 가능성을 찾는 도구로서 새로운 강의 커리큘럼을 만들어 왔다. 예를 들어 CNC는 근래에 생산 산업을 진적으로 변화시켜 왔다. CNC는 기계도구를 조정하는 컴퓨터 컨트롤러를 지칭한다. 인터랙티브 시스템 디자인에 있어서의 중요성은 생산과정보다는 디자인 프로세스에 더 관계되어 있다. 래피드 프로토타이프Rapid prototyping와 정교하게 물체를 만들 수 있는 능력은 CNC산업이 복잡한 3차원적인 요소를 디자인하는데 큰 영향을 끼쳤다. 래피드 프로토타이프Rapid prototyping은 제거보다는 부가addition 원리로 작용하는 자동화된 생산방식의 새로운 유형을 보여준다는 데서도 가능성이 있다. 후에 "새로운 지평New Horizon"에서 이런 기술의 건축으로의 이전에 대해서 더 논하게 될 것이다. 이런 생산 도구들과 과정은 저렴한 프로토타입을 신속하게 만들 수 있는 장점이 있지만, IA 프로토타입을 테스트할 시에는 특정한 기술로 요소를 생산하기 전에 테스트의 목적이 무엇인지를 정하는 것이 더 중요해진다. 예를 들어 사람의 제스처를 어떻게 감지하여 이를 건축에서의 적응하는 가구와 연결을 시킬지에 대해서 연구를 하려 한다면, 특정한 하나의 테스트보다는 테스트의 전체 영역을 명확히 생각하는 것이 더 중요하다. 다이내믹한 환경에 관계된 프로토타입을 테스트할 시에는 단순히 하나의 특정한 순간이나 테스트를 하는 것보다 다양한 행위의 배열이나 입력 세트에 대한 다수의 테스트를 하는 것이 중요하다. 특정한 하나의 테스트에 대한 결과는 이 결과를 전체의 부분으로 실증하거나 뒷받침하는 다른 테스트들의 고려없이는 매우 잘못될 수 있다. 또한 중요한 것은 이런 도구들은 경험이 많은 전문가가 작동하는 것이 중요하다는 것이다. 브라이언 로슨Bryan Lawson은 "이런 도구와 작업할 수 있는 디자이너의 경험과 기술은 전통적인 디자인 프로세스에서 필요로 하는 경험과 기술과는 많이 다를 수 있다."고 지적한다.[02] 이미 우리는 건축 직업profession에서 학교에서 CNC 기계와 관련된 전문적인 영역이 생기는 현상을 목도(목격)하고 있으며 생산자들에서도 건축가와 특별한 관계를 맺어 특정한 요소들을 생산하는 직업군

The integration of computational tools, such a 3D modeling software for real-time simulation and actual physical testing into the process of designing also allows designers to confront and anticipate many of the issues that occur when building at full scale.

을 볼 수 있게 되었다.

컴퓨터 도구들의 통합, 즉 실시간 시뮬레이션을 위한 3차원 모델링 소프트웨어에서부터 디자인 프로세스에서 실제적 물체의 테스트까지의 통합은 건물을 실제 스케일로 지었을 때 당면할 수 있는 문제들을 디자이너들이 미리 알 수 있게 한다. 예를 들어 간단하지만 프로그램이 가능한 키네틱 프로토타입으로 구조물이 특정한 시나리오를 견뎌낼 수 있는지 테스트를 함으로서 기계적인 문제들을 미리 인지하는 것은 매우 중요하다. 이런 실시간 테스트들은 디자이너들에게 가장 도움이 되는데, 이는 컴퓨터 모델로서만 발전된 아이디어를 실제적인 상황에서 테스트를 하기 때문이다. 우리는 컴퓨테이션이 디자인 프로세스에서 다른 어떤 도움들을 줄 수 있는지 이제야 발견하고 있다. 생성적 디자인generative design은 컴퓨테이션이 디자인을 생성할 수 있는 방법들을 모색하는 것으로 건축에서는 생성적 알고리듬genetic algorithm이 가장 많이 쓰이고 있다. 형태 문법Shape grammars 은 기하학적인 형태를 만들어내는 컴퓨터 생산 시스템의 일종이다. 이들은 형태를 통해서 만들 수 있는 디자인의 시각 컴퓨테이션의 기본이 된다. 이 형태 문법은 간접적으로 텍스트나 심벌에 의한 연산computation에서 직접적으로 형태를 연산하여 만드는 디자인의 가장 초기의 알고리듬 시스템algorithmic systems이었다.

또한 중요한 사항은 이런 새로운 도구의 사용은 디자이너의 역할을 재위치 시킨다는 것이다. 패스크Pask는 "여기서의 건축가의 역할은 빌딩이나 도시를 디자인하기 보다는 이들을 촉진시키는 것이다: 이들이 진화할 수 있게 행동하는 것이다."라고 말한다. 어느 면에서 생성적인generative 시뮬레이션은 디자인을 대체하게 되는데 이는 디자이너들은 이 소프트웨어를 이용해서 새로운 형태를 디자인한다기보다는 양육하기 때문이다. 흥미롭게도 예전의 전통적인 디자인 기술이 CAD 환경에 잘 통하지 않은 것처럼, 지금의 경험 많은 디자이너의 전문가적 지식skill set은 진화적인 디자인 방법론에 맞추어서 바뀌어야 할 것이다. 특정한 시점에서 디자이너는 디자인 결정decision에서 역할play a role을 하여야 한다. 클로드 레비-스트로스Claude Lévi-Strauss가 좀 더 추상적으로 지적하듯이 우리는 문제의 해결을 위해서 기존의 아이디어에 창조적 사고를 더 해야 한다. 여기서 중요한 점은 우리는 개념을 만들고 비교를 하는데 이는 이런 과정이 인식의 넘어설 수는 없기 때문이다. 또한 레비-스트로스는 주장하길 인간은 절대적인 의미의 창조를 하지는 않는다고 한다. "우리가 할 수 있는 최선의 행위는 아이디어의 레퍼토리에서 특정한 결합을 만들어내서 다시 재구성reconstitute하는 것이다."◊4 이런 발언은 창의적인 사고를 믿는 이들에게는 분명 반감을 살 것이다. 물론 인식적인 심벌cognitive symbols의 수에는 한

When the tools evolve with the design, the heuristics are facilitated by the tools, and not necessarily limited by their parameters. The design processes associated with interactive systems design are constantly evolving and are fostered by the consequent development of new tools.

계가 있겠지만, 여기서 만들어진 결과물로 만들 수 있는 창조물이나 창의의 양은 실용적으로 고려할 때는 무한하다. 더불어 구조는 정의에 의해서 반드시 정적인 것은 아니다. 이 정의에 의한다면 우리의 현실은 상징적인 형식symbolic forms에 의해서 만들어져 있다. 즉, 이런 시스템은 현실을 반영하는 것이 아니라 구성constitute한다. 구조는 건설적인 방법constructive manner으로 예술분야에 있어서 구문적으로 정확syntactically specific할 수 있지만, 동시에 기호학적인 해석semantic interpretation에 의해서 개성을 유지retain할 수 있다. 이런 상징적인 인식적cognitive 구조를 이해하여 얻을 수 있는 큰 장점은 디자인 프로세스의 가장 어려운 질문을 답하는데 도움을 줄 수 있다는 것이며 이는 우리가 틀린 것에서 옳은 것을 판단하거나 좀 더 옳은 것을 선택하는데 도움을 준다는 것이다. 옳은 것을 선택하는 판단은 우리의 경험, 지각, 태도 그리고 직관에 기준을 두고 가장 적당한 것을 선택한다. 아인슈타인Einstein은 [보편적 법칙을 발견함에 있어서] 논리적인 길은 없다고 하며 경험의 교감과 이해를 통한 직관에 의해서만 발견된다고 얘기하였다. 디자이너가 진화 디자인의 세계에서 중요한 결정을 가능하게 하는 재현적인 과정representational process은 다이어그램처럼 표현된 재현의 특유한 디자인의 내부적인 지식의 보고의 존재를 통해서 결정되며 이는 우리 주위의 자연적natural 세계의 경험에서 비롯된 정보를 인지하고 정리함으로서 생겨나는 구조에 바탕을 두고 있다. 만약 건축가가 인터랙티브 건축에 영향을 주는 기술의 발전의 방향을 결정하는 역할을 맡는다고 한다면 컴퓨터가computation 어떻게 건축적일지를 물어야 할 것이며 그 반대의 질문을 해서는 안 될 것이다.

여기서 중요한 점은 건축가가 디자인 과정에서 독특한 의사결정idiosyncratic decision making과 도구제작tool making의 역할을 이해하여야 한다는 점이다. 하나의 도구, 혹은 많은 도구를 가지고 디자인을 할 때, 과정의 추론heuristics은 도구의 한계와 능력affordances을 통해서 진행이 된다. 도구들이 디자인을 진화시킬 때, 추론은 도구들에 의해서 도움을 받으며 반드시 이들의 변수에 의해 제한을 받지는 않는다. 인터랙티브 시스템 디자인과 관련된 디자인 과정은 계속 진화하고 있으며 새로운 도구의 발전에 의해서도 도움을 받고 있다. 이런 디자인 도구들을 알고 유연한 요소entities로서 사용될 때 [즉 문제가 생기거나 정신적인 한계mental limitation를 느낄 때, 새로운 도구가 만들어져 이런 한계를 넘기거나 문제를 해결할 수 있게 사용될 때] 새로운 도구의 제작과 적용application은 중요하고substantial 부정할 수 없는 추론과정undeniable heursitcs이 될 것이다.

The challenge in developing IA lies in the highly technology-intensive nature of the subject matter, involving knowledge and skills that cross boundaries into engineering, computer, and behavioral sciences. There are a number of difficulties designers might experience.

교육학적인 접근

교육에서 이 토픽(IA)에 관한 새로운 코스(강좌), 이벤트 그리고 자료를 만드는 것은 디자이너와 학생에게 모두 중요하다. 간단한 기계학이나 컴퓨테이션computation에 관한 수업을 수강하는 것에 더해서 학생들은 인터랙티브 건축에 대해서 탐구하고, 사고하고 디자인을 할 수 있는 기술을 가르칠 수 있는 인터랙션 관련 디자인 강좌를 선택할 수 있도록 기회를 주어야 한다. 이런 수업의 가장 중요한 초점이 어떻게 인터랙티비티가 사용자의 행동과 공간간의 관계를 향상시킬 수 있는지에 대한 것이기 때문에 이런 강좌들은 많은 사람들에게 기회가 주어져야 한다. 이런 강좌의 효과는 아카데믹한 건축의 영역을 넘어서 다른 많은 분야에 좋은 영향을 줄 수 있을 것이며, 여기에는 디지털 미디어, 미술, 공학, 심리학 그리고 인터페이스 디자인이 포함 될 것이다.

IA는 떠오르는 영역으로서 지난 몇 년간 대단한 관심을 얻었다. 우리의 구축 환경에서 점점 그 존재가 중요해지는 상호작용성은 건축가와 디자이너에게 건축디자인에 있어서 상호작용적이고 적응 가능한adaptive 시스템을 개발하도록 요구하고 있다. 하지만 대부분의 건축학과 학생들과 환경전공 학생들은 이 영역에 노출되어 있지 않다. IA를 발전시키는데 있어서 가장 큰 도전(어려운 점)은 이 분야가 상당한 기술집약적 특징이 있으며, 여기에는 경계를 넘어 엔지니어링, 컴퓨터 그리고 행태과학behavioral science을 포함한 지식과 기술이 필요하다는 점이다. 여기에 디자이너들이 경험할 몇 가지의 어려움이 있다. (따라서 디자이너들은 몇몇 어려움을 겪게 될 것이다.) 이런 어려움들은 디자이너들이 컴퓨터와 엔지니어링에 대해 가지고 있는 심리학적인 거리(벽)를 넘어야만 풀릴 것이다.

교육학적인 접근방법으로서 이런 거리는 디자이너들이 작고, 탐구적이고, 실제 손으로 만드는 작업을 통해 점점 큰 스케일로 커지는 과정에서 엔지니어링과 컴퓨터 요소를 적용하여 넘어설 수 있다.

While gaining (elementary) competence using an interdisciplinary approach, the ultimate goal is for students to overcome psychological barriers and have the confidence to communicate with engineers and programmers about their design intentions in an effective manner.

이런 예로서 개별적 학제적 학습 방법이 아래에 소개되어 있다. 초기에는 키네틱 기능을 기술적인 디자인 전략으로서 다양한 문맥과 목적에 유연하고 형태적으로 효율적인 건물 유형이나 물체를 만드는 방법으로 소개할 수 있다. 여기서 중요한 것은 변화하는 요구를 만족시킬 수 있는 공간이나 물체를 만드는 방법을 이해하는 것이다. 이후에 기계적인 구조에 대한 기본적인 공학적인 콘셉트가 소개될 수 있다. 동시에, 학생들은 다양한 기계적인 움직임과 연결부위 등을 자신들이 관심 있는 사물과 구조에서 연구할 수 있으며 그리고나서 하나의 구조를 선택해서 그 원리를 자세히 살펴볼 수 있을 것이다. 학생들은 그 기계적인 구조를 만들어보면서 기본적인 키네틱 능력을 더 향상시켜 본다. 다음 단계로 학생들은 전기의 기본적인 개념과 센서와 모터의 사용을 배운다. 마이크로 컨트롤러와 작업하면서 학생들은 운동을 작동시킬 수 있는 센서뿐만 아니라 기계적인 연결부위를 수단으로 사용하는 방법을 배울 것이다. 이 시점에서 행태의 개념을 소개하여 학생들이 자신들의 기계적인 구조의 의도된 행위를 디자인하고 합리화할 수 있게 하고 건축적인 애플리케이션에 적용될 수 있는 인터랙티브한 행태를 디자인해 보는 것이다. 이런 방식으로 초기의 모델은 점점 복잡하게 발전되어 자동적인 기능을 처음에는 적용하고 후에는 좀 더 복잡한 자율적인 행위를 유도하고 마지막으로는 건축적인 적용가능성과 개념적인 성찰insight를 탐구하게 된다.

건축가를 위해서 맞추어진 이런 접근 방식은 전기, 컴퓨테이션 그리고 기계적인 토픽들의 기본적인 사항만 다루게 된다. 이런 전략은 일반적인 건축 디자인 전략과는 반대된다. 일반적인 건축 전략이 거시적 레벨에서 시작하여 문제를 발견하고, 여기에 대한 연구를 하고 그 후 디자인을 하는데 반해서, 학생들은 미시적 레벨에서 시작하여 처음에 기계적인 구조를 디자인 한 후, 센서와 모터를 더해서 시스템을 "키우고grow" 그 후 시스템의 행태behavior를 디자인하고 마지막으로 사용의 큰 맥락에서 시스템의 애플리케이션으로 발전시킨다. 이런 교육적 방법의 목적은 학생들이 우선 반응 시스템의 핵심에 우선 집중하게 만드는 것으로 적응의 가장 기본적인 수단 그리고 이런 수단을 상호작용성에 적용하는 것을 배우는 것이다. 이런 접근 방식은 학생들이 처음부터 물리적으로 인터랙티브한 행위를 할 수 있는 인텔리전트한 구조나 건물을 디자인한다고 했을 때의 위압적인 심리적 효과를 줄일 수 있다. 이렇게 직접 작업을 할 수 있게 하는 교육법은 학문 제휴의 경계를 넘어서는데 큰 효과를 발휘하는 것으로 증명되었다.[◊5]

One of the most important qualities needed to design IA is an **enthusiasm to experiment** with new technologies that is driven by innovation rather than market profitability.

이런 접근 방식은 학생들로 하여금 인터랙티브 건축에서 자신들의 디자인 아이디어와 의도를 시뮬레이트하지 않고 실제로 만들 수 있게 한다는데 그 중점이 있다. 이런 학문 제휴적인 접근방식에 익숙하게 만들면서, 궁극적인 목표는 심리적인 장벽을 넘어서 효과적으로 자신의 아이디어를 엔지니어와 프로그래머들과 소통할 수 있는 자신감을 심어주는 것이다. 이런 자신감은 학문 제휴적인 디자인의 발전을 지휘하는 건축가의 참여를 향상시킬 수 있다. (여기서 흥미로운 것은 건축가와 디자이너라는 어휘를 혼용하여 쓰는 저자의 자세이다. 이는 내가 생각하는 건축가의 역할과 연결이 될 듯하다.) 디자이너는 엔지니어링(기계와 제작과 컴퓨테이션날한 하부 구조computational substructure에 대한 기본적인 지식을 소유하고 있어야만 하며 이를 더불어 디자인 행위의 기본적인 기술과 개념적 지적을 통해서 전체 구조로 발전시킬 수 있다. 여기서 소개된 교육 접근 방식은 수많은 예 중의 하나이겠지만 중요한 것은 IA의 복잡성과 학제제휴의 전문화를 달성하기 위해서는 어느 정도의 계몽이 필요하다는 점이다.

학계의 주도

IA를 다루는 학계의 프로젝트가 선진적인 이유에는 몇 가지가 있다. 학계에서 디자인되고 실험되는 인터랙티브 건축의 많은 장점 중에는 전체 과정에 학생들이 가지고 있는 특별한 열정enthusiasm과 높은 에너지 레벨에 있다. 학계에서의 경력은 동료 심사peer-reviewed를 통한 혁신으로 정의된다. 더해서 특정한 하나의 토픽에 대한 연구는 흥미로운 개인의 실험이 진행되면서도 여러 학생이 같은 토픽을 가지고 진행하기 때문에 집단적인 지식의 축척을 되어서 좀 더 정밀한 연구가 진행될 수 있다. 학계에서 진행되는 인터랙티브 프로젝트 디자인의 장점도 많지만 여기에는 몇 가지 단점도 존재한다. 단점에는 우선 예산이 제한적이라는 것, 따라서 프로젝트의 스케일과 범위가 제한된다는 것, 학생의 실력skill이 뛰어나지 않다는 것 그리고 시간적 제한이 있다는 것이다. 하지만 IA를 디자인하는데 있어서 가장 중

Through discretely gaining elementary interdisciplinary confidence, students are able to have the **confidence to communicate** with engineers, programmers and other specialists their design intentions in an effective manner.

요한 사항은 시장성보다는 이노베이션에 관심을 두고 새로운 테크놀로지를 실험하려는 열정이다. IA 같은 학제간 주제에 건축 디자이너들이 접근할 때, 즉 프로그래밍, 키네틱 엔지니어링 혹은 로보틱스 robotics 등의 주제task를 접근할 때 가장 중요한 것은 긍정적 태도이다. 디자이너가 이런 시스템을 개발할 수 있는 배경지식이 없는 경우 시작부터가 어려울 수 있다. > Fig. 1

연구가 바탕이 된 프로젝트에 비해서, 학생의 작업은 IA에서 창의성을 제한하는 일반적인 압박을 벗어나서 작업할 수 있는 자율성이 있다. 학생이 이런 자유도를 가지고 실험하고, 실패하고, 또 과정을 통해서 배워 나감으로서 보급dissemination이 일어나며 이는 이 분야의 빠른 진보advancement에 도움이 된다. 또한 학생 프로젝트가 가치가 있는 것은 하나의 토픽에 대해서 학생집단(그룹)은 굉장한 양의 집합적(공동적) 정보와 에너지를 만들어 낼 수 있기 때문이다. 학생들은 여러 다른 배경을 가지고 있으며, 이는 전체 집단에 확장된 기술 종류와 다른 시각을 제공하게 된다. 따라서 이런 다른 목소리들이 모이는 집단적 브레인스토밍(brainstorming: 일정한 테마에 관하여 회의형식을 채택하고, 구성원의 자유발언을 통한 아이디어의 제시를 요구하여 발상을 찾아내려는 방법)은 큰 비전을 만드는데 큰 역할을 한다. 학생의 수 자체도 중요한 장점이 되는데 하나의 연구의 영역에서 실행되는 프로젝트의 개수가 자연스럽게 증가하기 때문이다. 대부분의 경우 집합적인 과정을 통해서 얻게 된 지식이 특정한 주제에 대한 넓은 범위의full breadth 연구로 나타난다. > Fig. 2

자금 조달의 어려움도 (특히 학생이 각각 자신의 연구비를 충당할 때) 장점일 수 있는 것이 학생들이 디자인의 가장 중요한crucial 요소에 집중하여 발전시키고, 프로토타입을 만들고 테스트를 한다는 것이다. IA에서 디자인 의도를 보임에 있어서 중요한 것은 시뮬레이션이 아니라 시연의 방법이다. 이런 적응 행태의 필요한 물리적인 모델은 시간과 경제적 자원으로 제한받으며 실스케일 프로토타입을 만드는 것은 쉬운 일이 아니다. 대부분의 경우 하나 혹은 두 개 정도의 테스트가 실행되며 이를 관찰하는 이들은 실제 건축 스케일로 이런 시스템이 적용 가능한 것을 "어느 정도 상상 fill in the blanks"하여야 한다. 학생의 초보적 시각은 스케일이 작은 프로토타입에서는 아주 유익하지만 또한 이는 학생들이 생산과정에서 교수나 다른 전문가의 지식과 기술 지식에 의존해야 해야 함을 의미한다. > Fig. 3

IA의 학제적 성격은 상당히 이로운데, 이는 건축 디자이너들이 디자인 과정에서 다른 학문을 고려할 때 자연스럽게 일반적인 규칙을 무시하기 때문이다. 이는 다시 경계의 교차와 다른 다양한 영역의 직접적인hands-on 지식의 수반 습득을 일어나게 한다. 의식하지 않으면서 학제적인 자신감을 획득

> Fig. 1: Michael Fox with students at Art Center College of Design: Chris Alvarado, Scott Franklin, Nathan Lewis, Donna Salazar, Bao Vo, Vlademir Martinez: *i-dining*, exhibited at the JACC, Los Angeles, California.

> Fig. **2**: Michael Fox with students at Sci-Arc, *i-zoo*.

> Fig. **3**: Michael Fox with students at Art Center College of Design: *i-spa*.

Students of architecture should take courses in mechanics, computation, biology, etc., in order to accumulate a superficial knowledge base in these domains.

하게 되면서 학생들은 또한 자신들의 디자인 의도들을 엔지니어, 프로그래머 그리고 다른 전문가들에게 효과적으로 전달하는데 자신감을 갖게 된다. 건축을 한다는 행위는 매우 복잡한 행위이며 건물을 디자인하고 건설하는 데는 수많은 전문가들이 필요하며 여기에는 엔지니어, 건설관리자, 조명전문가, 기계 전문가, 음향 전문가, 재정전문가, 법규전문가 등이 포함된다.[◊6] 이들과의 협력이 쉽지만은 않다. 그것은 각각의 전문가들은 다른 교육 배경을 가지고 있고 따라서 다른 전문가들과 다른 목적과 판단기준 그리고 방법론을 가지고 있기 때문이다.[◊7] IA는 건물 중에도 더 복잡한 유형이기 때문에 더 많은 전문가를 필요로 한다.[◊8] 하지만 참여하는 전문가들의 각각 다른 배경은 오해와 정보 전달에 있어서의 오역의 원인이 되며 이는 실수와 분쟁으로 이어진다.[◊9] 건축과 학생은 기계, 컴퓨터computation, 생물학 등의 과목을 수강하여 다양한 영역의 기본적superficial 지식을 습득하여야 한다. 이로서 건축가는 다른 전문가들의 시각과 동시에 일반적인 관심을 이해할 수 있을 것이며 자신의 디자인 의도를 좀 더 명확히 전달하여 궁극적으로 팀 안의 협력을 좀 더 원활히 할 수 있게 할 것이다. 건축은 엔지니어링과 전문화된 컨설턴트들에게 새로운 역할을 부여할 것이며 IA의 다음 세대를 정의하고 디자인할 것이다.

The value of such **real-world understandings** is a huge asset to the field at large. Such projects, which are essentially usable prototypes, are great for testing specific ideas, but the real test is to see how the environments perform with users that inhabit or interact with them every day.

클라이언트와 사용자의 주도

특정한 사용자나 클라이언트를 위해서 지어진 프로젝트는 건축분야 발전에 몇 가지 장점과 단점을 제공한다. 이런 유형의 프로젝트의 가장 큰 장점은 실제 스케일로 현실화 될 수 있는 가능성이 높다는 데 있다. 이런 유형의 프로젝트들은 적당한 스케일의 건물로 보통 방 하나, 연속된 몇 개의 방 혹은 소형 주택 등이다.

클라이언트에 의해서 시작된 프로젝트가 실제 스케일로 지어지기 때문에, 이런 프로젝트는 현실적인 문제를 이해하는데 매우 중요한 수단이 된다. 이런 유형의 프로젝트는 보통 한 개인 혹은 몇몇의 사람 - 주로 가족-을 위해서 지어진다. 이 스케일에서, 디자이너들은 더 큰 스케일에서 가능한 것이 무엇인지를 알 수 있게 하는 식견을 가능한manageable 프로젝트에서 실험하고 제작fabricate함으로서 얻을 수 있다. 또한 건축과 사용자의 행태를 정확히 이해될 수 있으며 (거주후 평가user occupancy evaluation과 기록documentation을 통해서) 한계점까지 건축 환경을 실험exploitate할 수 있다. 실제 상황real-world에 대한 이해는 이 분야 전체를 위해서 매우 중요한 자산이다. 사용할 수 있는 프로토타입이나 마찬가지인 이런 프로젝트들은 특정한 아이디어를 테스트하는 데에도 좋은 프로젝트이지만 진정한 테스트는 매일매일 생활하는 거주자가 생활하면서 제작된 환경의 성능을 판가름 할 수 있을 것이다.

클라이언트 프로젝트의 또 다른 장점은 이런 프로젝트가 경제적인 고려를 하여야 한다는 것이다. 가능한 예산을 유지하는 것은 상호작용 성을 가능하게 하면서도 기술이전을 고려하여야 한다. 기술이전이 가치있기는 하지만 클라이언트 주도based initiative의 특성상 특정한 목적을 위해서 주문 제작된 부품과 소프트웨어를 만들어야 하는 필요성이 있다. 또한 이는 이런 요소들과 과정processes이 미래의 프로젝트, 혹은 IA 분야에 다시 재사용되거나 재판매 될 수 있는 것을 고려하여야 한다.

아주 특정한 클라이언트 주도의 프로젝트의 단점은 많은 경우에 상호작용성이 클라이언트의 개인적인 욕구나 필요를 만족시키는데 쓰인다는 점이다. 물론 이는 시스템이 단순히 하나의 특정한 그룹의 욕구만을 만족시키기 위해서 디자인 되어야 한다는 의미는 아니다. - 사실, 이런 시스템의 중요성은 개인과 상호작용하는 방법을 다양한 상호작용을 통해 시간에 거쳐서 배운다는 의미가 있다 - 하지만 하나의 목소리(개인)가 전체 프로젝트의 추진력이라는 것은 무시할 수가 없다. 많은 경우에 클라이언트의 목표를 만족시키기 위해서 프로젝트는 매우 개인화되어 일반적인 적응 행태가 요구하는 다른 프로젝트에 여기서 개발된 요소들을 쓰기 어려운 경우가 생긴다.

기업 주도

기업 주도형의 IA 프로젝트는 다른 프로젝트에 비해서 스케일이 크다. 여기에도 역시 장점과 단점이 동시에 존재한다. 이런 유형은 넓은 대중을 대상으로 디자인이 되며 많은 사용자를 위해서 디자인된다. 이런 프로젝트는 보통 큰 공공의 장소나 도시적인 스케일을 갖기 때문에 자연스런 노출이 수반되어 다른 IA 프로젝트에 비해서 훨씬 큰 광고효과를 갖게 된다. > Fig. 4

많은 수의 사용자를 염두에 두고 만들어지는 기업 프로젝트는 따라서 큰 기업의 기반, 즉 가게나 인구밀도가 높은 도시 문맥에서 만들어 진다. 그런 프로젝트는 다수의 사용자들이 동시에 사용하는 것을 전제로 개발된다. 이런 유형의 상호작용성을 위해서 많은 분야의 전문가들이 모이게 되며 완성 후 많은 일반 대중을 끌어들인다. 이런 노출은 IA를 위해서 매우 중요한데, 이제까지 개인을 위한 사

> Fig. **4**: Electroland LLC, Cameron McNall and Damon Seeley, *Target Breezeway.*

Corporate projects, because their intended audiences consist of a large number of users, typically exist in **large corporate settings, stores, or densely populated urban** contexts. Such projects are developed with the intention that they will be used by multiple users at once.

적인 제품 디자인이나 디지털 미디어에 익숙한 대중에게 인터랙티비의 아이디어를 알릴 수 있기 때문이다. > Fig. 5

이런 유형의 인터랙티브 프로젝트의 예산은 규모가 큰 것이 일반적이다. 이는 초기단계부터 많은 실험을 가능하게 하여 초기의 아이디어 개발이 더 진행되어 기업으로 하여금 더 많은 예산을 사용할 수 있게 유도할 수 있다. 또한 이런 프로젝트가 잘 진행되면 거대 기업과의 장기간 관계를 형성할 수 있게 할 가능성이 있으며 이는 대중들을 위한 상품이나 환경에 브랜드 및 건축의 인터랙티비의 아이디어를 집적할 수 있는 기회로 이어질 수 있다. 이런 기업과의 관계는 인터랙티브의 개념concept을 전례 없는 수준으로 극대화시킬 수도 있다. 이런 시도는 새로운 디자이너들에게 매우 유용할 수 있는데, 이는 성공적인 프로젝트를 바탕으로 새로운 기회를 찾을 수 있기 때문이다. 하지만 결국 이런 시도를 하는 건축가들은 이미 선례가 있는 안전한 프로젝트보다 새로운 시도가 더 이점이 많다는 것을 설득하여야만 할 것이다.

기업이 주도된 IA의 분명한 단점은 개인적인 레벨에서의 특정함이 없다는 것이다. 프로젝트들이 대형화되고 도시 스케일에서 디자인되기 때문에 특정하지 않은 데이터에 의존하여 일반적인 상호작용성 만을 고려하게 되며 사람들과의 직접적인 상호작용에 초점이 맞추어져 있다기 보다는 사람들이 환경에 어느 정도의 영향을 주고 있다는 사실 자체에 더 초점을 맞추게 되는 경우가 많다. 하지만 기업 주도형 프로젝트의 장점은 단점을 초월하고도 남으며, 기업 브랜드corporate branding과 관계된 혁신적인 노출을 받는 다는 것이 무엇보다 중요하다. 브랜딩이란 용어는 전통적으로는 상품이나 서비스에 대한 독특한 아이덴티티를 만드는 것이고 경쟁 기업과 다른 구별되는 효과를 목표로 한다. 기업의 브랜딩도 같은 방법론을 적용한다. 기업 브랜딩이 많은 행위(activities)가 포함된 복잡한 작업이기는 하지만, 이런 브랜딩 행위에서 건축이 하는 역할은 이제까지 간과되어 왔다. 근래에 몇몇 기업들이 건물에 인터랙티브한 전략을 적용하여 소비자의 마음에 강한 각인을 하는데 성공하였다. 건축 자체가 소통의 역할을 하고 기업과 연관된 아이덴티티를 가질 때, 이제까지 가능하지 않았던 특정한 브랜드에 대한 개인적 선호personal attachment와 친근감level of accessibility를 만들어 낼 수 있다.

> Fig. **5**: LAb[au]: laboratory for architecture and urbanism, Philippe Samyn & Partners, M & J. M. Jaspers, J. Eyers & Partners, Barbara Hediger, *Touch*, interactive urban installation.

Every year IA becomes increasingly **feasible** from an **economic standpoint**. Recently a number of different factors and demands have drastically accelerated the feasibility of prototyping, as well as full-scale implementation.

경제적인 가능성

매년 IA는 경제적인 관점에서 훨씬 더 가능해지고 있다. 근래에 들어 몇몇의 새로운 요소와 욕구는 프로토타입을 만드는 과정을 훨씬 더 쉽게 만들고 있으며, 이는 실제 스케일의 적용도 마찬가지이다. 이런 가능성의 변화는 앞의 3 단section에서 다룬 여러 가지 과정들, 테크놀로지 그리고 인식의 변화에 기초하고 있다. 건축과 병행되는 다른 상호작용적인 분야들 - 홈오토메이션 등의 - 또한 IA 프로젝트에서 쓰이는 테크놀로지에 대한 수요를 높이는데 도움을 주고 있다. 이런 요구는 하드웨어와 소프트웨어는 더 저렴하고, 더 강력하게 그리고 더 용이하게 하는데 도움을 주고 있다.

과거에는 IA를 실험하고 싶었던 건축가와 디자이너들은 테스트하는 상황이 매우 제한되었는데, 이는 하드웨어, 소프트웨어 그리고 생산과정의 비용이 컸기 때문이다. 이는 결국 테스트와 실험할 수 있는 분량에 제한을 주었으며 대부분의 테스트들은 현실의 실험이 아닌 소프트웨어 시뮬레이션으로 대치되었다. 하지만 이제는 학생들이나 전문가들을 위한 다양한 자원들이 사용가능하기 때문에 이들은 단순하고 저렴한 프로토타입을 빠르게 만들어 볼 수 있다. 예를 들어 톰 이구에Tom Igoe와 단 설리번Dan Sullivan은 인터랙티브 시스템을 만드는데 있어서 초기 디자이너들에게 상당한 도움을 줄 수 있는 『물리적 컴퓨터 Physical Computing』 라는 책을 저술해 큰 도움을 주고 있다.◊10 다른 소중한 자료로서 우스만 하크Usman Haque가 쓴 『로우 테크 센서와 작동기Low Tech Sensors and Actuators』 라는 책도 있으며◊11 류아이리 글린Ruairi Glynn의 Interactivearchitecture.org 같은 자료를 제공하는 블로그 등도 존재한다.◊12 이런 자양한 자료들은 지금 사용할 수 있는 테크놀로지와 상품들을 소개하고 있으며 상호작용적인 프로토타입에 사용할 수 있는 전략들을 소개하고 있다.

우스만 하크Usman Haque가 쓴 『로우 테크 센서와 작동기Low Tech Sensors and Actuators』 라는 책은

In the past architects and designers who wanted to experiment with IA were greatly limited in the possibilities for testing, because the hardware, software, and manufacturing logistics were cost-prohibitive.

특히 흥미로운데, 여기서 우스만은 장난감이나 다른 영역의 인터랙티브 프로젝트에서 찾을 수 있는 테크놀로지를 재활용해서 만들 수 있는 프로젝트를 대학 수업에서 실행한 내용을 기술하고 있다. 그는 기술한다 "새로운 미디어 예술가들과 건축가들은 과학자들이 인터랙션의 시성poetries를 탐구하는데 필요로 하는 정밀함과 정확성을 필요로 하지 않는다. 따라서 이들은 흥미로운 인터랙티브한 프로젝트를 개발하는데 있어서 복잡한sophisticated 기기를 필요로 하지 않는다. 따라서 이들은 가진 것을 극대화시키는-방법 making-the-beet-of-what-we-have 접근방식으로도 충분히 작업할 수 있다."◊13 이 책에서는 또한 상점에서 살 수 있는 아이들용 장난감이 어떻게 다양한 방식으로 프로토타입을 만드는데 쓰이는지를 보여주고 있다; 예로 아이들용 워키토키(무전기)를 이용해서 무선 네트워크를 만들고, 장난감에 사용된 모터를 재사용해서 키네틱한 기계mechanic을 만들거나 리모트 컨트롤을 이용해서 프로토타입을 조정을 한다.

프로토타입 제작이 저렴해진 또 하나의 이유는 마이크로프로세서를 생산하고 사용하는데 관련된 테크놀로지와 소프트웨어의 발전advancement에 있다. 현재에는 마이크로프로세서를 프로그램 하는데 사용될 수 있는 다수의 운영 시스템 소프트웨어가 존재한다. 또한 몇몇 새로운 기업들은 코딩(프로그램)에 대한 지식이 많지 않은 사용자들이 쓸 수 있게 인터랙티비를 쉽게 프로그램할 수 있는 더 단순한 마이크로프로세서를 생산하여 기존의 마이크로프로세서 회사들과 경쟁하고 있다. 사용자들이 마이크로프로세서 프로그램에 대해서 점점 더 지식을 갖게 되면서 훨씬 더 저렴한 타출된 프로세서stamp processor - 예를 들어 주변기기 인터페이스 컨트롤러Peripheral Interface Controller [PIC] 등을 이용하게 되면 프로토타입 인터랙티브 시스템 제작은 극도로 저렴해진다. 마지막으로 새로운 직접 가능한 [DIY] do-it-yourself 자원들은 테크놀로지의 새로운 유형과 관계되어 꾸준히 만들어지고 있으며, 이런 기술을 쓸 경우에는 약간의 상상력으로도 인터랙티브 프로토타입을 만들 수 있다. 인터넷 상의 비디오 자료의 증가는 콘텐트의 증가 및 탐색을 쉽게 하는 것뿐만 아니라 기존의 근접한 분야의 테크놀로지를 건축 프로젝트에 적용하는 아주 자세한 가이드들을 제시하고 있다. 새로운 DIY 테크놀로지는 계속 증가하고 있으며 저렴한 프로토타입을 디자인하고 제작할 때 많은 도움을 줄 것이다.

새롭게 대두되는 테크노로지의 경향은 IA의 미래에 많은 영향을 끼칠 것이다. 다음 장에서 IA와 관계된 이런 새로운 경향을 살펴보고 이해하려고 할 것이며 또한 아직 개발 중이거나 근래에 개발된 테크놀로지도 살펴볼 것이다.

1. Adam Greenfield, *Everyware: The Dawning Age of Ubiquitous Computing* (Berkeley, CA: New Riders, 2006).
2. Bryan Lawson, *How Designers Think: The Design Process Demystified* (London: Architectural Press, 2005).
3. Gordon Pask, introduction to *An Evolutionary Architecture*, by John Hamilton Frazer (London: Architectural Association Publications, 1995).
4. Claude Lévi-Strauss, *The Savage Mind* (Chicago: University of Chicago Press, 1966).
5. Michael Fox and Catherine Hu, "Starting from the Micro: A Pedagogical Approach to Designing Interactive Architecture," in *Proceedings to CAADRIA*, Bangkok, 2006.
6. Ibid.
7. Dana Cuff, *Architecture: The Story of a Practice* (Cambridge, MA: MIT Press, 1991).
8. Yehuda E. Kalay, "The Future of CAAD: From Computer-Aided Design to Computer-Aided Collaboration," in *Computers in Building: Proceedings of the CAADfutures'99 Conference*, ed. Godfried Augenbroe and Charles Eastman (Boston: Kluwer Academic, 1999), 65–79.
9. Ibid.
10. Tom Igoe and Dan O'Sullivan, *Physical Computing* (Boston: Thomson, 2004).
11. Usman Haque, http://www.haque.co.uk/lowtech.php.
12. Interactive Architecture, http://www.interactivearchitecture.org.
13. Usman Haque, http://www.haque.co.uk/lowtech.php.

NEW HORIZ

새로운 지평

ONS

p. 208
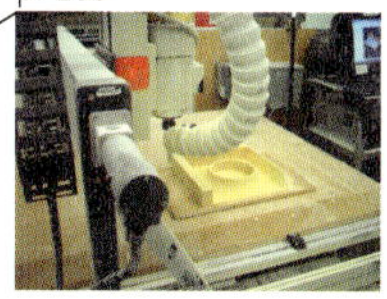
p. 213

p. 214

p. 214
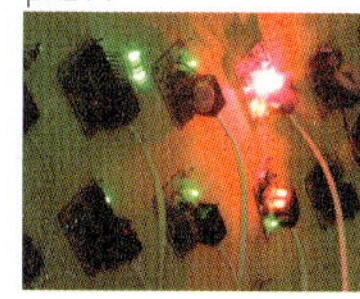
p. 218
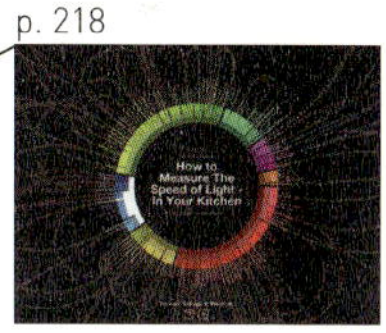

p. 221

p. 222

p. 225

p. 231

p. 235

p. 239

p. 242

인터랙티브 건축의 발전은 너무나 빠른 속도로 진보하고 있기 때문에 우리가 앞으로의 일을 예측할 수 있는 방법은 지금 우리 주위에서 일어나고 있는 일을 통해서 미래에 끼칠 영향을 가늠해 보는 것이다. IA에 큰 영향을 끼칠 수 있는 분야에 대해서는 이어지는 장section에서 기술할 것이다. 여기에는 인터페이스 디자인, 재료, 자율 로봇, 생체모방biomimetics 그리고 진화 시스템 등에서 전이될 테크놀로지다. 분명한 것은 다른 분야에서의 발전에서 비롯된 기술이전(technology transfer)은 계속해서 IA에 영향을 주고 진화시킬 것이다. IA를 디자인하는 것은 발명은 아니며 기존에 있는 기술을 인지하고 사용하여 건축적인 비전에 맞추어 변화시키는 것이다. 인터페이스 디자인 분야에서 최근에 개발된 발전들은 결국 인터랙티브 건축 환경에서도 적용될 것이다. 인터페이스 디자인은 센서의 혁신과 생산에 매우 밀접하게 연관되어 있으며 데이터와 정보를 모으는 수단에 있어서 기존에는 상상도 못했던, 방법들이 나타나고 있으며 몸짓이나 뇌파 인지에 의한 인터랙션처럼 생각해보지 못한 형식으로까지 확장되고 있다. 자율적 로봇 시스템 디자인에서 나타나는 최근의 경향은 변화하는 목표를 위해서 어떻게 인텔리전트 물체들이 같이 작업할 수 있는지에 대한 선례를 보여주고 있다. 건축적인 관점에서 보면, 로봇 분야에서의 이러한 발전은 재료 공간과 생체모방biomimetics에서의 발전에 의해서 직접적인 영향을 받은 전이적인 영역으로 간주되고 있다. IA의 미래는 건축에서 쓰이는 재료들의 스케일을 재검토하고 조정하는 과정이 포함될 것이다. 물리적인 로봇의 부품들이 작아지면, 점점 더 물체의 지능부분을 그 자체의 물리적인 형태에 통합시켜야 한다. 미래의 디자이너들은 스마트한 물체의 운동, 연결의 방식, 기하학적인 형태 그리고 집적지능embedded intelligence등을 동시에 고려하여 발전시켜야 할 것이다. 우리가 지금 목도하고 있는 상황은 우리가 이제까지 알고 있는 기계학mechanics이 끝나고 다시 스케일이 중요한 역할을 하는 시대의 도래를 보고 있는 것이다.

역사적으로 얘기하자면, 항상 새로운 재료의 사용은 건축의 방향course를 바꾸어 왔다. 근래에는 다른 분야에서 이전된 압축 형식의 생산방식과 디자인 방법론으로 형태를 만드는 형식이 재료의 혁신을 가져왔으며 이는 건축 전반에 무엇보다 빨리 전파되고 있다. 더하여 "물리적 변화"physical change에서 다룬 키네틱한 적응kinetic adaptation의 유기적인 패러다임은 로봇 분야와 새로운 재료 분야에서 근본적인 변화를 일으키고 있으며 여기서의 적응은 좀 더 총체적이며 매우 작은 내부적인 스케일의 단계에서부터 작동된다. 유기적인 패러다임은 생체모방biomimetics 분야의 풍부한 발전에서 비롯되고 있으며 이는 여기서 로봇 분야와 재료 분야의 발전의 건축적인 적용[획득acquisition이 아닌]으로 귀결된다.

Driven by the application of embedded computation into architecture, we will perhaps soon see the age of "live-by-wire" and "work-by-wire" technologies.

바이오미메틱스는 디자인, 생물학 그리고 컴퓨테이션의 교차점에 존재하는 분야이며 자연의 시스템, 과정 그리고 모델들을 연구하여 인간의 문제를 해결하는데 연구결과를 적용하는 과학이다. 진화적 시스템evolutionary system은 생물체organism처럼 작동operate하는 생물학에서 영감을 얻은 건축으로 자연의 디자인 프로세스(과정)와 직접적으로 유사하다. 여기서 중요한 사항은 진화적인 시스템의 적용은 디자이너의 역할을 재위치 시킨다는 점이다. 패스크Pask가 『진화적 건축An evolutionary Architecture』의 서문에서 썼듯이: "내가 생각하기에 여기서의 건축가의 역할은 건물이나 도시를 디자인하는 것이 아니라 촉매작용을 하는 것이다: 즉, 이들의 진화를 돕는 것이다."[01] 건축가들은 바이오미메틱스의 발전을 주시하여 이들의 아이디어와 테크놀로지를 통해서 무엇이 가능한지, 무엇을 추론해야 할지를 인지해 자신들의 미래를 결정하기 위한 비전을 창조하여야 한다.

테크놀로지의 이전과 디자인

IA의 미래는 다른 분야에서 새롭게 적용되는 테크놀로지의 사용을 살펴보면 가장 근접하게 예상을 할 수 있다. 이런 기술의 이전은 특히 항공 디자인, 자동차 디자인 그리고 디지털 미디어 디자인 분야의 혁신과 특히 상관이 있다. 건축에 적용되는 집적회로에 의해서 우리는 곧 서문에서 다루었던 "무선을 통해 살기live-by-wire" 나 "무선을 통해 일하기work-by-wire" 시대의 도래를 보게 될는지도 모른다. 생산과 제작에 있어서의 기술적인 발전은 IA의 분야에서 가능한 범위parameter를 계속해서 확장시켜줄 것이며 또한 우리 주변을 이해하고 만들어내는 스케일 자체에 영향을 줄 것이며 결국은 적응adaptation의 기계 패러다임을 재해석하게 만들 것이다. > Fig. 1

근래에 생산과정과 컴퓨터의 융합의 광범위한 적용은 물체와 공간을 만드는 생산 방법에 새로운 체계를 제시하였다. 자동화된 과정 기술들은 이제까지 볼 수 없었던 안정성과 정확성을 준다. 이런 기

> Fig. 1: Michael Fox and students, various CAD-CAM processes.

Engineers invented CNC to increase design and manufacturing process performance, and architects adopted it for its usefulness in creating presentation models. Ironically, it was not for a number of years that architects began to understand how **these processes could be useful in the design process.**

술은 제작시간을 혁신적으로 줄여주며 24시간 내내 재료와 요소들을 만들어 낼 수 있다. 또한 당연히 재료와 요소의 정확성과 품질을 향상시킨다.[◊2] 제작 기계에 더해진 컴퓨테이션은 많은 생산 기술이 자동화가 되게 만들었다. 전 장에서 언급한 CNC는 전원 기계 장치powered mechanical device를 통해 원재료에서 선택적 제거selective removal를 통해 요소component를 만들 수 있는 제작기법이다. 1950년대부터 개발된 이런 소프트웨어를 통해 제어되는 기계는 기계식 생산방법을 크게 바꾸어서 곡선을 직선만큼이나 쉽게 제작하고 상대적으로 3차원적인 물체 또한 쉽게 제작해낸다. 엔지니어들은 디자인과 생산과정의 성능을 높이기 위해서 CNC를 개발하였으며 건축가들은 프레젠테이션 모델을 만드는데 그 이점을 적용하였으며, 초기디자인 단계에는 적합하지 않다고 생각하였다. 아이러니하게도 건축가들이 이 프로세스가 디자인 프로세스 전반에 걸쳐서 유용하다는 것을 깨닫는 데는 꽤나 시간이 걸렸다.

래피드 프로토타입, 혹은 3차원 프린터는 또 다른 자동화된 제작 방법으로 제거subtraction보다는 부가addition의 원리를 이용한다. 1980년대부터 생산 산업manufacturing industries에서 건축으로 전이되어 사용되기 시작하여 매우 정확해야 하는 모델의 부분이나 전체 모델을 만드는데 쓰이기 시작하였다. 현재는 요소를 만들기 위해서 레이어를 만드는 방법을 쓰는 다양한 종류의 기계가 있다. 레이어의 재료는 액체, 파우더 혹은 시트 소재sheet material일 수 있으며 모델은 아주 얇은 단면의 합으로 만들어진다. 지난 5년간 기계는 점점 더 커져 만들 수 있는 모델의 크기가 커졌고, 좀 더 저렴해지고, 좀 더 쉽게 통용되고 있다. 래피드 프로토타입에 관한 연구는 솔리드 모델을 기계의 반복적인 기능의 세트로 조합되어 기계에서 공정이 가능하게 하는 길(machine tool paths)로 변환시키는 파일변환file translation에 맞추어져 있다.[◊3] 이제는 미국 내 대학에서도 이런 기계를 찾는 것은 흔한 일이 되었다. 이런 기계를 통해서 재료의 새로운 혁신적인 사용법이 개발되고 더불어 디지털 제작에 있어서의 새로운 테크놀로지도 개발되고 있다.

래리 사스Larry Sass와 MIT의 디지털 디자인 및 제작 그룹은 건축적인 스케일에서 비유클리디언noneuclidean 형태를 현실화시키는 것을 연구하고 있다. 현재 디자이너들이 스케일 모델로서 디자인 프로젝트를 위해서 자유 형태free-form 형태를 효과적으로 만들 수 있는 몇 개의 명확한 방법이 있다. "건축가들은", 사스sass가 말한다, "만약 이런 기술을 적용한다면, 모델을 부분대로 나눌 수 있는 소프트웨어를 통해서 같은 기계에서 여러 가지 스케일의 모델을 만들 수 있을 것이다."[◊4] 물론 이런 자동화기기를 쓰기 위해서는 전문가가 필요하다. 이미 우리는 이런 분양의 전문성이 건축 업무architectural

Already we see an area of specialty developing in the architectural profession related to CNC machinery in academia and **manufacturers who** have forged relationships with architects to create **very specific parts.**

---

profession에서 CNC와 관련되어 생겨나는 것을 보고 있는데 학계나 산업분야에서 건축가들과 연합하여 매우 중요한 요소들을 만들어내고 있다. > Fig. 2

이런 기계에서 사용되는 소프트웨어는 매우 빠른 속도로 발전되고 있다. 소프트웨어 자체도 점점 더 저렴해지고 있으며 점점 더 흔해지고 있다. 근래에는 건축가들이 디자인 생성을 위해서 스크립트 코드scripting code를 써서 디자인을 개념화conceptualizing 하고 삼차원 프린트에 필요한 기하학적인geometric 데이터를 생성해내는 부가적인 수단을 사용하고 있다.[05] 파라메트릭 소프트웨어parametric software는 원래 항공우주 산업을 위해서 개발된 것인데 이는 물체를 디자인할 때 형태와 위치 그리고 기능을 변환할 수 있게 할 수 있다. 또한 시스템의 전체 목적은 유지를 하면서 복잡한 시스템의 부분들에 대해서 디자인적인 변위variation을 줄 수도 있다. 많은 프로그램들은 또한 스크립트 파라미터scripting parameter를 가능하게 하여 디자이너creator가 시스템의 조종을 더 유연히 할 수 있도록 한다. 이런 소프트웨어는 또한 물체를 만드는 기계와 직접적으로 소통할 수 있기 때문에 컴퓨터에서 작업하고 있는 파일 그대로 물체를 제작할 수 있다. 예전에는 대량 생산과 관계된 테크놀로지를 이용adopt함으로써 이제는 프로토타입 주문제작 건축 요소를 빠르게 제작할 수 있다. 이는 매우 자유로운데 CNC나 래피드 프로토타입 방식을 이용할 경우 소재의 볼륨과 요소 제작에 드는 시간을 계산하면 전체 비용을 쉽게 산출 할 수 있기 때문이다. 정확하고도 끝없이 다양한 기하학적인 형태를 같은 시간에 같은 분량의 재료를 들여서 만들 수 있다. > Fig. 3

하드웨어적 측면에서, 실제 제작되는 부분들은 점점 작고 더 복잡화되고 있으며 이런 요소를 만드는 기기들도 점점 저렴해지고 있다. 토시코 모리Toshiko Mori는 얘기한다: "우리는 이제 빛, 화학 그리고 특히 나노 테크놀로지가 생산의 기초가 되는 시대에 살고 있다."[06] 생산과 제작 과정의 발전은 로보틱스와 재료에도 크게 영향을 주고 있으며, 다시 이는 IA의 발전에 큰 영향을 주고 있어서 다음 장section에서 더 자세히 다룰 것이다. 이런 분야의 스케일의 변화와 이에 따른 기술의 이전은 기계적인 패러다임에서 생물학적인 패러다임으로의 이전, 그리고 물리적인 적응physical adaptation을 통한 내재적인 진화 과정으로의 전이를 보여주고 있으며 이는 마지막 장section에서 다루게 될 것이다. > Fig. 4

> Fig. 2: Michael Fox and students, various processes used in interactive design.

> Fig. **3**: Parallax Basic Stamp Microcontroller attached to infrared sensors

> Fig. **4**: Yasu Santo, Kinsun Tung, *Interaction Kits.*

Currently a change is taking place in **interactive media** whereby increased emphasis is being placed on designing and creating interfaces, experiences, and software that are **customizable, reprogrammable, and adaptable.**

소프트웨어의 측면에서 보면, IA는 근래에 디지털 미디어에서의 기술 이전이 많이 되었으며, 특히 인터페이스 디자인의 발전이 많은 영향을 주었다. 이에 대해서는 다음 장에서 더 자세히 다룬다. 지금 쓰이고 있는 정보의 방대한 양은 데이터 구성방식과 사용자 경험사이의 기존의 기준들에 대해 새로운 사고를 요구하고 있으며 끊임없는 인터랙티브 공간 사용자 인터페이스를 만드는 것을 더 강조하고 있다.

인터페이스 디자인

인터랙티브 미디어에는 변화가 시작되고 있는데 이는 점점 더 커스터마이즈될 수 있고, 재프로그램이 가능하고, 적응 가능한adaptable 인터페이스, 경험, 그리고 소프트웨어를 만드는데 초점이 맞추어져 있기 때문이다. 이는 다시 사용자와의 대화를 쌍방향의 다이내믹한 대화로 만들어 실시간정보를 사용할 수 있는 시스템을 디자인하는 것이 초점이 된다. 이런 새로운 인터페이스의 복잡함은 디지털화되는 범위가 확장되고 정보의 양(그리고 질)이 커짐에 따라서 계속 증가하고 있다. 이런 다중의 미디어 유형 간에 정보를 움직이기 위해서 번역translator의 기능을 하는 새로운 소프트웨어도 개발되었다. 또 다른 테크놀로지들, 특히 터치와 제스처에 기반을 둔 장치, 그리고 인지 조정cognitive control 등은 모바일 기기, 온라인 인터페이스, 비디오 게임기, 그리고 환경 화면 등에서 점점 사용이 높아지고 있다. 사용자 조종과 디지털-물리적 공간을 통한 정보의 통합이 높아질수록 사용자와 인터페이스의 관계가 새롭게 정의되고 있다. 사용자들은 제스처와 터치에 의해서 복잡한 데이터 및 미디어와 직접적으로 조작하고 상호작용할 수 있게 되고 있다. 이런 신기술과 더불어 개선revise된 디자인 기준, 내비게이션 모델 그리고 사용자 경험의 확장 등은 우리가 정보와 상호작용할 수 있는 방식에 전례가 없는 가능성을 보여주고 있다.

우리가 이런 인터랙티브 미디어의 선례들에서 배워서 환경을 조종하는데 같은 테크놀로지를 쓰기 시작하면서, 비슷한 변화들이 구축환경에도 시작되고 있다. 아담 그린필드Adam Greenfield의 유비쿼터스 컴퓨테이션ubiquitous computation의 비전은 건축에 바탕을 두고 있으며, 좀 더 민감하고 상호작용

This **heightened level of realism** in interface design and an emphasis on organizing information in a **more spatial manner** can also be seen in a number of different interfaces that have recently been developed to mimic and enhance formerly physical activities.

적인 환경을 만들고 싶은 욕구는 더 증대되고 있다.[07] 현재의 인터페이스 디자인에서 점점 강조되고 있는 공간을 이용하여 정보를 조직해서 보여주려는 방향은 인터페이스를 좀 더 주변과 더 통합되도록 진화시킬 것이다. 이미 미디어 프로젝트를 위해서 개발된 하드웨어와 소프트웨어를 이용해서 통합된 터치와 제스처에 기반을 둔 언어를 통해서 사람이 자신의 환경을 조정할 수 있는 가능성들을 보고 있다. 이렇게 개발되는 주제 중 일부는 사용자에게 유저-프렌들리하고 사용자정의 가능한, 그리고 좀 더 몰입된 상호작용 경험을 주려는 욕구에 기초하고 있다. 실시간 사용자정의방식은 이미 몇 개의 인터랙티브 미디어 프로젝트에 적용되고 있으며 상당히 독특한 경험을 줄 수 있는데, 이는 특정한 페이지를 다시 로드refresh할 필요 없이 정보의 구성을 다이내믹하게 조작할 수 있어서 사용자는 연속된 경험을 할 수 있기 때문이다. 이는 사용하기 편한 작업기반형 경험에서 멀어지는 것은 아니며 오히려 이제까지 좋은 디자인, 좋은 사용성 그리고 좋은 사용자경험에 새로운 평가 기준을 더하는 것으로 이해하는 것이 옳다. 인터페이스 디자인의 현재 개발되고 있는 예들은 인터페이스의 정보와 이런 인터페이스를 사용하는 혹은 상호작용하는 사용자 간에 어떤 관계들이 발전되고 있는지 이해하는데 좋은 수단이 된다. > Fig. 5

언어와 소프트웨어에 관계된 테크놀로지들도 실시간 데이터를 시각화하는 새로운 방법들의 개발을 유도하고 있다. 예를 들어 근래에 디그 랍스Digg Labs는 몇 가지 그래픽 구성 방법으로 실시간으로 인기 항목을 시각화하는 방법을 통해서 인터넷 상의 다양한 콘텐트의 폭과 인기도를 이해할 수 있는 인터페이스로 웹사이트를 만들었다.[08] 정보의 레이어가 이 시각화 과정에 더해질수록, 그 구성은 점점 3차원적으로 변한다.

실시간으로 좀 더 현실적인 개념으로 시각화하는 방식은 이제 일반화 되었다. 이런 종류의 인터페이스들은 전통적인 방법의 공간 조종, 특히 공간 안의 시스템, 실제 생활의 인터페이스들을 재해석하기 시작하였다. 예를 들면, 그리너 그라스Greener Grass는 "현재 상황Current State"라는 실시간 에너지-사용 모니터링 시스템을 터치를 기반으로 하는 기기로 디자인하였는데, 여기서 사용자들은 자신의 환경 안에 있는 모든 기기들의 소비전력을 직접적으로 조종할 수 있게 하였다. 이 인터페이스는 현재 애플사의 아이폰iPhone에서 작동되며 사용자로 하여금 에너지 사용에 관련된 정보를 공간적으로 시각화하여 볼 수 있게 하며 이는 마치 실제 공간 안에서 보는 것과 유사하게 디자인되어 있다: 즉 실제 조정기를 모사mimic하는 조종 장치와 다이어그램으로 된 인터페이스를 통해서 사용자는 마우스와 키보드

Technologies that allow users **new means to control and interact** with digital information can be broken down into three general categories: touch and multitouch, gesture, and cognitive control.

인터페이스 디자인의 좀 더 현실적인 묘사와 정보를 구성하는데 있어서 좀 더 공간적인 방식으로 표현하는 것은 근래에 개발된 다른 몇몇의 인터페이스에서도 볼 수 있는 특징으로 이들은 이전에는 실제적인 행위로 이루어졌던 작업들을 모방하고 더 향상시킬 수 있게 되었다. 마이크로소프트 라이브 랩Microsoft Live Labs에서 개발한 포토신스Photosynth 같은 프로그램은 시각적 그래픽 데이터와 이미지 메타데이터를 통해서 이미지들을 3차원적인 환경에서 보듯이 구현할 수 있게 한다.◊9

인터페이스 디자인 분야에서 개발되는 대부분의 소프트웨어는 상당한 량의 정보를 관리할 수 있어야 한다. 이런 정보과다overload에 대한 많은 논의가 있어 왔는데, 주로 부정적인 측면에서 다루어져서 사용자들은 실제 환경의 모든 요소들이 정보 획득acquisition에 쓰일 수 있을 것이라고 인식하고 있다. 정보 관리에 대한 논의는 단순히 "테크놀로지에 대한 두려움" 대 인터랙티비티의 "테크놀로지를 통한 권한강화empowerment"을 넘어선 문제이다. 만약 사람들이 건축에 관련된 인터랙티브 테크놀로지가 사용자에게 권력을 더 부여할 수 있다고 느낀다면 여기에 필요한 정보 획득acquisition의 방식 또한 받아 들여야 할 것이다. 존 마에다John Maeda는 21세기의 가장 영향력이 있는 디지털 디자이너 중 한명인데, 그의 책 『The Laws of Simplicity』 단순함의 원리에서 그는 정보 과다에 대한 해결책으로 단순함에 대한 필요성을 언급하였다. 그의 첫 법칙은 다음과 같다: "단순함을 얻기 위한 가장 쉬운 방법은 사려 깊은 축약reduction을 통해서이다"; 열 번째 법칙은 "단순함은 식상한 것을 제하고 의미 있는 것을 더하는 것이다."◊10

디지털 정보와 상호작용하고 조정하는 새로운 수단을 가능케 하는 테크놀로지는 세 가지 유형으로 나눌 수 있다: 터치와 멀티터치, 제스처, 그리고 인지cognitive 조정이다. 터치와 멀티터치의 인터페이스는 시중에 많이 나와 있는 반면에 제스처 인터페이스는 건축 응용에 있어서는 아직도 초기infancy 단계이며 직접적인 인지 조정cognitive control은 계발단계이지만, 흥미로운 가능성promise을 보여주고 있다. 인터페이스 디자인의 몇몇 프로젝트는 진정한 공간적인 통합을 보여주기 시작하였는데, 여기에는 마이크로소프트의 평면 테이블Surface table은 실시간의 물리적인 행위를 모방하는 소프트웨어를 가지고 있어서 사용자는 테이블과의 물리적인 접촉을 통해서 실시간 데이터와 상호작용할 수 있다. 인터페이스 안의 공간과 이를 조정하기 위한 제스처 공간(공간적 제스처)은 점점 더 밀접하게 상호작용 할 수 있도록 통합되고 있다. 예를 들어 사용자는 인터페이스를 통해서 음식과 음료를 주문할 수 있다; 테이블위에 자신의 크레디트 카드를 놓고 주문할 아이템을 끌어다 카드위로 놓으면 된다. 이런 애플리

> Fig. 4: Stamen Design, Digg.com, *Digg Labs.*

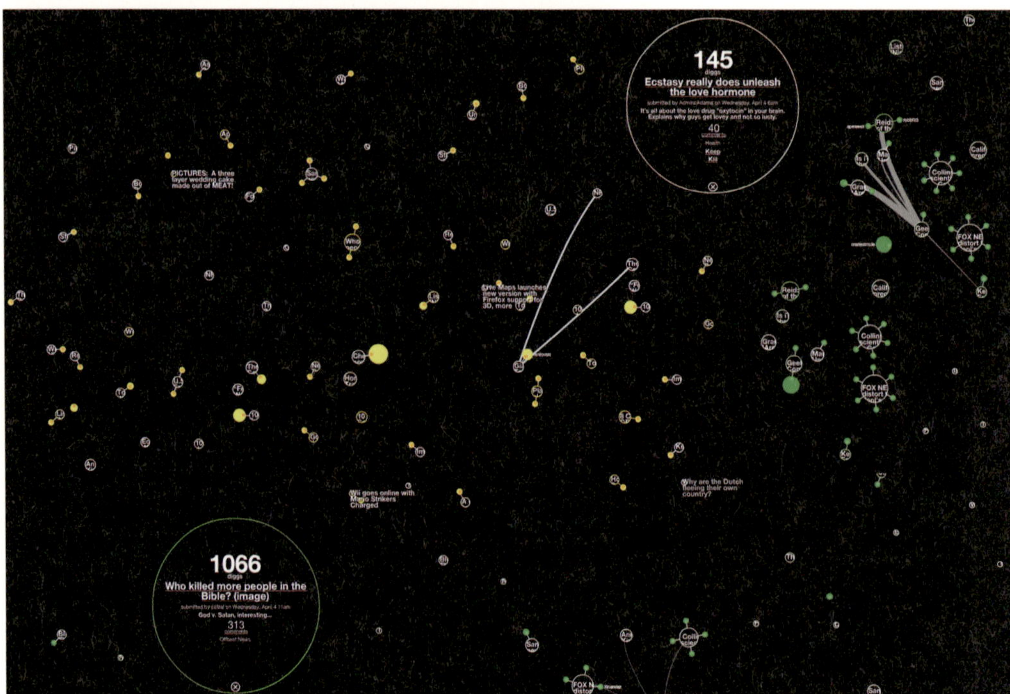

8 CORE Mac Pro OFFICIALLY announced by Apple!! 3232
A House That Fixes Itself 337
Halo 3 Beta Servers Up Soon! 620
Apple stokes iPhone anticipation with e-mail teaser 633
PICTURES: Incredible Egg Stacker 1234
Airplanes To Become WiFi Hotspots 737
Honda's Hardcore Track-Day S2000 230
BREAKING NEWS: Iran 'to release British sailors' 1422
Forget YouTube: Go To These Sites If You Want Hard Core Copyright Content 2248
Mozilla To Build Social Networking Into Firefox 670
Turning Skyscrapers Into Crop Farms 596
The Problem With Joost 360
Cafferty Rips McCain's "Safe" Stroll Through Baghdad [video] 528
New Algorithms Improve Image Search 429
Top 10 Most Gruesome/Bizarre Sports Injuries 641
Couple fights to name baby 'Metallica' 745
Top 10 Gadgets for Wine Geeks 277
700-Pound Woman From Home 20
If Jack Bauer were a hippie... 16
One Million Blogs for Peace 33
Verizon Bans P2P, Streaming Services and Online Gaming. 65
Drinking and Zamboniing not DUI, says Judge.
Israel Calls Pelosi a LIAR!!!!
Pelosi Wears Scarf; Righties Have Collective Aneurysm
Pirated TV-Shows Popular with Swedes 20
Conservative media ridicule, smear captured British sailors 20
A Collection of Zune Hacks
Bathroom etiquette test
MPAA targets libraries and schools throughout Singapore
S.T.A.L.K.E.R. Tweak Guide 23
Bush's former Chief Economist says 9/11 was an inside job! 22
Photo: Extreme Climbing
Participate in the second annual CSS Naked Day
Digg Friends STILL Being Exploited... 24
Words and Phrases you should AVOID using 74
EU blames record firms for iTunes' limited access 25
Blizzard's Warcraft - The Night Elf 35
New Bikini content Blog site!
SCIENTISTS: Dieting Does Not Work
The first four months in console sales 24

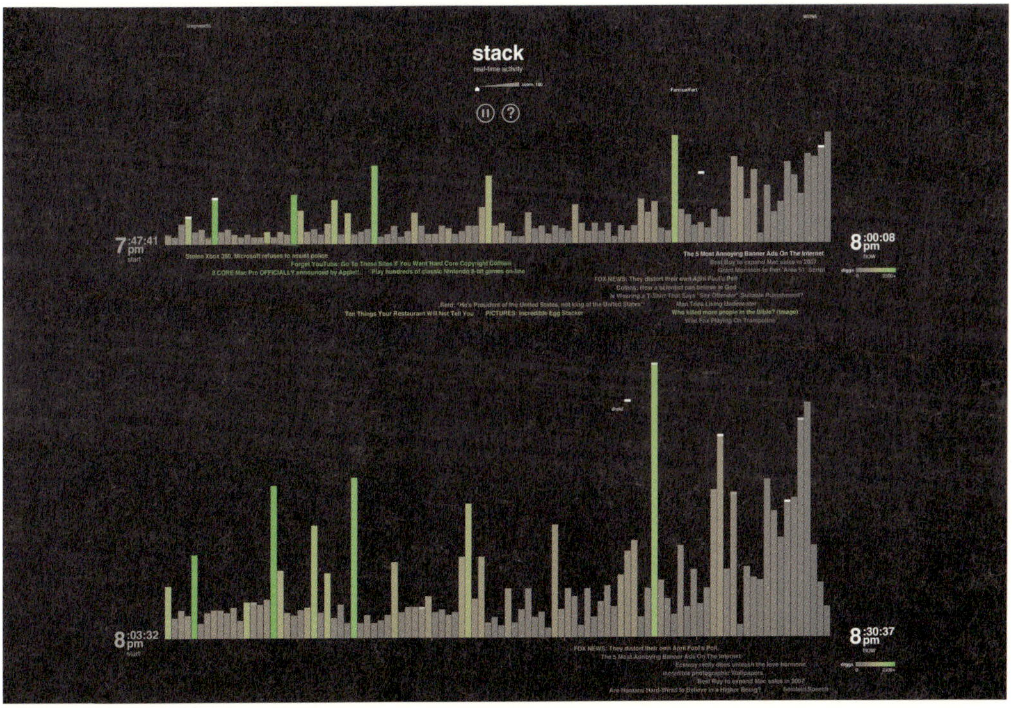
stack
7:47:41 pm
8:00:08 pm
8:03:32 pm
8:30:37 pm

Advancements in multitouch hardware technology are significant to architecture, because in many cases the **gestures used to control an interface** are the most similar to gestures that would be used to **replicate these activities in real space** with tangible objects.

케이션은 실제 만들 수 있는 물체와 익숙한 방식을 모방하는 방식으로 정보를 공간적으로 구성하는 것이다. 음악 프로그램은 실제 크기의 씨디 커버를 보여준다. 사용자들은 스크린위의 그래픽과 상호작용 할 수 있으며 테이블을 통해서 음악을 재생하거나 서로 공유할 수 있다. 사용자들은 또한 MP3 플레이어를 테이블 위에 놓아서 플레이어로 노래를 당겨서 무선으로 음악을 보내거나 구입할 수 있다. 음악 프로그램은 앨범 순서를 실제 시나리오처럼 구성할 수 있어서 앨범들은 열을 맞추어서 디스플레이 평면위에 놓여 있다. 제스처를 사용하여 사용자들은 실제 앨범을 만지는 것처럼 앨범을 뒤집어서 앨범 내용이나 정보를 볼 수 있다. 또 리엑타블Reactable같은 멀티터치 시스템은 사용자가 실시간으로 음악을 만들 수 있게 하는데, 이는 음악을 시각화하여 다이내믹하게 바꿀 수 있게 하는 정교하게 만들어진 물체의 조합으로 이루어져 있다. > Fig. 6

미래에는 제스처 언어를 통해서 사용자가 공간과 물체와 상호작용 할 수 있는 인터페이스를 건축 안에 집적 시킬 수 있을 것이며 이런 언어는 각각의 시스템에 맞게 개발되고 있다. 멀티터치 하드웨어 테크놀로지의 발전은 특히 건축에 있어서 중요한데 이는 인터페이스를 조종하기 위한 이런 제스처가 실제 공간에서 만질 수 있는 물체를 가지고 하는 행위를 가장 근접하여 모방할 수 있기 때문이다. 이런 유형의 인터페이스를 조정하는 현재의 제스처 언어는 세계 곳곳의 인터랙티브 미디어 회사에서 개발되고 있다. 멀티터치 시스템은 직접적인 사용자와 물체/그리고 혹은 사용자와 시스템 사이의 근접 상호작용을 가능하게 할 것이다. 게임 디자인에서도 2005년에 발표된 닌텐도사의 Wii 조정기는 일반적인 대중의 수용에 있어서 인터랙션의 혁명을 몰고 왔다. 무선 리모트 조종기는 손에 잡히는 포인팅 디바이스pointing device가 되어 3차원에서의 움직임을 포착할 수 있다. 토비 샤트Toby Shadt는 이런 방식을 통해서 게임안의 자신을 조정하는 방식은 버튼을 누르는 것에 비해서 훨씬 더 실제와 비슷하다고 얘기한다.[◊11] 제인 맥고니갈Jane MacGonigal은 현실적이라는 의미notion을 한 발짝 더 발전시킨다. 그녀 또한 Wii 게임 방식이 기존의 콘솔 게임기 보다 훨씬 더 직관적인 것이 실제 현실의 제스처와 게임안의 행위가 더 유사하다는 것에는 동의하지만 Wii가 더 주목받는 이유는 사용자가 실제로 참여하고 있는 방식 때문이라고 지적한다. "사용자는 당신이 몰입하는 아바타를 통해서 대신하는 것이 아니라 실제적으로 참여하고 있는 것이다."[◊12] Wii에서 게임을 할 때, 당신은 실제로 움직이고, 땀을 흘리고, 운동을 하고 있는 것이다.

분명한 것은 센서 테크놀로지가 인터페이스 디자인의 시도의 일부에서 벗어나서 이제는 대중이

> Fig. **6**: Sergi Jordà, Marcos Alonso, Günter Geiger, Martin Kaltenbrunner, *The Reactable.*

> Fig. **7**: Oliver Irschitz/Peyote Cross Design Concepts, *iFrame*.

Cognitive control is perhaps one of the most fascinating areas of interface design, whereby users wearing a headset will have the ability to wirelessly control objects (formerly through gesture) through cognitive, emotional, and physiological commands registered in their brain activity.

실제로 접하고 있다는 것이다. 구글 어스Google Earth나 실시간 웹캠live webcam등의 프로그램들이 원격 환경에 대한 이해를 넓히면서 이런 테크놀로지의 장점을 이용하는 수많은 DIY 인터페이스 디자인이 존재한다. 근래의 중요한 예는 마이크 페그Mike Pegg가 디자인한 프로젝트로 마이크는 SunSPOT(자바 소프트웨어 인터페이스를 쓰는 3차원 센서 기기)와 많은 다른 센서를 이용해서 자신의 산악 바이크(자전거)를 구글 어스의 모의 비행장치의 비행 조정 조이스틱joystick으로 개조하였다.◊13 > Fig. 7

제스처에 기반을 둔 조정 시스템의 몇몇 예들은 환경안의 실제적인 물체들을 직접적으로 조종하고 상호작용할 수 있다는 면에서 건축 분야에 상당히 의미가 있다. 제스처 컨트롤 시스템을 예로 들면 이 시스템은 카메라나 자외선infrared 테크놀로지를 장거리에서 조정할 수 있게 한다.◊14 현재로서는 조정의 정도는 입력 정보의 행상도에 좌우된다; 이는 다시 말하면 기기 없는 인터페이스로 조종이 가능하기는 하지만 가속도계 등 다른 센서 입력 하드웨어가 부착된 기기는 좀 더 정확하게 조정이 된다는 의미이다. 제스처에 기반을 둔 시스템은 좀 더 큰 범위의 시각적인 영역에서 많은 물체나 데이터를 다루는데 더 뛰어나며 이는 텔레비전이나 큰 스케일의 디스플레이를 위한 인터페이스 조종 역할에 적합하다. 이런 시스템은 또한 3차원 건축에 공간적으로 통합된 인터페이스를 만드는데 적합한데 이는 센서 인지 시스템이나 시스템들이 사용자 주위로 놓일 수 있기 때문이다. > Fig. 8

인지 조정cognitive control은 인터페이스 디자인의 가장 흥미로운 분야인데, 헤드셋headset를 쓴 사용자는 두뇌 활동을 인지하는 기기를 통해서 감지되는 인지적cognitive, 감정적, 그리고 생리학적physiological 명령을 통해서 무선으로 물체들을 조정할 수 있다. 이런 예가 이모티브 헤드셋Emotiv headset인데 이는 사용자 입력방식과 인터페이스가 어떻게 통합될 수 있는 지에 대한 새로운 선례를 만들고 있다. 이 기기가 건축과의 상호작용에 있어서 어느 정도의 해상도와 입상(粒狀)granularity를 낼 수 있는지는 아직 알 수 없으며, 아직 다양한 인지conginitive 언어의 해석 장치는 초기 개발 상태이지만, 어쨌든 이런 방식이 공간을 조종하는데 있어서 아주 흥미로운 수단이 될 것이라는 데는 의심의 여지가 없다. 두뇌의 복잡성과 두뇌에서 가능한 동시 병행적인 연산처리의 능력을 고려할 때, 이 테크놀로지가 동시에 다양한 건축 시스템과 상호작용을 가능하게 해줄 것이라고 판단되고 있다. 이런 인지 조정을 한 단계 더 적용하여 마비된 사람이었던 매튜 나이젤Matthew Nagel은 뇌파를 읽는 마이크로칩을 두뇌에 시술하여 실제 세상의 물체를 조정할 수 있는 첫번째 행운아가 되었다. 매사추세츠에 있는 뉴잉글랜드 시나이 병원에서 시술된 이 선진적인 수술을 통해서 이제 그는 생각을 통해서 일상적인 물체들을 조

These new technologies in combination with current trends in user experience and interface design are beginning to blur the space between user control and digital information as interactivity becomes more lifelike.

종할 수 있다. 뇌 속의 마이크로칩은 그의 마음을 읽어서 이를 컴퓨터로 보내서 해석시킨다. 그는 그의 집에 기기들에 적용된 테크놀로지와 소프트웨어를 통해서 텔레비전을 키고 끌 수 있으며, 채널을 바꾸고, 볼륨을 바꿀 수 있다.[016]

사용자 경험과 인터페이스 디자인의 경향과 이런 새로운 테크놀로지의 결합을 통해서 인터랙티비티가 점점 더 실물에 가까워 질수록, 사용자의 조종과 디지털 정보 사이의 경계를 무너뜨리고 있다. 이런 새로운 인터페이스가 공간구성에 적용이 될수록 사용자들은 디지털 콘텐트를 만지듯이 조정하고 상호작용하게 되고 있어서 이는 디지털 공간과 물리적인 공간 사이의 경계를 점점 더 모호하게 만들고 있다. 공간의 물체가 점점 더 인공지능computational intelligence과 입력을 받아들이는 센서 [하드웨어] 그리고 컴퓨터 연산 로직computational logic [소프트웨어와 정보]을 갖추면 갖출수록 사용자들은 자신 주위의 건축과 상호작용할 수 있는 능력이 배가될 것이다. 건축 분야에서는 몇몇의 트렌드가 동시에 발전되고 있는 현상을 볼 수 있다. 이런 현상이 인터페이스와 조종 테크놀로지와 만나면 건축은 이제까지 볼 수 없었던 인터랙티비티의 단계에 다다를 것이다. 우리는 이미 일상생활에서 몇몇 제스처로 조종되는 시스템들을 볼 수 있으며 곧 건축적인 스케일의 애플리케이션을 이런 유형의 기기와 이들이 적용하고 있는 테크놀로지와 제스처 언어를 통해서 조종하게 될 것이다. 유비쿼터스 컴퓨터ubiquitous computation는 우리의 환경을 구성하는 물체와 구조에 점점 더 통합되고 있다; 이런 트렌드를 바탕으로 생각해 볼 때 이는 미래에 점점 더 증가할 것이다. 건축가와 디자이너들은 이런 인터랙티브 미디어 디자인에 펼쳐지고 있는 테크놀로지를 받아들여 건축을 조정하고 건축과 상호작용하는 새로운 언어를 발전시키고 연구해야 할 것이다.

> Fig. **8**: Professor Allan Snyder, Neil Weste, Tan Le, and Nam Do, *Emotiv EPOC*.

The beginning of a paradigm shift from the mechanical to the biological in terms of adaptation in architecture can be seen as the end of mechanics.

기계의 종말

건축의 적응에 있어서 기계학적인 패러다임에서 생물학적인 패러다임의 변화의 시작은 기계의 종말로 해석될 수 있다. 앞의 "집적회로Embedded Computation"에서 키네틱스는 물리적인 공간을 다이내믹하게 점유하는 변형 가능한 물체, 혹은 적응 가능한 공간 구성을 만들기 위해서 동일한 물리적인 공간을 공유할 수 있는 물리적인 물체라고 정의되었었다. 키네틱스가 가능한 수단은 기계적인 방법과 생물학적인 방법이 모두 논의되었다. 생물학적인 방법의 관점에서 볼 때, 기계의 종말은 유기학적 이론organic theory을 통해 새롭게 대두되는 가능성 때문이다: "유기학적 이론은 자연에서 비롯되며 자연은 기본코드base code가 있는 진화적인 패턴을 가지고 있고 성장의 형태와 행동의 전략을 만들어 낼 수 있는 전략적으로 상호 관계된 정보를 만드는 내재된 프로그램이 존재하여 문맥적 조건에 따라서 특정한 패턴을 최적화 할 수 있다. ◊17 "유기학적 이론Organic Theory은 조작되는 스케일과 소재의 내재적인 성격의 성능적 측면과 본질적으로 연관되어 있으며 또한 변화되는 요구에 반응하는 환경은 디자인과 생산에 있어서 혁신적인 소재들과도 연관된다.

건축의 발전은 항상 소재의 발전과 본질적으로 연관되어 있다. 근래에는 "건축실무architectural practice는 정적인 재료의 한계에서 작업되는 것을 벗어나서 이런 기존의 재료들을 합치고, 라미네이트laminate하고, 주조하고 엮어서 다이내믹한 요소들을 만드는 과정으로 변화되고 있다."◊18 재료의 특성은 IA의 영역의 발전을 위해서도 매우 중요하다: 테크놀로지는 미생물의 생물학적 메커니즘과 직물, 요업제품, 화학적 중합체polymers와 젤, 기억 형상 합금 혹은 선례가 없는 구조적 특성을 갖는 복합 재료와 같은 재료로 높은 품질의 키네틱 요소들을 만들 수 있는 기회를 줄 것이다. 모리Mori가 지적하듯이 "이론적으로 우리는 특정한 성능 기준을 만족하는 재료들을 분자 단계에서 만들 수 있을 것이며 물

Smart materials are inherently tied to a function of scale. **Nanotechnology** is a new area of research based on the control of matter on a scale smaller than one micrometer, as well as the fabrication of devices on this same scale.

질성materiality은 보이지 않을 것이다."◊19

인텔리전트한 재료와 스마트 재료는 자신의 하나 이상의 특질을 변경할 수 있는 재료를 칭한다. 블레인 브라운엘Blaine Brownell은 환경적인 자극에 의해 물리적인 변형을 할 수 있는 변형 가능한 재료를 언급한다; 이런 변화는 재료 자체의 내재적인 성격에 의해서 시작될 수도 있고 사용자에 의해서 시작될 수도 있다.◊20 에딩톤Addington과 쇼덱Schodek은 스마트 재료와 시스템을 두 가지 분류로 구분한다. 하나의 유형은 주변 환경에서 주어지는 외부적인 자극에 직접적으로 반응하여 하나 혹은 하나 이상의 특성[화학적, 전기적, 자기적, 기계적, 혹은 온도적]이 변화한다. 두 번째 스마트 재료는 에너지를 하나의 형태에서 다른 것으로 바꾼다. 이 유형에는 다음과 같은 행동적 유형을 포함한다; 광전지photovoltaic, 열전기thermoelectric, 압전기4, 광(光)루미네선스photoluminescentic, 그리고 전왜electrostrictive(압전 구성 부품을 포함하는). ◊21 IA에 관련되어서 상당한 가능성은 이런 재료들이 센서, 탐지기, 변환기 그리고 작동기로 사용될 수 있다는 것이다. 압전기적Piezoelectirc 재료가 변형되면, 이 재료는 작지만 충분히 감지될 수 있는 전기를 방전한다. 이런 압전기 소재의 가장 알려진 예는 차안 에어백 센서이다. 이 재료는 차의 충격의 힘을 감지하여 에어백을 터뜨리는 전기신호를 배출한다. 존 페르난데즈John Fernandez는 이런 집적센서, 자기치유적인 복합물, 그리고 나노스케일의 반응 재료는 지속유지 가능성을 고려할 때 더더욱 스마트 건물을 완벽하게 보조할 것이라고 얘기한다.◊22 이런 재료로 만들어진 건물은 인간처럼 하중을 중화counteract시켜 쓰이는 재료의 양을 감소키시고, 햇볕을 차단하기 위해서 형태를 바꾸고, 능동적인 환기와 단열을 가능하게 하고, 퇴보degradation를 방지할 수 있을 것이다.

스마트 재료들은 스케일과 밀접하게 연관되어 있다. 나노테크놀로지는 1 마이크로미터보다 작은 스케일에서 연구되고 있는 영역이며 이런 작은 스케일 단위에서 기기를 제작fabrication한다. 자가-감지하고self-sensing 자가-발동self-actuating할 수 있는 나노콤포시트Nanocomposite 재료는 내구성과 신뢰도가 크고 성능을 향상시킨다. IA의 논의에 아마도 가장 관계가 있는 분야는 바이오나노테크놀로지 [이는 나노바오테크nanobiotechnology와 구분되어야 하는데 나노바이오 테크놀로지는 바이오테크놀로지의 목표를 더 발전시키기 위한 개념이다] 이다. 이 분야는 생물학적인 기능biological functions과 나노스케일의 정밀함의 통합을 시도한다. 나노바이오센서는 이미 생산되고 상용화되어 가고 있다. 이런 테크놀로지는 살아있는 생물체의 원리와 화학적인 방법에 기초하고 있어서 여기에는 엔지니어된 미생물부터 시작해서 맞춤식으로 만들어진 유기적 분자까지도 포함이 되며 이런 생물체는 나노기계의 발

The utilization of new materials in IA, in particular relative to the discussion of scale, clearly reaches beyond the performative to include aesthetic, conceptual, philosophical, and technical issues.

전의 기초가 된다. 이런 연구는 실제 세포들에서 진행되는 자연적인 나노기계들의 구조와 기능을 연구함으로 발전되고 있다. 마브로이디스Mavroidis와 야뮤쉬Yarmush는 분자 기계라는 어휘로 분자 스케일에서 각각의 분자의 상호작용을 통해서 작동할 수 있는 나노기계nanomachine을 정의한 바 있다.◊23 이런 테크놀로지가 나노기계스케일로 재료의 바이오감지biosensing, 바이오조종biocontrol, 바이오정보bioinformatics, 컴퓨팅, 정보 보관 그리고 에너지 전환으로 건축에 적용된다면 지속가능한 건축에 적용가능한 함축성은 실로 넓다고 할 수 있다.

IA에 사용될 수 있는 새로운 재료들은, 특히 스케일에 관계되어서, 단순히 성능을 넘어서 미학적, 개념적, 철학적 그리고 기술적인 이슈들을 포함한다. 아더 클라크Arthur C. Clarke는 건축의 새로운 재료들에 대한 개념적인 이슈들을 정확히 짚어내서 설명하고 있다.

> 천 년 전의 과학자들 중에도 지금의 자동차나 엔진 혹은 헬리콥터나 가장 진보된 건축 시스템도 이해할 수 있는 이들이 많을 것이다. 실로 숙련도는 그들에게 놀랍겠지만 새로운 재료의 특성의 원리를 이해하는 것은 어렵지 않을 것이다. 그러나 천 년 전 과학자들에게 텔레비전이나 컴퓨터, 혹은 레이더를 보여준다면 이들은 이를 마술이라고 생각할 것이다. 이들에게 어려운 것은 복잡성 문제가 아니라 비기계적인 장치들을 이해하기 위한 정신적인 구조가 없다는 것이다. ◊24

For many applications ranging from exploring space to household cleaning, designers are moving away from figural humanoid robots to transformable systems made up of a number of smaller robots.

자율적 로봇

로봇 분야의 프로젝트들의 전망을 살펴보면 로봇 디자인의 방식에도 변화가 일어나고 있다. 우주탐험에서부터 가정 청소까지 망라하는 애플리케이션에서 디자이너들은 인간모양의 로봇에서부터 전환해서 몇 개의 작은 로봇으로 이루어진 변화 가능한 시스템으로 그 초점을 옮기고 있다. 위에서 언급한 생산 테크놀로지의 발전과 여기에 소프트웨어 [컴퓨터 인공지능computational intelligence]의 발전은 로봇을 더 작고 스마트하게 만들고 있다. 변화가능하고, 진화하고, 그리고 자체-조립을 할 수 있는 로봇의 발전은 건물 블록의 스케일에 적용가능하고 또한 이런 모듈에 집적될 수 있는 인공지공적 반응의 양도 현격하게 늘어서 로봇의 제작의 새로운 기준을 제시하고 있다. 디자이너들이 좀 더 다양하고, 반응할 수 있고, 자율적인 로봇 시스템을 만들게 되면서 건축적인 애플리케이션의 가능성이 높아지고 있는 것이다. 건축가들과 디자이너들이 이런 새로운 시스템에 익숙해질수록 다이내믹한 상황과 행위에 적용할 수 있는 방법을 이해하기 시작하였으며 이를 공간을 구성하는 시스템에 적용할 수 있다. IA의 미래에는 이런 인터랙티브한 재료들을 재검토하고 스케일을 조정하는 과정이 필요하다. 물리적인 로봇 부품들이 작아질수록, 미래의 시스템들이 나노테크놀로지와 바이오나노 테크놀로지를 기초로 만들어질 가능성은 커진다. 미래의 디자이너들은 동시적으로 이런 스마트 기기들의 운동, 연결의 방법, 기하학 그리고 집적된 인공지능을 디자인하여야 할 것이다. 이런 새로운 인터랙티브 조립 시스템은 이제까지 가능하지 않았던 주문형 생산과 재구성이 가능하게 될 것이다. 미래에 사용자들은 이런 로봇 부품들을 구입하여 자신이 필요한 지적수준, 사용자 세팅을 적용할 수 있을 것이다.

Current advancements in metamorphic, evolutionary, and self-assembling robots, specifically dealing with the scale of the building block and the amount of intelligent responsiveness that can be embedded in these modules, are setting **new standards** for the construction of robotics.

칼텍Caltech의 연구원들은 이제까지의 "다리를 이용해" 움직이는 로봇에서 개념을 바꾸어서 모듈 요소들이 모여서 정보를 해석하고 행동을 취할 수 있는 시스템을 고안하고 있다. ◊25 코넬 컴퓨테이셔널 신세시스 랩the Cornell Computational Synthesis Lab의 호드 립슨Hod Lipson과 다른 과학자들은 모듈을 적용한 재구성 가능한 로봇Modular reconfigurable robots과 진화 로봇evolutionary robots의 여러 유형을 만들고 있다. 이 자기복제가능한 self-replicating 프로토타입은 미리 정해진 로직에 따라서 각각의 구성요소가 다른 자신과 유사한 장치에 부착되거나, 분리되고 또 다시 재 부착될 수 있게 디자인된다. 이런 모듈 요소들은 다른 요소에 전자기적 연결 장치로 연결될 수 있으며 전체 시스템은 프로그램에 따라서 물리적인 형태를 바꿀 수 있는 능력이 있다. ◊26 > Fig. 9

생산과 관련된 테크놀로지의 발전은 큰 스케일에서 점점 더 복잡한 모듈 요소들을 만들 수 있는 능력을 부여하고 있다. 일본 [AIST] Institute of Advanced Industrial Science and Technology의 Distributed System Design Research Group [DSDRG]에서 개발되고 있는 M-TRAN 로봇 시스템은 가공된 부품milled parts으로 전체가 구성된 복잡한 시스템으로 재구성 가능한 모듈 로봇 시스템이다. ◊27 > Fig. 10

이런 요소를 만들 수 있는 테크놀로지는 너무도 정교하여 DSDRG는 다양한 실험을 위한 다종의 다른 모듈을 만들어 낼 수 있다. 아직까지 이런 프로토타입은 생산하는데 비용이 많이 들지만 디지털 생산 테크놀로지는 곧 이 새로운 로봇들을 더 효율적이고 저렴하게 만들 수 있게 할 것이다. 코넬에서 제작하는 로봇 또한 디지털 생산 테크놀로지를 통해서 생산되고 있다. 로봇을 위한 센서와 하드웨어 그리고 전선은 물체가 만들어 진 뒤에 더해진다. DSDRG와 코넬의 모듈 시스템 모두는 당시의 생산기술 때문에 크기를 소형화하는데 한계가 있었다. 디지털 생산 테크놀로지가 발전하면 좀 더 소형화된 부품을 생산할 수 있게 될 것이며, 미래의 3-D 프린트 기계들은 실제 전기회로, 마이크로컨트롤러, 작동기, 서보기구servos들을 바로 최종 제품으로 프린트 할 수 있을 것이다. 기계적인 요소와 컴퓨터 시스템을 통합해서 한 번에 프린트하는 기술은 선례가 없을 정도로 효율을 높일 것이며 분자 요소 부품들의 크기는 점점 더 작아질 것이다. 알링톤Arlington에 있는 텍사스 대학의 액체 메탈 제트 프린트 the Liquid Metal Jet Printing [LMJP] 랩은 기계적인 요소와 전자 장치들을 추가(덧붙이는)하는 방식additive manner로 통합시켜 생산하는 방법을 연구하고 있다. ◊28 기계적 생산방식과 나노테크놀로지적 생산방식의 격차는 앞으로 점점 더 작아질 것이다. 캘리포니아 팔로 알토Palo Alto에 위치한 제록스Xerox PARC Research Lab의 연구원들은 모듈로 된 재구성 로봇 reconfigurable robots [MRR] 뿐만 아니라 이 물체들

> Fig. **9**: Cornell University, Viktor Zykov, Efstathios Mytilinaios, Bryant Adams, Hod Lipson, *Molecubes*—Self-replicating robotics

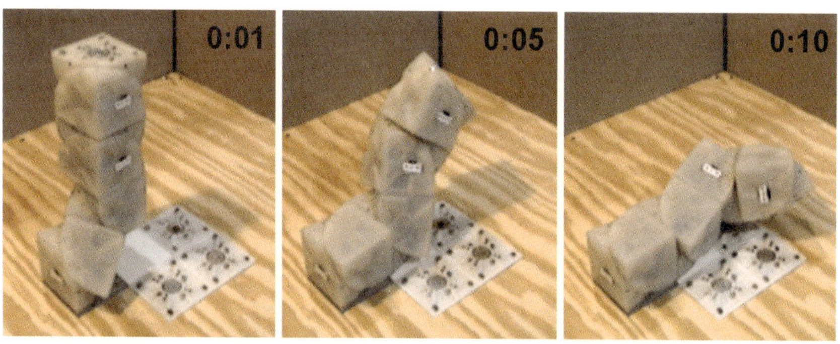

> Fig. **10**: Haruhisa Kurokawa (& Satoshi Murata), M-TRAN (Self-Reconfigurable Modular Robot)

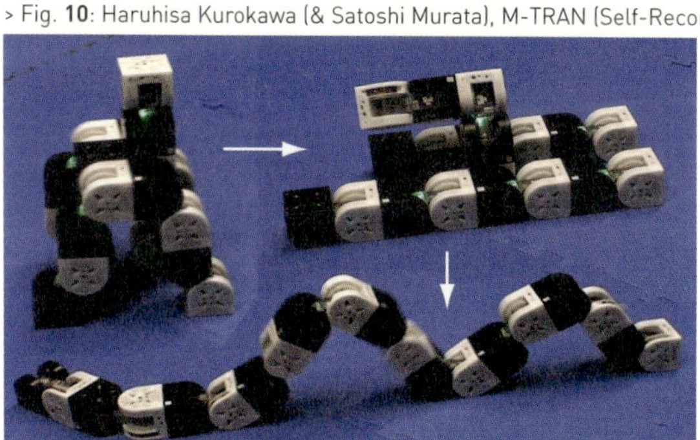

As **digital manufacturing** technology advances, it will be possible to produce smaller parts, and future 3-D printing machines will be able to physically print out electrical circuits, microcontrollers, actuators, and servos in one seamless final product.

이 서로 협동하게 할 수 있는 프로그램까지 개발하여 다른 여러 형태로 작동할 수 있는 유형들을 개발하였다.[29] 초기의 프로토타입은 직사각형rectilinear 형태에 기초되어 개발되어 재프로그램의 가능성이 적었지만 추후에 개발된 프로토타입에 적용된 형태는 원형적인 형태로 개발되면서도 부분적으로 평평한 면이 있어서 직립할 수 있는 기능까지도 갖게 되었다. 직립할 수 있는 형태가 적용되면서 물체들은 solid configuration으로 프로그램 될 수 있었다. 제록스 PARC는 또한 특정한 목표를 위한 구성시스템을 연구하고 테스트하기 위해서 다른 알고리듬을 쓰는 소프트웨어를 개발하였다. 이런 유형의 소프트웨어는 인공지능적인 로봇 유닛들의 무리swarm를 제작하기 위해 필요한 공동조정과정coordination을 개발하기위해서 꼭 필요하다.[30]

시스템의 각각의 부분을 전체적으로 조종하는 구조가 없더라도 각각의 모듈들 사이의 부분적 상호작용은 전체 행위를 결정 할 수 있다. 대부분의 건축적 애플리케이션은 자신이 판단할 수 없으며 학습을 통해 배우거나 상징을 통한 결정능력이 없다. 하지만 대부분의 애플리케이션들은 무리swarm과 유사한 행태를 보이며 이는 자동적인 반응을 가지고 소통할 수 있다. 무리swarm 행태가 쓰이는 이유는 특히 무리 짓기foraging, 유체역학hydrodynamics과 공기역학aerodynamics, 그리고 방어와 생식을 고려할 때의 효율성과 관계가 된다. 이런 효율성은 무리 전체로서의 목표와 관계가 되는데, 스웜 인텔리전스swarm intelligence는 수많은 개별 시스템의 합으로 이 하나하나의 시스템이 각각 따로 작동하지만 각각의 요소의 합이라기보다는 하나의 생물체처럼 기능하게 된다. 스웜 인텔리전스는 인공지능기술로 비집중화된 자기-구성self-organized 된 시스템이다. 스웜 인텔리전스는 보통 지엽적으로 다른 주체agent, 혹은 주변과 상호작용하는 간단한 주체들의 합으로 이루어져 있다. 이런 분산화된 조종방식의 장점은 큰 시스템에 적용될 경우 새로운 행태emergent behaviour가 나타나기 때문이다. 이런 새로운 행태는 몇 개의 간단한 시스템이 환경 안에서 작동되어 전체collective로서는 훨씬 더 복잡한 행태를 형성하여 나타난다. 각각의 반응의 규칙은 아주 단순하고 또한 각각의 시스템의 상호작용에 대한 규칙도 단순하지만 이들의 결합은 새롭고emergent 예상하기 힘든 상호작용을 만들어 낼 수 있다. 시스템이 비집중화 되어 있을수록, 시스템은 수평적인 관계에 더 의존하고 전체 명령에는 비의존적일 수 있다.

앞으로 자신을 재구성할 수 있는 능력이 있는 부분parts들로 공간을 만들 수 있기 때문에, 건축가들과 디자이너들은 이런 조각pieces들이 어떻게 조합될지 그리고 각각의 구성configurations이 거주자와 공간사이의 끊이지 않는 정보에 어떻게 반응할지를 디자인하여야 한다. 건축가와 디자이너들이 이런

Our furniture might someday be comprised of a multitude of **interconnected assemblies of robotic modules** that can **reconfigure** themselves for a variety of needs or desires.

모듈에 기초한 재구성 로봇 시스템을 적용하기 시작하면 다이내믹한 공간의 창조 방식에 대해서 새로운 눈을 뜨게 될 것이다. 마일스 켐프Miles Kemp는 자율적인 재구성 가능한 부분들로 구성된 건축적인 공간을 디자인하였다. 이 부품들은 모여서 반응의 켜layering를 만들고 구조 자체에 집적되어 있는 전반적인 인공지능을 만든다; 즉 공간의 재료와 텍스추어 자체가 공간의 인공지능이 되는 것이다. 사용자들은 이런 부품 키트 - 가장 기본적인 기초 블록 - 를 구입하여 자신들이 원하는 대로 부품들을 재프로그램할 수 있다. 미리 결정된 목적을 갖는 것이 아닌 사용자와 공간의 관계는 시간이 변함에 따라서 확장 될 수 있을 것이다.◊31 > Fig. 11

가까운 미래에, 모듈식 재구성 공간은 공간 안에서 사람들이 사는 방식에 크게 영향을 줄 것이며 또한 사용자와 공간 사이의 관계 또한 크게 변화시킬 것이다. 가구들도 언젠가는 연결된 로봇 모듈의 조합으로 만들 수 있을 것이며 이런 가구는 다양한 필요나 욕구에 따라서 자신들을 재구성할 수 있을 것이다. 써니 배인스Sunny Bains는 미래의 사무실에 대한 흥미로운 시나리오를 제시하였다.

> 이사회가 끝났다. 10분 후에 사람들은 강의를 듣기 위해서 모일 것이기 때문에 의자들은 방을 스스로 질러 걸어가 뒤에서부터 열을 맞추기 시작한다. 테이블은 더 이상 필요치 않기 때문에 자신을 분해하여 몇 개의 의자로 변신하여 다른 의자들과 함께 열을 맞춘다. 더 많은 의자들이 옆 벽의 박스에서 나와 줄을 맞출 때까지 좌우로 움직인다. 그리고 난후 오후에 강의가 끝난 뒤에는 강사가 뒤에서 몇몇 서있는 사람들과 얘기하고 있는 동안에 가구들은 자신들을 치워서 사라지기 시작한다. 회의실은 점점 비워지기 시작한다.◊32

그녀는 이런 시나리오가 실현되기 위해서 두 가지의 어려움이 있다고 하는데 우선 첫째는 부품들이 연결되었을 때 구조적인 힘이 있어야 한다는 것이고 또 다시 에너지를 적게 쓰면서 분리되는 것이라고 지적한다. 두 번째 어려움은 조종인데 즉 구조를 만들거나 이들이 움직이는 로직이 필요하다는 것이다.◊33 스위스 연방 테크놀로지 공대Swiss Federal Institute of Technology의 생물학적으로 영감을 받는 로봇 그룹The Biologically Inspired Robotics Group (BIRG) 에서는 이런 이슈를 룸봇Roombots이라는 움직이고, 자체 조립되고, 자체-재구성되고 자체-수리되는 기초 블록으로 도전하고 있다.◊34 가구 스케일의 모듈 재구성 로봇은 또한 하버드 대학의 자기-구성 시스템 연구 그룹self-organizing system research group에서도 연구되고 있는데 여기서 연구되는 프로젝트 중에는 자가-균형적 상호작용 테이블self-balancing

> Fig. **11**: Robert Miles Kemp, *Meta-Morphic Architecture.*

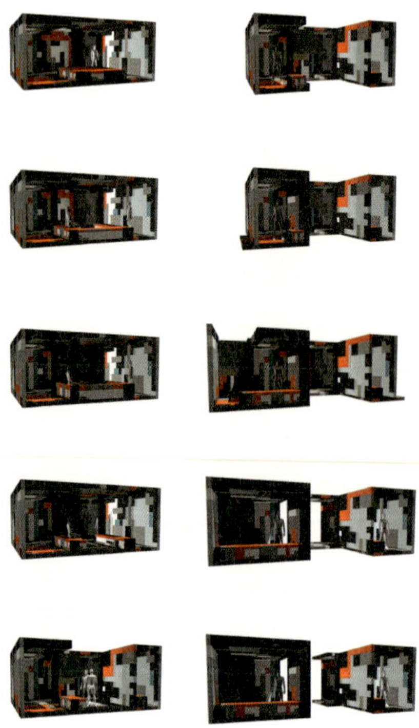

The area of "**redesigning the brick,**" or creating a new vocabulary of basic architectural building blocks with modular robotics, appears to be somewhat of a transitional step, however, in the evolution of robotics.

---

interactive table 같은 흥미로운 프로젝트도 있다.◊35

"브릭(벽돌)을 재디자인 하는 것" 혹은 모듈 로봇으로 건축의 기본적인 기초 블록building blocks의 새로운 언어vocabulary를 만드는 작업은 아직은 로봇의 진화에 있어서의 전이적인 단계이기는 하다. 현재로서는 모듈 로봇은 생산기술과 내재적인 물리적 기계특성으로 제약되어 있다. 앞으로 다룰 장section에서 우리는 생체모방공학biomimetics와 진화 시스템을 미래의 건축 로봇 개념의 주요 콘셉트로 다룰 것이며 이는 곧 기계적 패러다임에서 생물학적 패러다임의 전이를 보여줄 것이다.

생체모방

생체모방은 1969년에 오토 쉬밋Otto H. Schmitt에 의해 과학적인 접근 방식으로 시작되었으며 자연의 시스템, 과정 그리고 모델을 연구를 통하여 인간의 문제를 해결하기 위해 이를 모방하려 하였다. 생체모방은 디자인, 생물학 그리고 컴퓨터의 교차점에 존재한다. 건축 분야는 생물학적으로 영감을 얻은 과정biologically inspired processes에 의해서 규정되고 발전된 디지털 디자인 테크놀로지를 받아들이고 있다. 간단히 보면 자연은 이제까지 존재한, 가장 큰 실험실laboratory이다. 자연에 대한 도전을 진화로 받아들이면서 자연은 모든 과학과 엔지니어링상 가장 잘 작동하고 견뎌내는 발명품들을 만들어 왔다. 선구자적인 요셉 바-코헨Yoseph Bar-Coehn이 잘 정리하였다: "자연은 다양한 해결방법을 가지고 '실험'을 해 왔으며 성공적인 방법들을 억만년 넘게 개량시켜왔다. 자연은 자신의 삶을 향상시키기 위해 인간에게 항상 영감을 주어왔으며 모방의 대상이었다."◊36 가장 중요한 점은 자연은 필요에 의한 상상력으로 우리가 해결하려고 노력하는 문제들을 이미 해결하였다는 점이다. 동물, 식물 그리고 미생물은 완전한 엔지니어이다. 자연은 무엇이 성공적인지, 무엇이 오래 견뎌내는지, 그리고 무엇이 필요하고 무엇이 아닌지, 따라서 이 행성에 가장 적합한 것인지를 찾아냈다. 데이비드 오키David Oakey는 자연과 인간의 차이를 다음과 같이 요약한다.◊37 "자연은 실패를 보상하고 실패에서 배운다." 바-코헨

A number of architects and philosophers are beginning to formulate the basis for a physically dynamic architecture that arises out of human needs, and which is supported by an improved understanding of biological systems.

Bar-Cohen도 설명하기를, "자연의 메커니즘과 수완을 적용하고 과학적인 접근방식을 통해서 우리는 효과적인 재료, 구조, 도구, 메커니즘, 과정, 알고리듬, 방법, 시스템 그리고 수많은 이득을 취했다."◊38 특히 로봇의 개발에 대해서 그는 말한다. "통섭적인 이슈는 작동기, 센서, 구조, 기능, 조정, 지능 그리고 자율성을 포함한다."◊39

몇몇 건축가들과 철학자들은 인간의 필요에 의해 요구되고 생물계의 향상된 이해를 통해 가능한 물리적으로 다이내믹한 건축의 기초를 체계화하고 있다. 우리는 이런 예들을 상품 디자인에서 볼 수 있는데 나이키 Free 5.0 athletic shoe 같은 경우 선수들이 맨발로 뛰는 과정의 연구를 통해서 관절로 연결된 밑창을 개발하였다. 발 같은 생물학적 모들의 성능장점을 재현함으로서 이 신발은 인간 발의 운동, 유연함 그리고 움켜짐을 재현할 수 있으며 이는 단순히 모양을 모방한 신발이 아니다. 또 다른 예로서 어둠속에서 박쥐의 반향 위치 결정방식echolocation을 모델삼아서 그 기능을 시각장애인을 위한 지팡이에 적용하는 상품이다. 건축적인 관점에서 이런 아이디어들이 상품을 넘어서 우리의 구축 환경에 적용되는 것을 상상하면 대단하지 않을 수 없다.

제닌 벤유스Janine Benyus는 형태, 과정 그리고 시스템의 단계를 포함하는 지속가능한 관점에서의 생체 모방을 묘사하고 있다. 생체모방의 첫 번째 단계는 자연적인 형태를 모방하는 것이다. 예를 들면 부엉이의 깃털을 모방해 갈고리와 작은 깃가지barbules를 만들어 면의 어디라도 열릴 수 있는 천fabric을 만드는 것이다. 또는 부엉이를 소리 나지 않고 비행할 수 있게 하는 헤어진 가장자리 깃털을(frayed edges) 모방할 수도 있다.◊40 두 번째 단계는 자연의 과정, 혹은 자연에서 어떻게 사물이 만들어지는 지를 모방하는 것이다. 베이뉴스Beynus는 다음과 같은 유추로 이 과정을 설명한다. "부엉이의 깃털은 자연의 화학작용을 통해서 독소나 높은 압력 없이 체온에서 자체 생산된다. 그린 화학이라는 떠오르는 분야는 이런 환경 친화적인 생산방식을 모방하려 한다. 세 번째 단계는 자연의 에코시스템을 모방하는 것이다. 부엉이의 깃털은 우아하게 고정되어 있다; 깃털은 부엉이의 일부고 부엉이는 숲의 일부이며 숲은 생물군계의 일부이고, 생물군계는 지속가능한 바이오스피어의 일부이다. 마찬가지로, 우리의 부엉이로부터 영감을 받아 제작된 천fabric은 지구와 인간을 고갈시키지 않고 재건하는 거대한 경제의 일부가 되어야 한다. 만약 생물학적으로 영감을 받아 제작된 천을 그린 화학을 통해서 생산하더라도 노동 착취 공장에서 일꾼들이 이 천을 짜고, 공해를 만드는 트럭에 실어서 이동을 하고, 장거리를 이동한다면 우리는 중요한 점을 놓치고 있는 것이다. 자연 시스템을 모방하기 위해서 우리는 하나의 상

Central to biomimicry within the context of IA is an understanding of the process by which organisms **grow and develop.**

품이 어떻게 전체 그림에 맞아 들어가는 지를 물어야 한다: 반드시 필요한 것인가, 아름다운가, 이로운 산업 먹이 사슬의 일부인가, 그리고 숲과 같은 경제적 원리로 이동되고, 판매되고 또 다시 재 흡수될 수 있는가를 물어야 한다."◊41 스티븐스Stephens는 지적한다. "건물들이 친환경적으로 디자인되어도 그렇지 않은 건물들과 똑같이 작동되고 똑같은 모습을 가지고 있다는 것은 다음과 같은 질문을 하게 만든다: 지속가능함은 뭔가 숨겨야 하는 것이 아닌, 좀 더 시각적으로나 실체적으로 우리에게 환경에 대한 경의를 보여야 하는 것이 아닌가?"◊42 > Fig. 12

스티븐스Stephens와 프레스콧Prescott은 근 미래에 건물들이 환경적인 중재에 관련된 자연의 특징을 모방할 것이라고 예상한다. 테크놀로지는 미래의 "건물들로 하여금 자연의 복잡한 에너지 관리 시스템을 모방할 수 있게 할 것이며 건물이 온도, 바람, 일과 그리고 습도의 조건에 따라서 자신의 외피와 환기 시스템을 바꿀 수 있게 할 것이다. 추가로 미래의 지속가능한 건물들은 지엽적인 기후 조건들을 반영할 것이며 건물 소재는 사회적 동물로서의 우리의 가치를 반영할 것이다."◊43

IA의 문맥상 생체모방의 가장 중요한 점은 생물체들이 성장하고 발전하는 과정에 대한 이해이다. 이 분야의 연구는 발전 생물학developmental biology라 불리며 여기에는 성장, 분화, 그리고 형태형성을 포함한다. 적응에 관련되어서 형태형성morphogenesis의 분야, 즉 세포의 공간적 분포 조직organized spatial distribution은 특히 중요하다. 인간의 태아embryo에서 거의 똑같은 세포의 집합에서부터 구조화되어 조직과 장기로의 변화는 유전자적인 "프로그램"에 의해서 조종되며 환경적 요인에 따라서 변형될 수 있다. 예를 들어 뼈는 살아있는 세포들이 많은 부분을 차지하며 자신을 치유할 수 있고 환경에 적응할 수 있다. 특히 세포들은 하중에 따라서 자신의 구조를 재구성할 수 있다; 뼈는 골조에 의해서 위치가 변화되는 경우 뼈가 자랄 때 이에 적응하기 위해서 자신의 모양을 바꾸어 하중을 견딜 수 있게 한다. 핑클러Pinkler가 지적하듯이 여기에는 건축적인 유추가 있다: "섬유주(생물체 내의 조직을 지탱하는 작은 기둥 모양의 섬유성 구조)의 마이크로구조는 힘선force lines, 공식명칭으로는 스트레스궤도를 따라서 만들어 지며 이는 현수아치catenary arch와 동일한 모양이며 좌굴buckling을 방지하기 위한 측면버팀대side brace까지 존재한다. 울프의 법칙Wolf's Law에 의하면 건강한 사람이나 동물의 뼈는 가해지는 하중에 적응한다. 울프는 이 패턴은 전체적인 몸의 모양처럼 유전된 것이라고 주장한다."◊44

핑클러Pinkler는 계속해서 이 과정은 뼈 구조 변경이라고 불리는 다이내믹한 과정의 재건에서만 유효하다고 설명한다: "뼈안의 살아있는 세포들은 뼈를 부분적으로 부수고 새로 재건하고 있다. 이로

> Fig. 12: Omar Khan, Assistants: Joseph D'Angelo, James Brucz, Brian Clark (media study), Brian Podleski, Vail Rooney, Nick Bruscia, Dennis Cook, Mike Wysochanski, Ashley Latona and Rafal Godlewski, *Open Columns.*

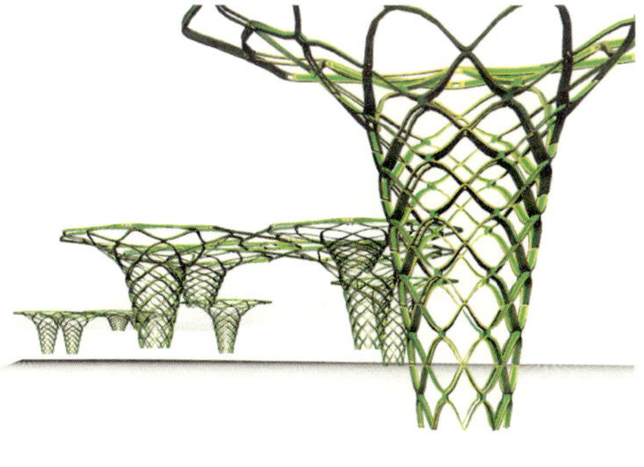

The technology transfer from biology to architecture is inevitable and potentially profound in our profession as it becomes increasingly aware of its environmental impact.

인해 뼈는 퇴화를 일으키지 않으면서 뼈를 자라게 하며 현재의 힘선force lines에 맞추어서 구조를 정렬시킨다."◊45 계속되는 회전되는 이 과정은 다이내믹하게 골격의 기계적인 내구성을 일생을 통해서 보장한다.

형태, 과정 그리고 시스템으로 나누는 베니우스Benyus의 생체모방의 유형분류는 IA에서 생체모방의 가능성을 탐구할 때 매우 중요하다. 생체모방이 새집을 모방하는 스타디움을 디자인하거나 강 위에 유기적인 배치로 위치한 연꽃 모양의 태양열 판을 디자인하는 것을 포함하고 있기는 하지만, 자연에 있는 과정과 시스템을 배제한 직접적인 모방은 여기서 정의한 내용에 비해서는 모자라다.(falls short) 유용한 정의는 모든 디자인이 기초하는 거대한 시스템을 인식하는 토대위에 있어야 한다. 조지아공과대학Georgia Tech의 the Center for Biologically Inspired Design [CBID] 에서는 생체모방을 자연에 있는 "시스템"으로 정의하며 특히 생물학적인 과정에서 나타나는 디자인 해결책을 지칭하는 것으로 정의한다.◊46 생물학에서 건축으로의 테크놀로지 이전은 필수불가결하며 환경적인 영향에 대해서 인지할수록 더더욱 중요해 질 것이다. 다음 장에서는 시스템적인 접근방식으로 진화적 시스템evolutionary system을 IA 자체를 살아있고 진화하는 시스템으로 만들 수 있는 수단으로 살펴보려고 한다.

The aim is to achieve the symbiotic behavior and metabolic balance found in the natural environment. To do so, architecture operates like an organism, in a direct analogy with the underlying design process of nature.

진화적 시스템

건축을 살아있고 진화하는 시스템으로 보는 진화적 시스템은 생물학적, 과학적 유추와 인공두뇌학, 복잡성 이론 그리고 카오스의 과학에서 비롯된다. 프레이저Frazer는 진화의 여덟 가지 특성을 얘기하는데 여기에는 자연 선택을 통한 발전, 자기조직화, 신진대사, 열역학, 형태학, 형태전학, 비대칭 그리고 불안정성의 유행the prevalence of instability이 포함된다. 이 모든 진화의 특성은 다양한 스케일에서 변화를 일으키며 이런 조건의 기초는 정보이다.◊47 목적은 자연환경에서 발견되는 공생 행동symbiotic behavior과 신진대사의 균형metabolic balance을 찾는 것이다. > Fig. 13

초기에 건축 분야에서는 진화 시스템을 컴퓨터의 생성generative 디자인 적인 관점에서 접근하였다. 실제적으로 지어지는 건축의 필요한 부분으로 진화적 시스템을 다루는 것은 아직도 초기단계이며 이는 현재의 기술적인 한계에 기인한다. 하지만 디자인 과정에서 진화 시스템의 통합은 많은 가르침을 주고 있다. 대부분의 진화 모델들은 생성 연산generative computation을 이용하는데, 이는 건축의 문맥에서 생성 알고리듬genetic algorithm을 적용하는 것을 의미한다.◊48 디판카 다스굽타Dipankar Dasgupta와 빅뉴 미케레위츠bigniew Michalewicz에 의하면, "생성 알고리듬의 역사는 1950년대 초까지 올라갈 수 있는데 이때 몇몇 생물학자는 생물학적 시스템의 시뮬레이션을 위해서 컴퓨터를 사용하였다. 하지만 1960년대와 70년대에 미시간 대학University of Michigan에서 존 홀란드John Holland의 지휘로 진행된 연구해서 우리가 알고 있는 오늘날의 생성 알고리듬을 연구하였다."◊49 생성 알고리듬은 진화 알고리듬의 유형 중 하나로 진화 생물학의 기술에 영감을 받아 개발되었다. 일반적으로 정의하자면, 생성 알고리즘은 최적화 문제에 대한 해결책들이 전 세대의 해결책을 통해 점점 더 나은 해결책으로 진화되는 것이다. 실제 생물에서 보면 생성되는 태아가 건강하지 못하면 자연도태를 통해 살아남지 못한다. 컴퓨터에서

> Fig. **13**: Terry Knight, Professor of Design and Computation, Department of Architecture, MIT, and Larry Sass, Associate Professor of Design and Computation, Director, Digital Design and Fabrication Group, Department of Architecture, MIT, *Visual-Physical Design Grammars.*

The architectural world has initially embraced evolutionary systems from a computational generative design standpoint. The fascinating potential future of evolutionary systems as an integral part of actual built form is still in its infancy due to our current state of technological advance.

도 유사한 과정이 모방되어 디자이너가 "미학적인 선택"을 통해 어느 해결책을 고르기 전에 구조적이고 엔지니어링한 측면에서 생존 가능할 시에만 이 가상의 진화의 결과물이 살아남아야 할 것이다. 디자이너의 선택의 문제는 다시 형태 문법에 대한 논의를 일으킨다. 형태 문법은 기하학적인 형태를 만드는 연산 생산 시스템computational production system이다. 이들은 형태를 통한 디자인을 위한 시각적인 연산computation의 기초를 제시한다는 점에서 흥미롭다. 건축 디자인의 형태 문법의 기초는 조지 스타이니George Stiny와 제임스 깁스James Gips가 1971년도에 쓴 중요한 글seminal article에서 비롯된다.◊50 형태 문법을 통해서 그 이전에 컴퓨터에 저장되지 않은 형태들을 만들어 낼 수 있다. 이 알고리듬은 간접적으로 텍스트와 심벌을 가지고 연산을 하는 것이 아닌 형태를 가지고 연산을 직접적으로 하며 디자인을 만들고 이해할 수 있는 가장 초기의 알고리듬 시스템이었다. 형태 문법은 CAAD(computer-aided-architectural design) 분야에서 가장 연구가 많이 되었는데 이는 당연히 새로운 디자인을 만들 수 있는 형식formalism을 제공하기 때문이다. 형태 문법은 형태의 규칙과 이 규칙을 선택하고 처리하는 생성 엔진generation engine으로 구성되어 있다. 칼라 문법은 1998년에 테리 나이트Terry Knight가 발명하였는데 이는 형태 문법의 확장 프로그램으로 형태와 특성[색, 재료, 기능 그리고 다른 건축적 요소들features]을 연관시켰다.◊51 존 게로John Gero는 형태 문법을 가지고 매우 높은 수준의 디자인 재현representation을 정의하였는데 이를 통해서 "디자인을 분석, 묘사하고 디자인의 문법이 기초하고 있는 양식에 유사한 새로운 디자인을 생성할 수 있다. 문법은 손으로 만들어 졌으며 디자인과 디자인 과정에 대한 대규모의 연구에 기초하였다." 그는 형태 분법의 자기-개량 할 수 있는 프로그램을 제시하여 "특정한 건축적 양식에 기초한 주택의 진화"를 가능하게 하였다.◊52 호세 듀아테José Duarte는 건축가 알바로 시저Álvaro Siza의 주택계획안을 케이스 스터디하여 놀란 만한 간단한 형태 문법으로 시저를 위해서 마라구에이라 집합 주거Malagueira housing project의 디자인을 제시하였다. 그의 목적은 웹상에서 해결책을 생성할 수 있는 인터렉티브한 시스템의 개발이었으며 이는 추론 문법discursive grammar이라는 모델에 기초하고 있다. 추론 문법은 문법 프로그램과 문법 디자인으로 이루어져 있다. 요약하면 문법 프로그램은 사용자의 데이터에 근거해서 디자인 조건을 생성시키며 문법 디자인은 디자인을 특정한 양식에 의거해 생성시키고 디자인 조건brief에 맞는 해결책을 디자인하기 위한 디자인 세대generation of design을 학습하면서 가이드 할 수 있는 조합을 만든다. ◊53

여기서 우리는 "디자인과 전문가profession"에서 다루었던 학습법을 상기할 필요가 있는데, 이는

In a sense, evolutionary simulations replace traditional design generation and decision making, because designers can use such software to breed new forms rather than specifically design them.

이런 새로운 도구(방법)들이 디자인 과정에 유입되면 디자이너의 역할이 재구성(재배치)된다는 것이다: 건축가는 더 이상 완성된 물체를 만드는 것이 아니라 디자인의 촉매작용을 하게 된다. 어떤 면에서 진화적 시뮬레이션은 전통적인 디자인 세대와 그들의 결정을 대체하는데 이는 디자이너들은 이런 소프트웨어를 이용하여 특정하게 형태를 디자인하는 것이 아니라 새로운 형태를 키울 수 있기 때문이다. 요점은 우리는 개념과 비교를 고안하는데 있어서 이들이 단순히 생물학적인 한계를 만족해서가 아니라 이들이 인식적인 한계를 만족시키기 때문에 선택한다. 재현적 과정은 디자인의 결정 과정에서 점점 더 중요성을 갖게 된다. 만약 건축가들이 계속 IA에 영향을 주는 테크놀로지의 발전의 방향에 영향을 주려 한다면, 그들은 연산computation의 어떤 부분이 건축적인지를 물어야 하며 그 반대를 물어서는 안 될 것이다.

가능성과 이해

미래의 인간과 구축환경의 상호작용은 상당히 예측하기가 어려운데 심지어는 과학적 사실의 추정 또한 어렵다. 왜냐하면 이는 모순에 빠지기 때문이다. 아더 클라크Arthur C. Clarke는 그의 중요한 저서 『미래의 모습Profiles of the Future』에서 신랄한 예를 보여준다: “커뮤니케이션이 완벽한 시스템이라면 이동을 극도로 억제하는 효과를 낼 것이다. 하지만 명확하지 않은 것은 만약 이동이 거의 순간적으로 가능하다면 원거리 통신을 하려고 하는 사람이 있을까?”[◊54] 현재의 도시들이 통신 기술과 이동 기술 모두가 거의 유사한 발전을 동시에 보이고 있지만, 현재의 가장 큰 관심사는 원거리통신의 진보가 도시의 구축환경에 어떤 영향을 끼칠 것인가이다. 만약 이동수단의 발전이 원거리통신보다 훨씬 더 빨리 발전을 한다면 어떤 효과가 있을 것인가? 요점은 건축의 발전이 전체적인 테크놀로지의 발전과 맞물려 있다는 것이다; 테크놀로지의 발전에서 유용한 부분에 대해서 건축은 적응하고 건축에 적용하여야 한다.

Real interactive architectural applications lie in learning to articulate the dynamic possibilities of built form—in learning to think how an architectural environment can be empowered to adapt in a way that goes beyond a mere capacity to adapt.

건축가들은 얼마 전만 하여도 상용화된 전등이 불가능하였다고 여겨졌다는 사실, 또는 30 마일 이상으로 달리는 차안에서는 사람이 질식될 것이라고 여겨졌다는 사실, 혹은 비행이 불가능하다고 생각되었던 시절이 있었다는 것을 기억해야 한다. 사실 그리 멀지 않았던 과거에서부터의 기술의 발전에 비교하면 지금 현재의 상황이 그리 놀라운 것이 아니다. 항상 새로운 세대는 자신들이 믿을 수 없는 기술의 발전을 받아들였다고 생각하지만, 또한 같은 세대는 역사의 냉정한 눈을 통해서 새로운 기술을 바라보아야 한다. 건축의 세계는 기술적인 혁명을 겪고 있지 않지만 타분야의 상당히 빠른 속도의 발전과 관계되어 있으며 이런 분야에서 영감과 실증된 선례들을 참고하여야 한다. IA 분야는 특히 이제 기술적으로나 경제적으로나 지적인 사고의 결과물을 실현시킬 수 있는 기회를 맞이하기 시작하였다. 아마도 IA의 성공은 현실의 테스트에서 결정될 것이다. 이런 테스트는 단순히 학계나 전시만을 의미하는 것이 아니며 실제 인간이 살고, 일하고 여흥을 즐기는 구축환경에서 진행될 것이다. 결과는 다이내믹하고 유연한 그리고 오늘과 내일의 계속해서 변화하는 행위들을 만족시키는 독특하고 이제까지 생각할 수 없었던 건축일 것이다. 애플리케이션의 시점에서 건축은 이제 시작했을 뿐이며 아직 배워야 할 것들은 수없이 많다. 진정한 인터렉티브한 건축 애플리케이션들은 지어진 형태의 다이내믹한 가능성들을 명료하게 표현하는데 있다 - 즉 건축적인 환경이 단순히 적응하는 것을 넘어서 사고하여 반응 할 수 있어야 하는 것이다.

The **possibilities** in IA from the vantage point of a **biological paradigm** make the mechanical paradigm seem dated, ironically before it ever had a chance to fully manifest itself.

시작의 끝

이전에 이 책에 소개된 많은 인터랙티브 건축 프로젝트가 기계적인 원리를 통한 적응에 기초하고 있다면 마지막 장에서 다룬 몇 개의 프로젝트와 발전 과정들은 생물체와 같이 작동하는 생물학적으로 영감을 얻은 원리들을 적용하려는 다양한 분야의 예들을 볼 수 있다. IA에서의 생물학적 패러다임은 실용적이고 성능에 기초한 테크놀로지만을 이해하는 것으로는 부족하다; 인간과 전 세계의 환경에 관련된 미학적, 개념적 그리고 철학적인 이슈들까지도 모두 고려해야 한다. 생물학적 패러다임은 또한 디자이너의 역할을 진화하는 디자인의 촉매역할로 바꾸고 있다. 생물학적 패러다임은 디자이너들이 작업하고 세계를 보는 스케일을 재정의 시킨다. 이 스케일의 문제는 근본적으로 생산과 제작에 관련되어 있다. 최근의 과거에서 우리는 연관된 분야에서 생산이나 제작 보다는 전자공학적 시스템을 통한 혁신적인 변화를 보고 있지만 이제 생물학이나 스케일에 의한 생산과 제작에서의 혁신적인 변화들을 볼 수 있게 되었다. 생물학적 패러다임의 시각에서 본 IA의 가능성은 기계적인 패러다임을 시대에 뒤떨어진 듯 보이게 하고 있으며 아이러니는 기계적인 패러다임 자체가 성숙되기 이전임에도 불구하고 그렇게 보인다는 사실이다. 유리 자체의 투명도, 착색도, 자외선 투과율이 변화될 수 있는 경우에 기계적인 차광 장치는 아무리 시스템이 뛰어나다고 하더라도 엉뚱해 보인다. 재료 자체가 자신의 노후화나 균열을 뼈처럼 자체 치유할 수 있고 창문들이 자신을 청소하기 위해서 초음파를 쓸 수 있는 시대에 작은 로봇을 이용해서 건물의 입면을 수리하거나 유리는 닦는 아이디어 또한 합리적이지 않다. 지붕에 쌓은 눈을 치우는 기계적 장치는 지붕재료가 자신을 데워서 눈을 녹이거나 혹은 처음부터 눈이 쌓이지 않게 할 수 있다면 필요가 없다. IA는 이미 기술적인 능력이 꿈같은 상상을 초월하는 시대에 도달 하였다. IA 분야는 지금 시작된 분야도 아니고 이제 끝난 분야도 아니다. 어쩌면 이 분야는 이

IA has very quickly reached a point where technological aptitude is surpassing visionary imagination. IA as a field is not at the beginning, nor is it by any means at an end; but it is, in a sense, at **the end of the beginning.**

제 시작의 끝에 도달한 듯하다.

근 몇 년 동안의 증가되는 보급에 의해서 이제 우리는 건축에서의 상호작용 디자인의 중요성을 부정할 수 없는 시대에 도달하였지만 과연 어느 정도의 범위까지 확장될지를 가늠하기는 힘들다. IA는 아직도 대답하지 못한 문제들을 가지고 있다: 과연 실패들을 무릅쓰고도 널리 보급될 수 있는 확고함이 있는가? 지속가능의 이슈나 그 밖에 광범위한 이슈들에 대해서 실제적인 변화를 일으킬 만큼 보급되기 위한 경제적인 가능성을 가질 것인가? 건축물들을 다르게 보이게 디자인 될 만큼 영향을 끼칠 것인가? 우리가 건물을 쓰는 행위 자체를 바꿀 것인가? 아마도 IA는 이런 이슈들을 대부분 이룰 것이면서도 궁극적으론 우리의 삶의 배경으로 숨어 들어갈 것이다. 이는 마치 사용자들이 건물의 구조 시스템이 어떻게 구성되어있는지 궁금해 하지 않거나 혹은 설비 시스템이 어떻게 난방을 하는지 고민하지 않는 것과 마찬가지로 IA 시스템은 건물 속으로 사라져 건축 자체가 될 것이다. 인터랙티비티는 진정으로 연속적이어서 표시가 나지 않을 것이다. 하지만 모든 건물이 다양한 인터랙티브 시스템을 통합하여 표시가 나지 않게 하는 것을 생각할 수도 있지만 또한 좋은 디자인은 이런 인터랙티브 건축을 표현하여 그 관련성을 보일 수 있게 디자인을 하는 것인지도 모른다.

1 Gordon Pask, introduction to *An Evolutionary Architecture*, by John Hamilton Frazer (London: Architectural Association Publications, 1995).
2 Guy Wingate, Angel Muñoz-Ruiz, and Herman Vromans, *Validating Automated Manufacturing and Laboratory* (Informa Healthcare, 1997).
3 Ian Gibson, "Software Solutions for Rapid Prototyping," *Gerontechnology* 7 no. 1 (2008): 22–35.
4 Larry Sass, "Towards a Design Science of Design and Fabrication and with Rapid Prototyping," in *Proceedings of the First International Colloquium of Free Form Design* (Delft, the Netherlands: 2007), 84–8.
5 Yanni Loukissas and Larry Sass. "RULEBUILDING: A Generative Approach to Modeling Architectural Designs Using a 3-D Printer," in *Proceedings of the ACADIA Conference* (Vancouver, British Columbia, 2004).
6 Toshiko Mori, ed., *Immaterial/Ultramaterial: Architecture, Design, and Materials* (Cambridge, MA / New York: Harvard Design School / George Braziller, 2002).
7 Adam Greenfield, *Everyware: The Dawning Age of Ubiquitous Computing* (Berkeley, CA: New Riders, 2006).
8 Digg Labs, http://labs.digg.com.
9 Photosynth, "Summary of Photosynth Image Translation Technology," http://labs.live.com /photosynth.
10 John Maeda, *The Laws of Simplicity* (Cambridge, MA: MIT Press, 2006).
11 Toby Schadt, "Not Your Typical Grind: *Tony Hawk's Downhill Jam* for Wii," *Game Developer*, January, 2007.
12 Jane McGonigal, "Wii Warning: Do Not Simulate," Avant Game, http://avantgame.blogspot .com/2007/01/wii-warning-do-not-simulate.html.
13 Darren Murph, "DIYer Uses Mountain Bike to Pedal around Google Earth," *Engadget*, May 19, 2008, http://www.engadget.com/2008/05/19 /diyer-uses-mountain-bike-to-pedal-around-google-earth.
14 Peyote, Summary of the iFrame technology, http://www.peyote.cc/e_frame.html.
15 Emotiv. http://www.emotiv.com.
16 BBC News, "Brain chip reads man's thoughts," BBC, March 31, 2005, http://news.bbc.co.uk/1/hi/ health/4396387.stm.
17 Gary Brown, introduction to *Transportable Environments 2*, ed. Robert Kronenburg (London: Spon Press, 2003).
18 Toshiko Mori, *Immaterial/Ultramaterial: Architecture, Design, and Materials* (New York: George Braziller, 2002).
19 Ibid.
20 Blaine Brownell, *Transmaterial: A Catalog of Materials That Redefine our Physical Environment* (New York: Princeton Architectural Press, 2005).
21 Michelle Addington and Daniel L. Schodek, *Smart Materials and Technologies in Architecture* (London: Architectural Press, 2004).
22 John Fernandez, *Material Architecture: Emergent Materials for Innovative Buildings and Ecological Construction* (Boston: Architectural Press, 2005).
23 Constantinos Mavroidis, Atul Dubey, and Martin L. Yarmush, "Molecular Machines." *Annual Reviews of Biomedical Engineering* 6 (2004): 363–95.
24 Arthur C. Clarke, *Profiles of the Future* (New York: Harper & Row, 1964).
25 I-Ming Chen and Joel W. Burdick, "Determining Task Optimal Modular Robot Assemmbly Configurations," in *Proceedings of the 1995 IEEE International Conference on Robotics and Automation* (Nagoya, Japan: 1995).
26 Hod Lipson, "Principles of Modularity, Regularity, and Hierarchy for Scalable Systems," *Journal of Biological Physics and Chemistry* 7, no. 4 (2007): 125–128.
27 Haruhisa Kurokawa and Satoshi Murata, et al., "M-TRAN II: Metamorphosis from a Four-Legged Walker to a Caterpillar," in *Proceedings of the 2003 IEEE/RSJ International Conference on Intelligent Robots and Systems* (2003), 2452– 59.
28 John W. Priest and José M. Sánchez, *Product Development and Design for Manufacturing: A Collaborative Approach to Producibility and Reliability*, 2nd ed. (New York: Marcel Dekker, 2001).
29 Craig Eldershaw, Mark H. Yim, David Duff, Kimon Roufas, and Ying Zhang, "Modular Self-Reconfigurable Robots," in *Proceedings of Robotics for Future Land Warfare Seminar and Workshop* (Adelaide, Australia: 2002).
30 Ibid., *Massively Distributed Control Nets for Modular Reconfigurable Robots*, 2002 AAAI Spring Symposium on Intelligent Distributed and Embedded Systems (Menlo Park: AAAI Press, 2002) 45–50.
31 Miles Kemp, "Meta-Morphic Architecture" (master's thesis, Southern California Institute of Architecture, 2004).
32 Sunny Bains, "Modular bots learn art of self-reinvention," *Electronic Engineering Times*, October 15, 2007.
33 Ibid.
34 "Roombots: Modular Robotics for Adaptive and Self-Reorganizing Furniture," Biologically Inspired Robotics Group, http://birg.epfl.ch/ page65721.html.
35 Chih-Han Yu, Francois-Xavier Willems, Donald Ingber, and Radhika Nagpal, "Self-Organization of Environmentally-Adaptive Shapes on a Modular Robot," in *Conference Proceedings of the IEEE/RSJ International Conference on Intelligent Robots and Systems* (Nice, France, 2007), 2353–60.
36 Yoseph Bar-Cohen, *Biologically Inspired Intelligent Robots* (Boca Raton, FL: SPIE, 2003).

37 David Oakey, "Biomimicry: An Interview with David Oakey," Interface Sustainability. http://www.interfacesustainability.com/oakeyi.html
38 Yoseph Bar-Cohen, *Biomimetics: Biologically Inspired Technologies* (Boca Raton, FL: CRC Press, 2005).
39 Yoseph Bar-Cohen, *Biologically Inspired Intelligent Robots* (Boca Raton, FL: SPIE, 2003).
40 Jane Benyus, *Biomimicry: Innovation Inspired by Nature* (New York: Harper Perennial, 2002).
41 Ibid.
42 Cahal Stephens and Kip Ellis, "On Permeability: The Biology of Architecture Volume IV: What Works, What Matters, What Lasts." 2006 in *Project Kaleidoscope* (http ://www.pkal.org/documents/OnPermeability.cfm).
43 Ibid.
44 Steven Pinker, *The Blank Slate: The Modern Denial of Human Nature* (New York: Viking-Penguin, 2002).
45 Ibid.
46 Center for Biologically Inspired Design, http://www.cbid.gatech.edu.
47 John Frazer, *An Evolutionary Architecture* (London: Architectural Association, 1995).
48 Karina Moraes Zarzar, "Challenges and Fallacies in Computer Applications of the Evolutionary Analogy in Design Methodology: Biology and Computation to Revolutionize Design Practice," originally published in *Le Carre Bleu* (2006), http://www.bk.tudelft.nl/dks/Participants/Alumni/Karina/lcbarticle.htm.
49 Dipankar Dasgupta and Zbigniew Michalewicz, et al., *Evolutionary Algorithms in Engineering Applications* (Berlin: Springer Verlag. 1997).
50 George Stiny and James Gips, "Shape Grammars and the Generative Specification of Painting and Sculpture," in *Information Processing 71*, vol. 2. North Holland Publishing Co., 1971, 1460–65.
51 T. W. Knight, "Color Grammars: Designing with Lines and Colors," *Environment and Planning B: Planning and Design* 16 (1989): 417–49.
52 Thorsten Schnier and John S. Gero, "Learning Genetic Representations as Alternative to Hand-Coded Shape Grammars," in *Artificial Intelligence in Design '96*, eds. John S. Gero and F. Sudweeks (Boston: Springer, 1996), 39–57.
53 José Duarte, "Towards the Mass Customization of Housing: The Grammar of Siza's Houses at Malagueira," in *Environment and Planning B: Planning and Design* 32, no.3 (2005): 347–380.
54 Arthur C. Clarke, *Profiles of the Future* (New York: Harper & Row, 1964).

새로운 시대가 시작되었다!

이 책에 소개된 프로젝트들은 건축을 감각이 있게 만들고, 지능을 가지고, 상호작용하게 하고, 응답하고, 적응하게 만들려는 시도이며 이는 사고와 존재에 대한 새로운 시각에서 비롯된 것이다. 거의 50년 전 컴퓨터나 인터넷이 유행하기 이전에 테일하드 드 샤뎅Teilhard de Chardin은 선구적으로 인간의 진화는 서로 연결된 세계로서 전 세계적인 연합으로 향하고 있다고 주장하였다. 그는 이런 세계를 인간생활권noosphere라고 명명하였으며 이는 공동망으로 연결된 인간 세상이며 마치 두뇌의 신경네트워크와 같다고 하였다. 심오하고 인공두뇌처럼 이어진 연결망은 새로운 인터랙티비티의 본질이다. 이 새로운 인터랙티비티를 통해서 건축은 인간생활권을 향한 연결 문이 된다!

돌과 벽돌로 만들어진 건축물은 영원성, 영구불변함 그리고 거대한 관성으로 대표되는 삶의 범위를 보여주는 상징이었다. 석재구조물은 시간을 넘어 몇 천년동안 공간의 패턴을 정의한다. 하지만 더 이상 우리는 우리의 세상을 돌로 짓지 않는데 여기에는 몇 가지 이유가 있을 것이다. 하지만 영구불변함은 항상 건축가의 직업윤리 속에, 그 사고 속에 그리고 사람들이 건축에서 기대하는 요소에 항상 포함되어 있었다. 인터랙티브 건축은, 어떤 방식으로 실현되건 간에, 이런 심적 경향에서 서서히 전환됨을 상징한다. 건축가들은 점점 영구불변함에 대한 만년 넘은 충성을 버리기 시작하였다. 건축가들은 시간에 기초한 환경 속에서 지엽적인 영향과 포괄적인 조건의 네트워크 안에서 실시간의 즉답성responsiveness를 받아들이기 시작하였다. 건축을 욕구의 결정체로서 능동적이고, 진화적이고 인터렉티브한 존재로서 보기 시작한 것이다. 인터랙티브 건축은 테크놀로지에 관한 것이 아니며 건축과 인간 사이의 새로운 가능성을 통해서 공생관계의 인간생활권noosphere를 형성하기 위한 것이다. 건물은 살기위한 네트워크이다.

우리가 정보를 보고 듣고 만지고 그리고 감지하는 방법을 확장할 수 있다면 어떻게 될까? 건축적 환경 안에서 인터페이스를 강화하여 사람들이 모니터를 보며 앉아 있는 시간을 줄일 수 있다면 어떻게 될까? 건축 환경의 다양한 면들, 즉 벽, 바닥, 조명, 환기장치들이 우리에게 정보를 전달하고 우리와의 상호작용에 의해서 배울 수 있다면 어떻게 될까? 건축물 전체가 분산된, 둘러쌓은 인터페이스가 되어 우리는 더 큰 세상에 연결을 시켜준다면 어떨까? 건축물이 공간적인 펌프가 되어 디지털 정보를 교신하고, 증폭시키고 가공한다면? 만약 과거와 달리 벽, 지붕 그리고 바닥들이 연속된 공간의 경계나 분리대의 역할을 넘어서 글로벌한 원거리공간의 연결체가 될 수 있다면? 인터랙티브 건축은 시공간을 뒤틀어 이제까지의 건축의 존재와 인식에 대해서 의문을 던진다. 이제 문제는 "우리가 어떻게 건축을 아는가"가 아니라 "건축이 우리를 어떻게 아는가?"이다.

— 마헤쉬 B. 세네갈라 Mahesh B. Senagala

역자후기

"You never change things by fighting the existing reality. To change something, build a new model that makes the existing model obsolete." - Buckminster Fuller
기존의 현실과 대항해서는 새로운 변화를 일으킬 수 없다. 뭔가를 바꾸기 위해선, 기존의 모델을 구식으로 만드는 새로운 모델을 만들어야 한다. - 벅민스터 풀러

역자가 2005년 단독주택을 계획하면서, 홈오토메이션을 적용하기 위해서 팔방으로 뛰어다니던 때가 생각난다. 아파트에는 기초적인 오토메이션들이 적용되고 있던 때였지만 (그래 보았자 문으로 얼굴을 확인하고 초보적인 방범장치 정도였다), 단독주택을 위한 시스템은 단지 수요가 적다는 이유로 아무도 선불리 나서지 않을 때였다. 겨우 한 업체를 찾아서 자동커튼, 자동조명, 가스 잠금 등의 기능을 약속받고 시공에 나섰지만 완성된 주택에서는 장담한 시스템의 기능 중 되는 장치는 하나도 없었고, 결국 고장 많던 시스템은 몇 년 뒤 대문과 현관문만 보고 열수 있는 흔한 인터폰으로 대체되었다. 아직도 핑크빛 신세계를 장담했던 건축주에게는 볼 낯이 없다. 그러나 역자의 이런 경험이 앞으로 나타날 시대를 예고하는 것은 아닐 것이며 발전적 과정 속에서 나타나는 부분적인 뒷걸음일 것이다.

원제가 Interactive Architecture인 이 책은 소위 인터렉티비티의 랜드스케이프에 등장하는 많은 인물들을 망라하고 있으며 이들의 작업을 다섯 개의 큰 장으로 묶어 이해 가능한 틀을 만들어 제시하여, 인공지능과 물리적인 현실이 만나 가능한 건축적 환경을 묘사하고 있다. 본문에 소개된 테크놀로지나 프로젝트가 완전히 잊혀 지더라도 여기서 설명된 개념이나 과정 그리고 공정은 더욱 중요해 질

것이다. (이런 면에서 아무리 변화가 빠른 시대에서도 책을 대신할 웹사이트는 없다) 또한 책을 번역하면서 간절히 깨달은 사실은 이런 미래가 단순히 건축가만의 노력으로는 이루어지지 않을 것이며 산업디자이너, 컴퓨터 프로그래머, 공학자 등의 총체적인 노력을 통해서만 만들어 질 것이라는 사실이다. 이 책이 다양한 분야의 사람들이 같이 작업할 수 있는 환경의 촉매 역할이 되기를 바란다. 또한 본문에서도 언급하듯이 이런 변화 자체가 건축가나 산업디자이너의 작업영역이나 사고 자체에 가져올 변화가 많다는 시사점은 앞으로 어떤 방향으로 연구 및 개발을 해야 하는지에 대한 중요한 지침이 될 것이다. 이를 통해 아직은 손안의 스마트폰 정도에서만 일어나고 있는 인터렉티브한 변화들이 실제적인 환경에 변화를 주기 시작할 것이라 믿는다. 특히 역자의 관심을 끄는 것은 생체모방 분야이다. 기계적인 장치를 넘어서 생물학적인 기술들이 적용될 때 인간의 구축환경이 어떻게 변할 지, 그 엄청난 규모는 느껴지지만 구체적으로 상상하기는 상당히 힘들다. 지속가능성이나 환경에 대한 이슈 또한 이제까지의 수동적인 태도를 넘어 기술을 통해 혁신적으로 바꿀 수 있는 환경에 대해 묘사하고 있으며 이는 기존에 가지고 있던 태도에 많은 점을 시사하고 있다. 우리나라에는 아직 낯선 어휘나 개념들이 많아서 원어를 병행 표기하였고, 번역으로 뉘앙스가 전달되기 어려운 표현들 또한 같이 표기하였다. 참고문헌을 보고 전문가들께 조언을 구했으나, 그래도 실수는 있을 것이며 이는 모두 역자의 책임이다.

역자가 예일 건축 대학을 다니고 있을 때 본문에서도 언급된 나탈리 제리미엥코의 스튜디오를 보면서 느꼈던 흥분과 혼란을, 십년이 된 지금 이 책을 통해 그 문맥을 이해하고 미래를 꿈꾸게 된 것은 흥미롭다. 독자 또한 책을 접하면서 같은 흥분과 상상을 느끼기를 바란다. 끝으로 교정을 도와준 색시 이혜승과 부대장 남다인에게 감사를 드리며 마감일을 넘겨도 너그럽게 봐주신 박종호 이사, 그리고 난해한 번역에 틀을 잡아주신 김기현 대표께 감사드린다.

— 남수현Soohyoun Nam

Bibliography

Addington, Michelle, and Daniel L. Schodek. *Smart Materials and Technologies in Architecture.* London: Architectural Press, 2004.

Alexander, Christopher. *The Man-Made Object.* Edited by Chris Dibona. New York: George Braziller, 1966.

Bar-Cohen, Yoseph. *Biomimetics: Biologically Inspired Technologies.* Boca Raton, FL: CRC Press, 2005.

———. *Biologically-Inspired Intelligent Robots.* Boca Raton, FL: SPIE, 2003.

BBC News. "Brain chip reads man's thoughts." BBC, March 31, 2005, http://news.bbc.co.uk/1/hi/health/4396387.stm.

Bains, Sunny. "Modular bots learn art of self-reinvention." *Electronic Engineering Times*, October 15, 2007.

Baltes, Margret M. *The Many Faces of Dependency in Old Age.* Cambridge, UK: Cambridge University Press, 1996.

Beesley, Philip, Sachiko Hirosue, Jim Ruxton, Marion Trankle, and Camille Turner, eds. *Responsive Architectures: Subtle Technologies.* Cambridge, Ontario: Riverside Architectural Press, 2006.

Benyus, Jane. *Biomimicry: Innovation Inspired by Nature.* New York: Harper Perennial, 2002.

Brodey, Warren. "The Design of Intelligent Environments: Soft Architecture." *Landscape* (Autumn 1967): 8–12.

Brownell, Blaine. *Transmaterial: A Catalog of Materials That Redefine our Physical Environment.* New York: Princeton Architectural Press, 2005.

Casswell, Wayne. "Twenty Technology Trends That Affect Home Networking." HomeToys.com, http://hometoys.com/mentors/caswell/sep00/trends01.htm.

Center for Biologically Inspired Design, http://www.cbid.gatech.edu.

Chen, I-Ming, and Joel W. Burdick. "Determining Task Optimal Modular Robot Assemmbly Configurations." In *Proceedings of the 1995 IEEE International Conference on Robotics and Automation.* Nagoya, Japan: 1995.

Coen, Michael. "Building Brains For Rooms: Designing Distributed Software Agents." In *Proceedings of the Ninth Annual Conference on Innovative Applications of Artificial Intelligence.* Providence, RI: 1997, 971–77.

———. "Design Principles for Intelligent Environments." In *Proceedings of the Fifteenth National Conference on Artificial Intelligence*. Madison, WI: 1998, 547–54.

———. "The Future of Human-Computer Interaction, or How I learned to stop worrying and love my Intelligent Room." *IEEE Intelligent Systems* (March/April 1999): 8–10.

Coste-Manière, Eve, and R. Simmons, "Architecture, the Backbone of Robotic Systems." In *Proceedings of the 2000 IEEE International Conference on Robotics & Automation*. San Francisco, CA: 2000, 67–72.

Clarke, Arthur C. *Profiles of the Future*. New York: Harper & Row, 1964.

Cuff, Dana. *Architecture: The Story of Practice*. Cambridge, MA: MIT Press, 1991.

Dasgupta, Dipankar, and Zbigniew Michalewicz, et al. *Evolutionary Algorithms in Engineering Applications*. New York: Springer, 1997.

Datta, T. K. "A State-of-the-Art Review on Active Control of Structures." *ISET Journal of Earthquake Technology* 40, no. 1 (2003): 1-17.

Davidson, Cynthia. Interview: Three Engineers (Sitting around Talking). *ANY: Architecture New York*, no. 10 1995, 50–55.

Dewsbury, Guy A., and H. M. Edge. "Designing the Home to Meet the Needs of Tomorrow." *Open House International* 26 no. 2 (2001): 33-42.

Digg Labs, http://labs.digg.com. Digg.com.

Dreyfus, Hubert L., and Stuart E. Dreyfus. "Making a Mind Versus Modeling the Brain: Artificial Intelligence Back at a Branchpoint." In *The Artifical Intelligence Debate: False Starts, Real Foundations*. Cambridge, MA: MIT Press, 1988, 15–43.

Driscoll, Edward B., Jr. A Timeline for Home Automation, http://www.eddriscoll.com/timeline.html.

Duarte, José. "Shape Grammar for Álvaro Siza's patio houses in Malagueira." PhD diss., Massachusetts Institute of Technology, 2001.

———. "Toward the Mass Customization of Housing: The Grammar of Siza's Houses at Malagueira." *Environment and Planning B: Planning and Design* 32, no.3 (2005): 347–80.

Eastman, Charles M. "Adaptive-Conditional Architecture." In *Design Participation*, edited by Nigel Cross. London: Academic Editions, 1972, 51–7.

Eldershaw, Craig, Mark H. Yim, David Duff, Kimon Roufas, and Ying Zhang. "Modular Self-Reconfigurable Robots." In *Proceedings of Robotics for Future Land Warfare Seminar and Workshop*, Adelaide, Australia: 2002.

———. "Massively Distributed Control Nets for Modular Reconfigurable Robots," in *Proceedings of the 2002 AAAI Spring Symposium on Intelligent Distributed and Embedded Systems*.

Emotiv, http://www.emotiv.com.

Ezell, Erin, Lesley Felton, Pablo LaRoche, and Michael Fox, "Greenkit: A Modular Variable Application Cooling System." In *Proceedings of the National Solar Energy Conference*. American Solar Energy Society, 2007, 584–91.

Fernandez, John. *Material Architecture: Emergent Materials for Innovative Buildings and Ecological Construction*. Boston: Architectural Press, 2005.

"Flare," WHITEvoid Interactive Art and Design Berlin, http://www.flare-facade.com.

Fox, Cynthia. "Technogenarians: The Pioneers of Pervasive Computing Aren't Getting Any Younger." *WIRED Magazine* 9, no. 11 (2001).

Fox, Michael. "Beyond Kinetic." In *Transportable Environments 2*, edited by Robert Kronenburg. London: SPON Press, 2002.

———. "Novel Affordances of Computation to the Design Process of Kinetic Structures." Master's thesis, Massachusetts Institute of Technology, 1996.

———. 2002. Interview by Brian Reynolds. February. Wexner Center, Columbus, OH.

Fox, Michael, and Catherine Hu. "Starting from the Micro: A Pedagogical Approach to Designing Interactive Architecture." In *Proceedings of CAADRIA*. Bangkok, Thailand: 2006.

Frazer, John. *An Evolutionary Architecture*. London: Architectural Association, 1995.

Friedman, Yona. "Information Processes for Participatory Design." In *Design Participation*, edited by Nigel Cross. London: Academic Editions, 1972, 45–50.

Fuller, Buckminster. *Nine Chains to the Moon*. Garden City, NY: Doubleday, 1938

Gibson, Ian, ed. *Software Solutions for Rapid Prototyping*. Wiley, 2002.

———. "Software Solutions for Rapid Prototyping." *Gerontechnology* 7 no. 1 (2008): 22–35.

Google Earth, http://earth.google.com.

Greenfield, Adam. *Everyware: the Dawning Age of Ubiquitous Computing*. Berkeley, CA: New Riders, 2006, 11–12.

Haque, Usman. "Architecture, Interactions, Systems." *AU: Arquitetura & Urbanismo* 149 (August 2006).

———. http://www.haque.co.uk/lowtech.php.

Hertel, Heinrich. *Structure-Form-Movement*. New York: Reinhold, 1966.

Igoe, Tom, and Dan O'Sullivan. *Physical Computing*. Boston: Thomson, 2004.

Interactivearchitecture.org, http://www .interactivearchitecture.org.

Lane, Giles, Camila Brueton, and Natalie Jeremijenko, et al. "Public Authoring and Feral Robotics." *Social Tapestries*. http://socialtapestries.net/index.html.

Kabra, Harsh. "Living architecture." *The Hindu*, July, 17, 2006. http://www.thehindu.com/mag/2006/07/16/stories/2006071600080700.htm.

Kalay, Yehuda E. "The Future of CAAD: From Computer-Aided Design to Computer-Aided Collaboration." In *Computers in Building: Proceedings of the CAADfutures'99 Conference*, edited by Godfried Augenbroe and Charles Eastman. Boston: Kluwer Academic, 1999, 65–79.

Kalb, Rosalind. "The Emotional and Psychological Impact of Multiple Sclerosis Relapses." *Journal of the Neurological Sciences* 256 (2007): S29–S33.

Katz, According to the American Institute of Architects (AIA) National Government Advocacy: http://www.usgbc.org/Docs/Resources/CA_report_GBbenefits.pdf - Referencing: The Costs and Financial Benefits of Green Buildings, October 2003. http://www.aia.org/nwsltr_angle.cfm?pagename=angle_nwsltr_20060522&archive=1

Kemp, Miles. "Meta-Morphic Architecture." Master's thesis, Southern California Institute of Architecture, 2004.

Knight, T. W. "Color Grammars: Designing with Lines and Colors." *Environment and Planning B: Planning and Design* 16, no. 4 (1989): 417–49.

Kolokotsa, D., and T. Nikolaou, et al. "Intelligent Buildings Handbook." SMART-ACCELERATE Project. http://www.ibuilding.gr/handbook.

Kronenburg, Robert. *Portable Architecture*. Burlington, MA: Architectural Press, 1996.

———. *Transportable Environments: Theory, Context, Design, and Technology*. New York: E & Fn Spon, 1997.

———, ed. *Transportable Environments 2*. London: Spon Press, 2003.

Kurokawa, Haruhisa, and Satoshi Murata, et al. "M-TRAN II: Metamorphosis from a Four-Legged Walker to a Caterpillar." In *Proceedings of the 2003 IEEE/RSJ International Conference on Intelligent Robots and Systems*. 2003, 2452–459.

Lawson, Bryan. *How Designers Think: The Design Process Demystified*. London: Architectural Press, 2005.

Lévi-Strauss, Claude. *The Savage Mind*. Chicago: University of Chicago Press, 1966.

Lee, Heyoung, et al. "A 24-Hour Health Monitoring System in a Smart House." *Gerontechnology* 7, no. 1 (2008): 22–35.

Leen, Gabriel, and Donal Heffernan. "Vehicles Without Wires" *Computing and Control Engineering Journal* 12, no. 5 (2001): 205–11.

Lipson, Hod. "Principles of modularity, regularity, and hierarchy for scalable systems." *Journal of Biological Physics and Chemistry* 7, no. 4 (2007): 125–128.

Loukissas, Yanni and Larry Sass. "RULEBUILDING: A Generative Approach to Modeling Architectural Designs Using a 3-D Printer." In *Proceedings of ACADIA Conference*. British Columbia, Canada: 2004.

Maeda, John. *The Laws of Simplicity*. Cambridge, MA: MIT Press, 2006.

Mavroidis, Constantinos, A. Dubey, and Martin L. Yarmush. "Molecular Machines." *Annual Reviews of Biomedical Engineering* 6 (2004): 363–95.

Mazria, Edward. "Architecture 2010." Architecture 2030, http://www.architecture2030.org/2010_imperative /index.html.

McGonigal, Jane. "Wii Warning: Do Not Simulate." Avant Game. http://avantgame.blogspot.com/2007/01/wii-warning-do-not-simulate.html

McLuhan, Marshall. "Interactive Entertainment: Who writes it? Who reads it? Who needs it?" *WIRED Magazine* 3, no. 9 (1995).

Mindstorms NXT Home. LEGO, http://mindstorms.lego .com.

Moholy-Nagy, László. *Vision in Motion*. Chicago: P. Theobald & Co., 1947.

Mori, Toshiko, ed. *Immaterial/Ultramaterial: Architecture, Design, and Materials*. Cambridge, MA / New York: Harvard Design School / George Braziller, 2002.

Mozer, M. C. "Lessons from an adaptive house." In *Smart Environments: Technologies, Protocols, and Applications*. Edited by Diane J. Cook and Sajal K. Das. Hoboken, NJ: J. Wiley & Sons, 2005, 273–94.

———. "An Intelligent Environment Must Be Adaptive." *IEEE Intelligent Systems and Their Applications* 14, no. 2 (1999): 11–13.

Murph, Darren, "DIYer Uses Mountain Bike to Pedal around Google Earth." *Engadget*, May 19, 2008, http://www.engadget.com/2008/05/19/diyer-uses-mountain-bike-to-pedal-around-google-earth.

Negroponte, Nicholas. *The Architecture Machine*. Cambridge, MA: MIT Press, 1973.

Novak, Marcos. Interview with Alessandro Ludovico. *Nerural Magazine*, Spring 2001. http://www.neural.it/english/marcosnovak.htm.

Oakey, David. "Biomimicry: An Interview with David Oakey," (http://www.interfacesustainability.com/oakeyi.html).

Pachube, http://www.pachube.com.

Pan, Cheng-An, and Taysheng Jeng. "Exploring Sensing-based Kinetic Design for Responsive Architecture." In *Proceedings to CAADRIA 2008*. Chiang Mai, Thailand: 2008.

Park, Kwang-Hyun, Zeungnam Bien, and Ju-Jang Lee, et al. "Robotic smart house to assist people with movement disabilities." *Autonomous Robots* 22, no. 2 (2007): 183–98.

Pask, Gordon. "Architectural Relevance of Cybernetics." *Architectural Design* (September 1969): 494–96.

———. "The Natural History of Networks." In *Self-Organizing Systems*, edited by Marshall C. Yovits and S. Cameron. New York: Pergamon Press, 1960.

Paquet, V. L., ed. *International Journal of Industrial Ergonomics, Anthropometry and Disability* 33, no. 3 (2004): 177–283.

Peyote. Summary of the iFrame technology, http://www.peyote.cc/e_frame.html.

Photosynth. "Summary of Photosynth Image Translation Technology." http://labs.live.com/photosynth.

PicoCricket, http://www.picocricket.com. The Playful Invention Company.

Pinker, Steven. *The Blank Slate: The Modern Denial of Human Nature*. New York: Viking-Penguin, 2002.

Pinker, Steven. "The New Humanist." In *A Biological Understanding of Human Nature*, edited by John Brockman. New York: Barnes and Noble Books, 2003.

Preiser, Wolfgang F., and Elaine Ostroff. *Universal Design Handbook*. New York: McGraw-Hill Professional, 2001.

Price, Cedric. *The Square Book*. London: Academy Press, 2003.

Priest, John W., and José M. Sánchez. *Product Development and Design for Manufacturing: A Collaborative Approach to Producibility and Reliability*. 2nd ed. New York: Marcel Dekker, 2001.

Prussin, Labelle. "Place and Family: Indigenous Architecture of Ghana," *World Architecture 4*, edited by John Julius Norwich. New York: Viking Press, 1967.

Rabeneck, Andrew. "Cybermation: A Useful Dream." *Architectural Design* (September 1969): 497–500.

"The RemoteHome: A New Home for the Mobile Society." RemoteHome. http://www.remotehome.org.

Resnick, Mitchel. "Edutainment? No Thanks. I Prefer Playful Learning." *Associazione Civita Report on Edutainment* 1, no. 1 (2004): 2–4.

———, et al. "Programmable Bricks: Toys to Think With." *IBM Systems Journal* 35, no. 3–4 (1996): 352–443.

Riley, Terence, ed. *The Changing of the Avant-Garde: Visionary Architectural Drawings from the Howard Gilman Collection*. New York: The Museum of Modern Art, 2002, 156.

Robbin, Tony. *Engineering a New Architecture*. New Haven, CT: Yale University Press, 1996.

"Roombots: Modular Robotics for Adaptive and Self-Reorganizing Furniture." Biologically Inspired Robotics Group. http://birg.epfl.ch/page65721.html.

Salingaros, Nikos A. "Towards a Biological Understanding of Architecture and Urbanism: Lessons from Stephen Pinker." *Katarxis* 3 (September 2004). http://www.katarxis3.com/Salingaros-Biological_Understanding.htm.

Santo, Yasu, and Francis Lam. "CoEx Communication Suite: Investigation into the Sensation of Coexistence through Network-enhanced Tangible Media." In *Proceedings of the Eighth International Conference on Information Visualisation*. 2004, 947–53.

Sass, Larry. "Towards a Design Science of Design and Fabrication and with Rapid Prototyping." In *Proceedings of the First International Colloquium of Free Form Design*. Delft, the Netherlands: 2007, 84–8.

Schadt, Toby. "Not Your Typical Grind: *Tony Hawk's Downhill Jam* for Wii." *Game Developer*, January 5, 2007.

Schnier, Thorsten, and John S. Gero. "Learning Genetic Representations as Alternative to Hand-Coded Shape Grammars." In *Artifical Intelligence in Design '96*, edited by John S. Gero and F. Sudweeks. Boston: Springer, 1996, 39–57.

Senagala, Mahesh. "Kinetic and Responsive: A Complex-adaptive Approach to Smart Architecture." In *Proceedings of SIGRADI International Conference*, Lima, Peru: 2005.

Sengala, Mahesh, and Chris Nakamura. "Going Past the Golem: The Emergence of Smart Architecture." In *Proceedings of the ACADIA International Conference*. Louisville, KY: 2006.

Spiller, Neil. *Digital Dreams, Architecture and the New Alchemic Technologies*. London: Ellipsis, 1998.

Stephens, Cahal, and Kip Ellis. "On Permeability: The Biology of Architecture." At *Project Kaleidoscope*, http ://www.pkal.org/documents/OnPermeability.cfm.

Sterk, Tristan d'Estrée. "Responsive Architecture: User-centred Interactions Within the Hybridized Model of Control." In *Game Set and Match II: On Computer Games, Advanced Geometries, and Digital Technologies*, edited by Kas Oosterhuis and Lukas Feireiss. Rotterdam, the Netherlands: Episode, 2006, 494–501.

Stiny, George and James Gips. "Shape Grammars and the Generative Specification of Painting and Sculpture." In *Information Processing 71*, vol. 2. North Holland Publishing Co., 1971, 1460–65.

Terzidis, Kostas. *Expressive Form: A Conceptual Approach to Computational Design*. London: Spon Press, 2003, 33–45.

Thompson, D'Arcy. *Growth and Form*, 2nd ed., 2 vols. Cambridge, UK: Cambridge University Press, 1963.

Tillotson, Jennifer. "Scentsory Design®: Scent Whisper and Fashion Fluidics," in Transdisciplinary Digital Art: Sound, Vision and the New Screen, Digital Art Weeks and Interactive Futures 2006/2007, Zürich, Switzerland and Victoria, BC, Canada, Selected Papers

"Transformable Architecture." Interview with Chuck Hoberman. *PingMag*, July 13, 2007. http://www .pingmag.jp/2007/07/13/transformable-architecture.

U.S. Bureau of the Census. *Age and Sex, Nationwide Statistics, 2006*. Prepared in conjunction with the American Community Survey. http://factfinder.census .gov/servlet/STTable?_bm=y&-geo_id=01000US&-qr_name=ACS_2006_EST_G00_S0101&-ds_name=ACS_2006_EST_G00_&-redoLog=false.

Wang, Lawrence K., Norman C. Pereira, and Yung-Tse Hung. *Advanced Air and Noise Pollution Control*, vol. 2. Totowa, NJ: Humana Press, 2005

Wilson, Elizabeth. "The Cafe: The Ultimate Bohemian Space." In *Strangely Familiar*, edited by Iain Borden, et al. London: Routeledge, 1996.

Wingate, Guy, Angel Muñoz-Ruiz, and Herman Vromans. *Validating Automated Manufacturing and Laboratory*. Informa Healthcare, 1997.

Worpole, Ken, and Katharine Knox. *The Social Value of Public Spaces*. York, UK: Joseph Rowntree Foundation, 2007.

Wurster, Christian. *Computers: An Illustrated History*. Cologne: Taschen, 2002.

Yu, Chih-Han, Francois-Xavier Willems, Donald Ingber, and Radhika Nagpal. "Self-Organization of Environmentally-Adaptive Shapes on a Modular Robot." In *Proceedings of the IEEE/RSJ International Conference on Intelligent Robots and Systems*. Nice, France: 2007, 2353–60.

Moraes Zarzar, Karina. "Challenges and Fallacies in Computer Applications of the Evolutionary Analogy in Design Methodology: Biology and Computation to Revolutionize Design Practice." Originally published in *Le Carre Bleu* (2006), http://www.bk.tudelft.nl/dks/Participants/Alumni/Karina/lcbarticle.htm.

Zuk, William. *New Technologies: New Architecture*. New York: Van Nostrand Reinhold, 1995.

Zuk, William, and Roger H. Clark. *Kinetic Architecture*. New York: Van Nostrand Reinhold, 1970.